化学工业出版社"十四五"普通高等教育规划教材

普通高等教育一流本科专业建设成果教材

基础工程

JICHU
GONGCHENG

闫　欢　赵贵杰　刘兰兰　主编

U0230754

化学工业出版社

·北京·

内 容 简 介

　　《基础工程》结合现代基础工程发展趋势，系统介绍了土木工程中各种常用基础的设计原理和计算方法。本书共分 6 章，内容包括：绪论、地基勘察、浅基础、桩基础、区域性地基及其他、地基处理。书中附有一定数量思考题、基础习题及提高习题，以便学生练习提高；本书还有线上习题库等，可扫码使用。本书参照国家规范和规程编写，重点介绍基础工程的设计原理及国内外成熟的先进技术和施工工艺，体系完整，内容精练，文字通畅，图表准确。

　　本书可作为普通高等院校土木工程专业、城市地下空间工程专业等相关专业的教材，也可供从事土木工程勘察、设计和施工的技术人员参考。

图书在版编目（CIP）数据

　　基础工程/闫欢，赵贵杰，刘兰兰主编 . —北京：化学工业出版社，2023.7

　　化学工业出版社"十四五"普通高等教育规划教材
　　普通高等教育一流本科专业建设成果教材

　　ISBN 978-7-122-43381-7

　　Ⅰ. ①基⋯　Ⅱ. ①闫⋯②赵⋯③刘⋯　Ⅲ. ①基础（工程）-高等学校-教材　Ⅳ. ①TU47

　　中国国家版本馆 CIP 数据核字（2023）第 075005 号

责任编辑：刘丽菲　　　　　　　　　　装帧设计：刘丽华
责任校对：李　爽

出版发行：化学工业出版社（北京市东城区青年湖南街 13 号　邮政编码 100011）
印　　刷：北京云浩印刷有限责任公司
装　　订：三河市振勇印装有限公司
787mm×1092mm　1/16　印张 13½　字数 331 千字　　2024 年 5 月北京第 1 版第 1 次印刷

购书咨询：010-64518888　　　　　　售后服务：010-64518899
网　　址：http://www.cip.com.cn
凡购买本书，如有缺损质量问题，本社销售中心负责调换。

定　　价：48.00 元　　　　　　　　　　　　　　　　　　　　版权所有　违者必究

前言

"基础工程"是高等院校土木类专业的一门重要的专业核心课，是土木类专业学生和工程技术人员必须掌握的一门现代科学。本书选择最基本、最必要的内容，注重与工程实际紧密结合，以满足土木类专业本科生的教学需求。

基础工程，是建（构）筑物安全使用的根基。我国地域辽阔，土类众多，重大基础设施建设总量居世界之首。近年来开展的重大土木工程建设项目规模大、投资高、发展迅速，极大地推动了土木类专业的发展及技术的进步。基础工程的各项相关技术发展日新月异，已不局限于传统基础工程领域，地下、海洋和交通岩土工程等成为国家土木工程建设的大方向。

本书主要涉及地基勘察、浅基础、深基础以及软基处理、区域性地基等内容。在编写过程中，强调地基基础设计原则，密切结合国家最新的技术规范、规程，如《建筑桩基技术规范》（JGJ 94—2008）、《建筑基桩检测技术规范》（JGJ 106—2014）、《建筑地基基础设计规范》（GB 50007—2011）、《湿陷性黄土地区建筑标准》（GB 50025—2018）、《建筑结构荷载规范》（GB 50009—2012）、《膨胀土地区建筑技术规范》（GB 50112—2013）等。全书系统介绍了基础工程中的基本概念、基本原理与基本方法，做到条理清晰、层次分明；内容突出重点，循序渐进，图文并茂，力求易读易懂；强调例题的作用，重点内容配有例题，除绪论外，每章均附有思考题、基础习题及提高习题，浅基础、桩基础部分附有综合设计案例，以帮助读者理解和掌握书中理论知识和设计计算过程。

本书是在长春工程学院一流本科专业建设的支持下完成的，是一流本科专业建设成果教材。本书由长春工程学院闫欢、赵贵杰，吉林建筑科技学院刘兰兰担任主编。全书共有6章内容，具体编写分工如下：闫欢编写绪论、第1章及第4章；赵贵杰编写第2章、第3章中的案例分析部分及第5章；刘兰兰编写第3章；管清晨编写第2章。长春工程学院研究生潘晓强整理部分思考题及习题，全书由闫欢统稿。在本书的编写过程中得到了长春工程学院仲崇梅、吉林建筑科技学院尹海云的大力支持，编写前查阅了大量资料、文献和一些院校优秀的基础工程教材，对各文献及教材的作者谨表谢意！

由于时间仓促，加之编者水平所限，书中难免存在不妥之处，恳请读者批评指正。

编者
2023 年 5 月

目录

绪论

0.1　地基及基础的概念

近年来，国民经济飞速发展，土木工程建设规模日益扩大，要求越来越高，难度也不断加大。土木工程功能化，城市建设立体化，交通高速化和改善综合居住条件成为现代化土木工程的任务。各类建筑物和构筑物如房屋、道路、桥梁、大坝、油罐等，都坐落在地层上，它们一般包括三部分，即上部结构、基础和地基。地基和基础（图 0-1）是建（构）筑物的根基，又属于隐蔽工程，它的勘察、设计和施工质量直接关系着建筑物的安危。上部结构的荷重通过基础传至土体后，便继续向土体深部扩散。由于土体是半无限空间体，土中应力随深度而逐渐减少，到某一深度后，由于上部荷载所增加的土中应力甚小，对工程实际已无意义。

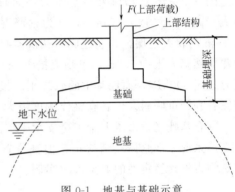

图 0-1　地基与基础示意

受建筑物影响的那部分地层（承受建筑物荷载的地层）称为地基。地基又分为天然地基、人工地基两类。土的性质极其复杂。当地层条件较好、地基土的力学性能较好、能满足地基基础设计的要求时，建筑物的基础被直接设置在天然地层上，这样的地基被称为天然地基；而当地层条件较差，地基土强度指标较低，无法满足地基基础设计对地基的承载力和变形要求时，常需要对基础底面以下一定深度范围内的地基土体进行加固或处理，这种部分经过人工改造的地基被称为人工地基。

与地基接触并传递荷载给地基的结构物称为基础。基础具有承上启下的作用，它处于上部结构的荷载及地基反力的相互作用下，承受由此而产生的内力（轴力、剪力和弯矩）。基础的结构形式很多，具体设计时应该选择既能适应上部结构、符合建筑物使用要求，又能满足地基强度和变形要求，经济合理、技术可行的基础结构方案。基础底面到地面的距离称为基础埋深。依据埋深不同，基础分为浅基础和深基础两大类。通常把埋置深度不大（一般不超过 5.0m），只需经过挖槽、排水等普通施工工序就可以建造起来的基础称为浅基础；而把埋置深度较大（一般不小于 5.0m）并需要借助于一些特殊的施工方法来完成的各种类型基础称之为深基础。

0.2　基础的功能

基础的主要功能有以下几点：

（1）通过扩大的基础底板或桩基础等形式将上部结构传来的荷载，如轴向力、水平力和弯矩等传递到持力层和下卧层上，以满足地基承载力要求。

（2）根据地基可能出现的变形及上部结构特点，利用基础所具有的刚度，与上部结构共同调整基础的不均匀变形，使上部结构不致产生过多的次应力。

（3）当上部结构受到较大的水平力，如风压、水压、土压以及地震力的作用时，采用挡土墙、板桩或锚杆等可起一定的抗滑或抗倾覆作用。

（4）作为振动设备的基础还具有减震的功能。

工程实践表明，一旦发生地基基础事故，往往后果严重，补救十分困难，有些即使可以补救，其加固修复工程所需的费用也较高。

与地基基础有关的土木工程事故可主要概括为以下类型：地基产生整体剪切破坏、地基发生不均匀沉降、地基产生过量沉降以及地基土液化失效。举例如下：

（1）加拿大特朗斯康谷仓

图 0-2 是建于 1914 年的加拿大特朗斯康谷仓地基破坏情况。该谷仓由 65 个圆柱形筒仓构成，高 31m，宽 23.5m，其下为钢筋混凝土筏板基础，由于事前不了解基础下埋藏有厚达 16m 的软黏土层，谷仓建成后初次贮存谷物达 27000t 后，发现谷仓明显下沉，结果谷仓西侧突然陷入土中 7.3m，东侧上抬 1.5m，仓身倾斜近 27°。后查明谷仓基础底面单位面积压力超过 300kPa，而地基中的软黏土层极限承载力才约 250kPa，因此造成地基整体破坏并引发谷仓严重倾斜。该谷仓整体刚度极大，因此虽倾斜极为严重，但谷仓本身却完好无损。后于谷仓基础之下做了七十多个支承于下部基岩上的混凝土墩，使用了 388 个 50t 千斤顶以及支撑系统才把仓体逐渐扶正，但其位置比原来降低了近 4.0m。这是地基产生剪切破坏，建筑物丧失其稳定性的典型事故实例。

图 0-2　加拿大特朗斯康谷仓的地基事故

（2）我国名胜苏州虎丘塔

苏州虎丘塔建于 959～961 年，为七级八角形砖塔，塔底直径 13.66m，高 47.5m，重 63000kN。塔建成后历经战火沧桑、风雨侵蚀，塔体严重损坏。为了使该名胜古迹安全留存，我国于 1956～1957 年期间对其进行了上部结构修缮，但修缮的结果使塔体重量增加了约 2000kN，同时加速了塔体的不均匀沉降，塔顶偏离中心线的距离由 1957 年的 1.7m 发展到 1978 年的 2.31m，并导致地层砌体产生局部破坏。后于 1983 年对该塔进行了基础托换，使其不均匀沉降得以控制。

（3）西安某住宅楼

西安某住宅楼位于西安市灞桥区，处于Ⅱ级自重湿陷性黄土场地，建筑物长 18.5m，宽 14.5m，为六层点式砖混结构，采用肋梁式钢筋混凝土基础，建筑物修建以前对地基未做任何处理。由于地下管沟积水，地基产生湿陷沉降，在沉降发生最为严重的 5 天时间里，该建筑物的累计沉降量超过了 300mm。后虽经基础托换处理止住了建筑物的继续沉降，但过量沉降严重影响了该建筑物的使用功能，在门厅处不仅形成了倒灌水现象，而且门洞高度严重不足，人员出入极不方便。

（4）唐山地震

1976 年 7 月 28 日发生在我国唐山市的大地震，震级 7.8 级，大量建筑物在地震中倒塌损毁，地基土的液化失效是其主要原因之一，唐山矿冶学院图书馆书库因地基液化失效，其第一层全部陷入地面以下。

0.3　基础工程的现状及发展

（1）基础工程的发展历史

基础工程是人类在长期的生产实践中不断发展起来的一门应用科学。我国古代劳动人民在基础工程方面表现出高超的技艺和创造才能。例如，1300 多年前隋代工匠李春主持修建的赵州安济石拱桥，不仅建筑结构独特，防洪能力强，该桥桥台坐落在两岸较浅的密实粗砂土层上，沉降很小，充分利用了天然地基的承载力。另外在桩基础和地基加固方面，我国古代也有广泛运用，如秦代所建渭桥、隋代郑州超化寺等都以木桩为基础。

国外在 18 世纪产业革命以后，城建、水利、道路等建设规模的扩大促使人们对基础工程重视并研究，对有关问题开始寻求理论上的解答。土力学作为基础工程学科的理论基础，此阶段有相当多的成就，如 1773 年，法国的 Coulomb 根据试验创立了著名的砂土抗剪强度公式，提出了计算挡土墙土压力的滑楔理论；1875 年，英国的 Rankine 又从另一途径提出了挡土墙土压力的理论，这对后来土体强度理论的发展起了很大的促进作用。此外，法国的 Boussinesq 求得了在弹性半无限空间表面作用竖向集中力的应力和变形的理论解答；瑞典 Fellenius 为解决铁路塌方问题提出了土坡稳定分析法。

基础工程也随着这些理论和工业技术的发展而得到新的发展。如 19 世纪中叶利用气压沉箱法修建深水基础，20 世纪 20 年代，基础工程领域开始有比较系统、比较完整的专著问世。从 1936 年到 2005 年，共召开了 15 届国际土力学与基础工程学术会议，许多国家和地区兴办了多种土力学和基础工程的杂志期刊，这些都对本学科的发展起到了推动作用。科技的发展，使基础工程技术与理论得到进一步的充实，成为一门较成熟的独立的现代学科。

（2）我国近年来基础工程的发展情况

近年来，我国在勘察和现场观测的技术，基础及其他土工建筑物设计与施工方法，地基处理，新设备、新材料、新工艺的研究和应用方面，取得了很大的进展。

我国对全国各地区的特殊土类（如西北、华北的黄土，东北、西北及西藏的冻土，西南的红黏土，华东沿海地区的软土淤泥以及散布在全国不少省份的膨胀土等）都进行了大量的勘察、试验、研究和调查总结工作，积累了大量资料，制定了一些切实可行的条例和规程。

我国设计单位对常用的主要基础类型结构设计已有较完备的计算机辅助设计系统，基本上实现了电算化。在桥梁基础工程方面，为充分利用天然地基承载力，改进和发展了多种结构形式的浅基础，以适应不同地基土质、不同荷载性质及上部结构使用要求。为缩短工期，降低造价和适应大型加大跨度桥梁的建设，大力发展了深基础技术。随着在各种土层、不同深度中施工经验和设计技术的积累，桩基础，尤其是钻孔灌注桩成为我国最广泛采用的深基础形式。已建成的桥梁钻孔桩最大桩径达 2.6m，钻孔深度超过百米；沉井基础在轻型、薄壁、助沉技术、机械化施工及沉井与桩、管柱组合式深水基础等方面开展了许多工作。近年来我国高速公路及高等级公路发展迅速，在长江、黄河等大江大河和近海区域修筑的大型桥梁工程中采用了大直径钻孔灌注桩、顶应力管桩、管柱、钢管桩、多种形式的浮运沉井、组合式沉井。各种结构类型的单壁、双壁钢围堰等一系列新型深基础、深水基础，成功地解决了复杂地质、深水、大型桥梁基础工程问题。

在地基处理方面，深层搅拌、高压旋喷、真空预压、强夯以及各种土工合成材料等在土建、水利、桥隧、港口、海洋等有关工程中得到广泛应用，并取得了较好的经济技术效果。

(3) 基础工程的发展方向

目前，基础工程的发展方向有：在设计计算理论和方法方面，如考虑上部结构、基础与地基共同工作的理论和设计方法，概率极限状态设计理论和方法，优化设计方法，数值分析方法和计算机技术的应用等；设计施工方面，如对于复杂地质条件下的基础工程，例如在高重建筑物、大型桥梁、水工结构、近海工程中进行地震、风和波浪冲击作用的深入研究；在地基处理方面，如进一步完善复合地基理论，对各类地基处理方法机理的深化研究以及施工及检测技术的改进。

随着我国经济建设的发展，会碰到更多的基础工程问题，也会不断出现新的热点和难点需要解决，而基础工程将在克服这些难点的基础上得到新的发展。

0.4 地基基础设计原则

0.4.1 一般规定

《建筑地基基础设计规范》（GB 50007—2011）规定：地基基础设计应根据地基复杂程度、建筑物规模和功能特征，以及由于地基问题可能造成建筑物破坏或影响正常使用的程度分为三个设计等级，设计时应根据具体情况按表 0-1 选用。

表 0-1 地基基础设计等级

设计等级	建筑和地基类型
甲级	重要的工业与民用建筑物 30 层以上的高层建筑 体型复杂，层数相差超过 10 层的高低层连成一体建筑物 大面积的多层地下建筑物（如地下车库、商场、运动场等） 对地基变形有特殊要求的建筑物 复杂地质条件下的坡上建筑物（包括高边坡） 对原有工程影响较大的新建建筑物 场地和地基条件复杂的一般建筑物 位于复杂地质条件及软土地区的二层及二层以上地下室的基坑工程 开挖深度大于 15m 的基坑工程 周边环境条件复杂、环境保护要求高的基坑工程

设计等级	建筑和地基类型
乙级	除甲级、丙级以外的工业与民用建筑物 除甲级、内级以外的基坑工程
丙级	场地和地基条件简单、荷载分布均匀的七层及七层以下民用建筑及一般工业建筑;次要的轻型建筑物 非软土地区且场地地质条件简单、基坑周边环境条件简单、环境保护要求不高且开挖深度小于5.0m 的基坑工程

0.4.2　地基基础设计基本规定

根据建筑物地基基础设计等级及长期荷载作用下地基变形对上部结构的影响程度，地基基础设计应符合下列规定：

① 所有建筑物的地基计算均应满足承载力计算的有关规定。

② 设计等级为甲级、乙级的建筑物应按地基变形设计。

③ 设计等级为丙级的建筑物有下列情况之一时，应做变形验算：

a. 地基承载力特征值小于 130kPa，且体型复杂的建筑物；

b. 在基础上及其附近有地面堆载或相邻基础荷载差异较大，可能引起地基产生过大的不均匀沉降时；

c. 软弱地基上的建筑物存在偏心荷载时；

d. 相邻建筑物距离近，可能发生倾斜时；

e. 地基内有厚度较大或厚薄不均的填土，其自重固结未完成时。

④ 对经常受水平荷载作用的高层建筑、高耸结构和挡土墙等，以及建造在斜坡上或边坡附近的建筑物和构筑物，尚应验算其稳定性。

⑤ 基坑工程应进行稳定性验算。

⑥ 建筑地下室或地下构筑物存在上浮问题时，尚应进行抗浮验算。

0.4.3　荷载效应最不利组合与相应的抗力限值

地基基础设计时，所采用的荷载效应与相应的抗力限值应遵循下列规定：

（1）按地基承载力确定基础底面积及埋深或按单桩承载力确定桩数时，传至基础或承台底面上的荷载效应应按正常使用极限状态下荷载效应的标准组合；相应的抗力应采用地基承载力特征值或单桩承载力特征值。

（2）计算地基变形时，传至基础底面上的荷载效应应按正常使用极限状态下荷载效应的准永久组合，不应计入风荷载和地震作用；相应的限值应为地基变形允许值。

（3）计算挡土墙压力、地基或斜坡稳定及滑坡推力时，荷载效应应按承载力极限状态下荷载效应的基本组合，但其分项系数均为 1.0。

（4）在确定基础或桩台高度、支挡结构截面、计算基础或支挡结构内力、确定配筋和验算材料强度时，上部结构传来的荷载效应组合和相应的基底反力，应按承载能力极限状态下荷载效应的基本组合，采用相应的分项系数；当需要验算基础裂缝宽度时，应按正常使用极限状态荷载效应标准组合。

（5）基础设计安全等级、结构设计使用年限、结构重要性系数应按有关规范的规定采用，但结构重要性系数 γ_0 不应小于1.0。

地基基础设计时，作用组合的效应设计值应符合下列规定：

① 正常使用极限状态下，标准组合的效应设计值（S_k）应按下式确定：

$$S_k = S_{Gk} + S_{Q1k} + \psi_{c2} S_{Q2k} + \cdots + \psi_{cn} S_{Qnk} \tag{0-1}$$

式中　S_{Gk}——永久作用标准值（G_k）的效应；

　　　S_{Qik}——第 i 个可变作用标准值（Q_{ik}）的效应；

　　　ψ_{ci}——第 i 个可变作用（Q_i）的组合值系数，按现行国家标准《建筑结构荷载规范》（GB 50009）的规定取值。

② 准永久组合的效应设计值（S_k）应按下式确定：

$$S_k = S_{Gk} + \psi_{q1} S_{Q1k} + \psi_{q2} S_{Q2k} + \cdots + \psi_{qn} S_{Qnk} \tag{0-2}$$

式中　ψ_{qi}——第 i 个可变作用的准永久值系数，按现行国家标准《建筑结构荷载规范》（GB 50009）的规定取值。

③ 承载能力极限状态下，由可变作用控制的基本组合的效应设计值（S_d），应按下式确定：

$$S_d = \gamma_G S_{Gk} + \gamma_{Q1} S_{Q1k} + \gamma_{Q2} \psi_{c2} S_{Q2k} + \cdots + \gamma_{Qn} \psi_{cn} S_{Qnk} \tag{0-3}$$

式中　γ_G——永久作用的分项系数，按现行国家标准《建筑结构荷载规范》（GB 50009）的规定取值；

　　　γ_{Qi}——第 i 个可变作用的分项系数，按现行国家标准《建筑结构荷载规范》（GB 50009）的规定取值。

④ 对由永久作用控制的基本组合，也可采用简化规则，基本组合的效应设计值（S_d）可按下式确定：

$$S_d = 1.35 S_k \tag{0-4}$$

式中　S_k——标准组合的作用效应设计值。

0.5　地基基础设计所需资料

一般情况下，进行地基基础设计时，需具备下列资料：

(1) 建筑场地的工程地质勘察报告；

(2) 上部结构的类型及相应的荷载等资料；

(3) 建筑场地环境，邻近建筑物类型与埋深，地下管线分布；

(4) 与本工程相关的结构设计规范和规程；

(5) 当地的建筑经验。

0.6　本课程的特点和学习要求

基础工程涉及的学科很广，有岩土工程学、土力学、工程地质学、混凝土结构学、工程施工等学科领域，内容广泛，综合性强。在学习过程中，应明确任何一个成功的基础工程都是不同学科知识的运用和工程实践经验的完美结合，在某些情况下，施工也可能是决定基础工程成败的关键。应了解上部结构、基础和地基是作为一个整体协调工作的，一些常规计算方法不考虑三者共同工作是有条件的，在评价计算结果中应考虑这种影响，并采取相应的构造措施。应清楚了解各种地基处理方法的特点和适用范围，根据土的特性和工程特点选用不同的处理方法。

　　基础工程这门课程涉及地基勘察、基础设计和地基处理的基本原理等，同时介绍岩土工程中出现的一些新技术。全书力求用简短的篇幅将原理讲解清楚，同时，为了服务于工程实践，教材中也汇编了有关规范和手册中对设计、试验及施工方法的具体规定和建议。现代土木工程对地基基础提出了日益严格的要求，给土木工程师提出了一个又一个难题，这就需要土木工程师们面对挑战，更加深入地对基础工程学科研究与探讨。通过对本课程的学习，掌握基础工程的基本理论、方法，为未来从事相关行业打下基础，解决实际工程中的难题，促进基础工程技术的更大发展。

第1章
地基勘察

 案例导读

大连湾海底隧道工程是贯彻落实国家全面振兴东北老工业基地战略，以 PPP 模式实施的重大民生工程，预算总投资达 72 亿元，共设双向六车道快速路，主线设计速度为 60km/h，该隧道工程整体使用设计年限计划为 100 年。该隧道区域存在地下溶洞，经详细勘察，可知岩溶地基状态不规则，存在大的裂隙、溶沟、溶洞，内部充填情况分为全充填、半充填、空洞等情况，溶洞顶板呈阶梯状分布，岩层以灰岩为主，溶洞顶板平均厚度为 14.65m，空洞最大高度达 7m，溶洞底板分布有各种石块，底板与顶板之间空隙无填充。结合勘察结果，采用旋挖钻成孔方式填充溶洞，借助桩的作用支撑溶洞洞穴，提高溶洞顶板的抗压强度。对于溶洞裂隙，通常采用水泥浆灌注方式进行填充，最大限度弥补裂隙、洞穴。

本章将针对地基勘察进行详细讲解，该部分内容与工程地质学、岩土工程勘察、工程岩土学关系密切。通过各种勘察手段和方法对地基进行勘察，可调查研究和分析评价建筑场地和地基的工程地质条件，为设计和施工提供所需的工程地质资料。

 学习目标

1. 了解工程地质勘察的目的和内容，勘察方法，勘察报告的内容。
2. 学会阅读、使用工程地质勘察报告。

1.1 概述

地基勘察属于岩土工程勘察的范畴，是把工程地质学知识应用于实际的过程。地基勘察的目的在于以各种勘察手段和方法，调查研究和分析评价建筑场地和地基的工程地质条件，为设计和施工提供所需的工程地质资料。地基勘察和评价的任务是，认识场地的地质条件，分析它与建筑物之间的相互影响，因此，地基勘察工作应该遵循基本建设程序走在设计和施工前面，采取必要的勘察手段和方法，提供准确无误的地基勘察报告。地基勘察必须遵守国家标准《岩土工程勘察规范》（GB 50021）（以下简称《勘察规范》）的有关规定。

建筑场地的工程地质条件一般包括：岩土的类型及其工程性质、地质构造、地形地貌、水文地质条件、不良地质现象和可资利用的天然建筑材料等。

对于不同地区，场地的工程地质条件可能有很大差别。以山区和平原区为例，从岩土类型及其工程性质看，山区以基岩为主，岩性坚硬，力学性质较强，平原区则以土层为主，力学性质较弱；从地质构造看，山区基岩常有褶皱、断层和节理，而平原区则以各类土层相互组合成各种形态的层理构造为主。由于两类地区的岩土类型、性质及地质构造的差异，其工程地质条件的其他因素也随之不同。由于不同地区工程地质条件在性质上、主次关系配合上的不同，其勘察任务、勘察手段和评价内容也随之而异。针对工业与民用建筑的需要，本章着重系统介绍建筑物地基勘察的任务和内容、方法以及地基勘察报告。

1.2 地基勘察的任务和内容

1.2.1 地基勘察与岩土工程等级的关系

地基勘察任务和内容的确定和勘察的详细程度与工作方法的选择，建筑场地、地基岩土性质及建筑物条件有关。场地工程地质条件和地基岩土性质因地而异，建筑物的类型和重要性也各不相同，因而，地基勘察的任务和内容也因地、因建筑物而异。在地质条件复杂地区，对场地的地质构造、不良地质现象、地震烈度、特殊土类等必须查明其分布及危害程度，因为这些是评价场地稳定性、地基承载力和地基变形的主要因素。在不良地质发育或极软弱土层分布区，如果勘察不详或分析结论有误，对建筑物危害较大，因而勘察必须慎重、详尽。此外，勘察还与建筑物条件有关，《工程结构可靠性设计统一标准》按结构破坏可能产生的后果的严重性，将建筑物分为三个安全等级（表1-1）。不同安全等级的建筑物对勘察工作的要求不同。

表 1-1 建筑物安全等级

安全等级	破坏后果	示例
一级	很严重：对人的生命、经济、社会或环境影响很大	大型的公共建筑等
二级	严重：对人的生命、经济、社会或环境影响较大	普通的住宅和办公楼等
三级	不严重：对人的生命、经济、社会或环境影响较小	小型的或临时性贮存建筑等

GB 50021《岩土工程勘察规范》结合《建筑地基基础设计规范》的建筑物安全等级划分，按照下列三方面条件，将岩土工程划分为一～三级三个等级。其中以一级岩土工程的自然条件最为复杂，技术要求的难度最大，工作环境最不利。现将划分的条件简要介绍如下：

① 场地条件。包括抗震设防烈度和可能发生的震害异常、不良地质作用的存在和人类对场地地质环境的破坏、地貌特征以及获得当地已有建筑经验和资料的可能性。

② 地基土质条件。指是否存在极软弱的或非均质的需要采取特别处理措施的地层，极不稳定的地基或需要进行专门分析和研究的特殊土类，对可借鉴的成功建筑经验是否仍需进行地基土的补充性验证工作。

③ 工程条件。包括建筑物的安全等级、建筑类型（超高层建筑、公共建筑、工业厂房等）、建筑物的重要性（具有重大意义和影响的或属于纪念性、艺术性、附属性、补充性的建筑物）、基础工程的特殊性（进行深基坑开挖、超长桩基、精密设备或有特殊工艺要求的基础、高填斜坡、高挡墙、基础托换或补强工程）。

岩土工程的等级划分，有利于对岩土工程各个工作环节按等级区别对待，确保工程质量和安全。因此它也是确定各个勘察阶段中的工作内容、方法以及详细程度所应遵循的准绳。

　　工业与民用建筑工程的设计分为场址选择、初步设计和施工图三个阶段。为了提供各设计阶段所需的工程地质资料，勘察工作也相应分为选址勘察、初步勘察和详细勘察三个阶段。对于地质条件复杂或有特殊施工要求的重大建筑物地基，尚应进行施工勘察；反之，对地质条件简单、面积不大的场地，其勘察阶段可适当简化。

1.2.2　选址勘察基本要求

　　选址勘察的目的是取得几个场址方案的主要工程地质资料，对拟选场地的稳定性和适宜性做出工程地质评价和方案比较。

　　选择场址时，应进行技术经济分析，一般情况下宜避开下列工程地质条件恶劣的地区或地段：

　　① 不良地质现象发育且对建筑物构成直接危害或潜在威胁的场地；
　　② 设计地震烈度为 8 度或 9 度的发震断裂带；
　　③ 受洪水威胁或地下水的不利影响严重的场地；
　　④ 在可开采的地下矿床或矿区的未稳定采空区上的场地。

　　选址阶段的勘察工作，主要侧重于搜集和分析区域地质、地形地貌、地震、矿产和附近地区的工程地质资料及当地的建筑经验，并在搜集和分析已有资料的基础上，抓住主要问题，通过踏勘，了解场地的地层岩性、地质构造、岩石和土的性质、地下水情况以及不良地质现象等工程地质条件。搜集的资料不满足要求或工程地质条件复杂时，也可以进行工程地质测绘并辅以必要的勘探工作。

1.2.3　初步勘察基本要求

　　经过选址勘察对场地稳定性做出全局评价以后，还存在建筑地段局部稳定性（包括地震效应在内）的评价问题。初步勘察（简称初勘）的任务之一就在于查明建筑场地不良地质现象的成因、分布范围、危害程度及其发展趋势，以便使场地内主要建筑物（如工业主厂房）的布置避开不良地质现象发育的地段，确定建筑总平面布置。

　　初勘的任务还在于初步查明地层及其构造、岩石和土的物理力学性质、地下水埋藏条件以及土的冻结深度，为主要建筑物的地基基础方案以及对不良地质现象的防治方案提供工程地质资料。

　　初勘时勘探线的布置应垂直于地貌单元边界线、地质构造线和地层界线，对一级建筑物应按建筑物的体型纵横两个方向布置勘探线。勘探点应该布置在这些界线上，并在变化最大的地段予以加密。在地形平坦土层简单的地区，可按方格网布置勘探点。

　　对每个地貌单元都应设有控制性勘探孔（勘探孔是指钻孔、探井、触探孔等）到达预定深度，其他一般性勘探孔只需达到适当深度即可。前者一般占勘探孔总数的 1/5～1/3。勘探线和勘探点的间距、勘探孔深度可根据岩土工程等级按《岩土工程勘察规范》选定。在井、孔中取试样或进行原位测试的竖向间距应按地层的特点和土的均匀性确定，各土层一般均需采取试样或取得测试数据，详见《岩土工程勘察规范》的规定。

1.2.4　详细勘察

　　经过选址和初步勘察之后，场地工程地质条件已基本查明，详细勘察（简称详勘）的任务在于针对具体建筑物地基或具体的地质问题，为进行施工图设计和施工提供可靠的依据或设计计算参数。因此必须查明建筑物范围内的地层结构、岩石和土的物理力学性质，对地基的稳定性及承载能力做出评价，并提供不良地质现象防治工作所需的计算指标及资料，此外，还要查明有关地下水的埋藏条件和腐蚀性、地层的透水性和水位变化规律等情况。

詳勘的手段主要以勘探、原位测试和室内土工试验为主，必要时可以补充一些物探和工程地质测绘和调查工作。详勘勘探点的布置应按岩土工程等级确定：对一、二级建筑物，宜按主要柱列线或建筑物的周边线布置勘探点；对三级建筑物可按建筑物或建筑群的范围布置勘探点；对重大设备基础，应单独布置勘探点。勘探点间距视建筑物和岩土工程等级而定。

詳勘勘探孔深度以能控制地基主要受力层为原则。当基础短边不大于 5m，且在地基沉降计算深度内又无软弱下卧层存在时，勘探孔深度对条形基础一般为 $3b$（b 为基础宽度），对单独基础为 $1.5b$，但不应小于 5m。对须进行变形验算的地基，控制性勘探孔应达到地基沉降计算深度。在一般情况下，控制性勘探孔深度应考虑建筑物基础宽度、地基土的性质和相邻基础影响，按《岩土工程勘察规范》选定。

取试样和进行原位测试的井、孔数量，应按地基土层的均匀性、代表性和设计要求确定，一般占勘探孔总数的 1/2～2/3，且每个场地不少于 3 个。取试样或进行原位测试部位的竖向间距，一般在地基主要受力层内每隔 1～2m 采取试样，但对每个场地或每幢独立的重要建筑物，每一主要土层的试样一般不少于 6 个，原位测试数据一般不少于 6 组。对位于地基主要受力层内厚度大于 0.5m 的夹层或透镜体，一般均需采取试样或进行原位测试。

1.2.5　勘察任务书

在勘察工作开始之前，设计和兴建单位应按工程要求把"地基勘察任务书"提交受委托的勘察单位，以便制订勘察工作计划。

任务书应说明工程的意图、设计阶段、要求提交勘察成果（即勘察报告书）的内容和目的，提出勘探技术要求等，并提供勘察工作所必需的各种图表资料，这些资料视设计阶段的不同而有所差别。

为配合初步设计阶段进行的勘察，在任务书中应说明工程类别、规模、建筑面积及建筑物的特殊要求、主要建筑物的名称、最大荷载、最大高度、基础最大埋深和最大设备尺寸等有关资料，并向勘察单位提供附有坐标的、比例为 1：2000～1：1000 的地形图，图上应划出勘察范围。

对详细设计阶段，在勘察任务书中应说明需要勘察的各建筑物的具体情况，如建筑物的上部结构特点、层数、高度、跨度及地下设施情况，地面整平标高，采取的基础形式、尺寸和埋深，单位荷载或总荷载以及有特殊要求的地基基础设计和施工方案等，并附有经上级部门批准的附有坐标及地形的建筑总平面布置图（1：2000～1：500）。如有挡土墙时还应在图中注明挡土墙位置、设计标高以及建筑物周围边坡开挖线等。

1.3　地基勘察的方法

1.3.1　工程地质测绘与调查

工程地质测绘与调查的目的是通过对场地的地形地貌、地层岩性、地质构造、地下水与地表水、不良地质现象进行调查研究与必要的测绘工作，为评价场地工程地质条件及合理确定勘探工作提供依据。对建筑场地的稳定性进行研究是工程地质调查和测绘的重点问题。

进行工程地质测绘与调查时，在选址阶段，应搜集研究已有的地质资料，进行现场踏勘；在初勘阶段，当地质条件较复杂时，应继续进行工程地质测绘；详勘阶段，仅在初勘测绘基础上，对某些专门地质问题做必要的补充。

测绘与调查的范围，应包括场地及其附近与研究内容有关的地段。

常用的测绘方法是在地形图上布置一定数量的观察点或观察线，以便按点或沿线观察地质现象。观察点一般选择在不同地貌单元、不同地层的交接处以及对工程有意义的地质构造和可能出现不良地质现象的地段。观察线通常与岩层走向、构造线方向以及地貌单元轴线相垂直（例如横穿河谷阶地），以便能观察到较多的地质现象。有时为了追索地层界线或断层等构造线，观察线也可以顺着走向布置。观察到的地质现象应标示于地形图上。

1.3.2 勘探工作

勘探是地基勘察过程中查明地下地质情况的一种必要手段，它是在地面的工程地质测绘和调查所取得的各项定性资料基础上，进一步对场地的工程地质条件进行定量的评价。

一般勘探工作包括坑探、钻探、触探和地球物理勘探等。

(1) 坑探

坑探是在建筑场地挖探井（槽）以取得直观资料和原状土样，这是不必使用专门机具的一种常用的勘探方法。当场地地质条件比较复杂时，利用坑探能直接观察地层的结构和变化，但坑探可达的深度较浅。

探井的平面形状一般采用 1.5m×1.0m 的矩形或直径为 0.8～1.0m 的圆形，其深度视地层的土质和地下水埋藏深度等条件而定，一般为 2～3m。较深的探坑须进行坑壁加固。

(2) 钻探

钻探是用钻机在地层中钻孔，以鉴别和划分地层，并可沿孔深取样，用以测定岩石和土层的物理力学性质，此外，土的某些性质也可直接在孔内进行原位测试。

场地内布置的钻孔，一般分为技术孔和鉴别孔两类。在技术孔中按不同的土层和深度采取原状土样。原状土样的采取常用取土器。

钻探时，按不同土质条件，常分别采用击入或压入取土器两种方式在钻孔中取得原状土样。击入法一般以重锤少击效果较好，压入法则以快速压入为宜，这样可以减少取土过程中土样的扰动。

(3) 触探

触探是通过探杆用静力或动力将金属探头贯入土层，并量测各层土对触探头的贯入阻力，从而间接地判断土层及其性质的一类勘探方法和原位测试技术。作为勘探手段，触探可用于划分土层，了解地层的均匀性；作为测试技术，则可估计地基承载力和土的变形指标等。

① 静力触探。静力触探借静压力将触探头压入土层，利用电测技术测得贯入阻力来判定土的力学性质。与常规的勘探手段比较，静力触探有其独特的优越性。它能快速、连续地探测土层及其性质的变化，常在拟定桩基方案时采用。

地基土的承载力取决于土本身力学性质，而静力触探所得的比贯入阻力等指标在一定程度上也反映了土的某些力学性质。根据静力触探资料可间接地按地区性的经验关系估算土的承载力、压缩性指标和单桩承载力等。

② 动力触探。动力触探一般是将一定质量的穿心锤，以一定的高度（落距）自由下落，将探头贯入土中，然后记录贯入一定深度所需的锤击次数，并以此判断土的性质。主要有标准贯入试验和轻便触探试验两种动力触探方法。

（4）地球物理勘探

地球物理勘探（简称物探）也是一种兼有勘探和测试双重功能的技术。物探之所以能够被用来研究和解决各种地质问题，主要是因为不同的岩石、土层和地质构造往往具有不同的物理性质，利用其导电性、磁性、弹性、湿度、密度、天然放射性等的差异，通过专门的物探仪器的量测，就可区别和推断有关地质问题。对地基勘探的下列方面宜应用物探：

① 作为钻探的先行手段，了解隐蔽的地质界线、界面或异常点、异常带，为经济合理确定钻探方案提供依据；

② 作为钻探的辅助手段，在钻孔之间增加地球物理勘探点，为钻探成果的内插、外推提供依据；

③ 测定岩土体某些特殊参数，如波速、动弹性模量、土对金属的腐蚀等。

常用的物探方法主要有电阻率法、电位法、地震法、声波法、电视测井法等。

1.4　地基勘察报告书

1.4.1　勘察报告书的编制

（1）勘察报告书的基本内容

地基勘察的最终成果是以报告书的形式提出的。勘察工作结束后，把取得的野外工作和室内试验的记录和数据以及搜集到的各种直接和间接资料分析整理，检查校核，归纳总结后做出建筑场地的工程地质评价。这些内容，最后以简要明确的文字和图表编成报告书。

勘察报告书的编制必须配合相应的勘察阶段，针对场地的地质条件和建筑物的性质、规模以及设计和施工的要求，提出选择地基基础方案的依据和设计计算数据，指出存在的问题以及解决问题的途径和办法。一个单项工程的勘察报告书一般包括下列内容：

① 任务要求及勘察工作概况；

② 场地位置、地形地貌、地质构造、不良地质现象及地震设计烈度；

③ 场地的地层分布，岩石和土的均匀性、物理力学性质、地基承载力和其他设计计算指标；

④ 地下水的埋藏条件和腐蚀性以及土层的冻结深度；

⑤ 对建筑场地及地基进行综合的工程地质评价，对场地的稳定性和适宜性做出结论，指出存在的问题和提出有关地基基础方案的建议。

所附的图表可以是下列几种：勘探点平面布置图，工程地质剖面图，地质柱状图或综合地质柱状图，土工试验成果表，其他测试成果图表（如现场载荷试验、标准贯入试验、静力触探试验、旁压试验等）。

上述内容并不是每个勘察报告必须全部具备的，而应视具体要求和实际情况有所侧重并以充分说明问题为准。对于地质条件简单和勘察工作量小且无特殊设计及施工要求的工程，勘察报告可以酌情简化。

（2）常用图表的编制方法

① 勘探点平面布置图。勘探点平面布置图是在建筑场地地形图上，把建筑物的位置，各类勘探、测试点的编号、位置用不同的图例表示出来，并注明各勘探、测试点的标高和深度、剖面线及其编号等。

② 钻孔柱状图。钻孔柱状图是根据钻孔的现场记录整理出来的。记录中除了注明钻进的工具、方法和具体事项外，其主要内容是关于地层的分布（层面的深度、层厚）和地层的名称和特征的描述。绘制柱状图之前，应根据土工试验成果及保存于钻孔岩心箱中的土样对分层情况和野外鉴别记录进行认真的校核，并做好分层和并层工作。当测试成果与野外鉴别不一致时，一般应以测试成果为主，只是当试样太少且缺乏代表性时才以野外鉴别为准。绘制柱状图时，应自上而下对地层进行编号和描述，并用一定的比例尺、图例和符号绘图。在柱状图中还应同时标出取土深度、地下水位等资料。

③ 工程地质剖面图。柱状图只反映场地某一勘探点处地层的竖向分布情况，剖面图则反映某一勘探线上地层沿竖向和水平向的分布情况。由于勘探线的布置常与主要地貌单元或地质构造轴线相垂直，或与建筑物的轴线相一致，故工程地质剖面图是勘察报告最基本的图件。

剖面图的垂直距离和水平距离可采用不同的比例尺。绘图时，首先将勘探线的地形剖面线画出，标出勘探线上各钻孔中的地层层面，然后在钻孔的两侧分别标出层面的高程和深度，再将相邻钻孔中相同的土层分界点以直线相连。当某地层在邻近钻孔中缺失时，该层可假定于相邻两孔中间尖灭。剖面图中应标出原状土样的取样位置和地下水位深度。各土层应用一定的图例表示，可以只绘出某一地段的图例，该层未绘出图例部分可由地层编号识别，这样可使图面更为清晰。

在柱状图和剖面图上也可同时附上土的主要物理力学性质指标及某些试验曲线（如触探和标准贯入试验曲线等）。

④ 综合地质柱状图。为了简明扼要地表示所勘察的地层的层次及其主要特征和性质，可将该区地层按新老次序自上而下以 1：200～1：50 的比例绘成柱状图。图上注明层厚、地质年代，并对岩石或土的特征和性质进行概括描述。这种图件称为综合地质柱状图。

⑤ 土工试验成果总表。土的物理力学性质指标是地基基础设计的重要依据，应将土的试验和原位测试所得的成果汇总列表表示。

1.4.2 场地稳定性的评价

地质条件复杂的地区，综合分析的首要任务是评价场地的稳定性，然后才是地基土（岩）的承载力和变形问题。

场地的地质构造（断层、褶皱等）、不良地质现象（泥石流、滑坡、崩塌、岩溶、塌陷等）、地层成层条件和地震等都会影响场地的稳定性，在勘察中必须查明其分布规律、具体条件、危害程度。

在断层、向斜、背斜等构造地带和地震区修建建筑物，必须慎重对待，对于选址勘察中指明宜避开的危险场地，则不宜进行建筑。但对于已经判明为相对稳定的构造断裂地带，还是可以选作建筑场地的。

　　在不良地质现象发育且对场地稳定性有直接危害或潜在威胁的地区，如不得不在其中较为稳定的地段进行建筑，也应事先采取有力措施，防患于未然，以免中途改变场地或产生极高的处理费用。

思考题

测一测

1. 阐述地基勘察的目的。
2. 什么是勘探？勘探手段包括哪些？
3. 地基勘察报告书一般包括哪些内容？

第 2 章
浅基础

案例导读

对于建筑物而言，基础是非常重要的。古代宫殿和庙宇建筑大多采用夯土台基，如北京故宫的太和殿、乾清宫等都坐落于高大的台基之上。古建筑中的基础承受屋柱压力，并将压力传给地基，凡木架结构房屋可谓柱柱皆础，缺一不可，这里主要应用的就是浅基础。许多历史悠久的著名建筑、桥梁、水利工程历经数千年，经历地震、强风考验至今仍巍然屹立。这些建筑奇观显示了我国古代劳动人民在工程实践中积累了丰富的基础工程知识，在历史长河中人们越来越清晰地认识到地基基础的重要性并形成了相应的理论。

本章将讨论天然地基上浅基础设计。本部分内容与土力学、工程地质学、砌体结构和钢筋混凝土结构以及建筑施工理论关系密切。而天然地基上浅基础设计的原则和方法，也适用于人工地基上的浅基础。

学习目标

1. 掌握浅基础的类型和适用条件。
2. 掌握无筋扩展基础的设计及构造。
3. 掌握柱下钢筋混凝土独立基础的设计及构造。
4. 掌握墙下钢筋混凝土条形基础的设计及构造。
5. 了解柱下条形基础、筏形基础和箱形基础的设计。
6. 了解减少建筑物不均匀沉降的措施。

2.1 概述

基础是位于建筑物地面以下，尺寸经适当扩大，将建筑所承受的各种作用传递到地基上的结构组成部分，具有承上启下的作用。因此，地基基础设计的主要原则是在保证地基稳定的前提下，让基础有足够的强度和刚度，且通过选择合理的基础方案，使地基的反力和沉降控制在允许的范围内，具体范围参照《建筑地基基础设计规范》（GB 50007）。

基础类型的选择应当充分考虑建筑场地和地基岩土的条件，结合工程实际情况选取安全稳定、造价低、工期短的设计方案。地基基础设计方案有：天然地基或人工地基上的浅基础、深基础，以及深浅结合的基础（如桩-筏、桩-箱基础等）。上述每种方案中各有多种基础类型和做法，可根据实际情况加以选择。地基基础设计是建筑物结构设计的重要组成部分。基础的形式和布置，要合理地配合上部结构的设计，满足建筑物整体的要求，同时要做到便于施工、降低造价。天然地基上的浅基础结构比较简单，且最为经济，如果能满足要求宜优先选用。

2.1.1　浅基础设计原则

浅基础不同于深基础。从施工角度看，开挖基坑过程中降低地下水位和保证边坡稳定性的问题比较容易解决；从设计角度来看，浅基础的埋置深度一般较浅，因此可以只考虑基础底面以下土的承载力，不考虑基础底面以上土的抗剪强度对地基承载力的作用，还可忽略基础侧向原状土层对地基侧面摩阻力提供的竖向承载力。天然地基、人工地基上浅基础设计的原则和方法基本相同，只是采用人工地基上的浅基础方案时，需要对选择的地基处理方法进行设计，并解决人工地基与浅基础互相影响的问题。

2.1.2　浅基础设计内容

浅基础的设计应当包含以下各项内容：
① 选择基础的材料、类型和平面布置；
② 选择地基持力层和基础埋置深度；
③ 确定地基承载力；
④ 按照地基承载力确定基础尺寸；
⑤ 进行地基变形与稳定性验算；
⑥ 进行基础结构设计；
⑦ 绘制基础施工图，提出施工说明。

为了减轻不均匀沉降的危害，在进行基础设计的同时，尚需从整体上对建筑设计和结构设计采取相应的措施，并对施工提出具体要求。

浅基础设计的各项内容是互相关联的。设计时可按上列顺序，首先选择基础材料、类型和埋深，然后逐步进行计算。如发现前面的选择不妥，则需要修改设计，直至各项计算均符合要求且各数据前后一致为止。

2.2　浅基础的类型

浅基础根据结构形式可分为扩展基础、联合基础、柱下条形基础、柱下交叉条形基础、箱型基础、筏形基础和壳体基础等。其中扩展基础由墙下条形基础和柱下独立基础组成。而根据所选用材料的性能不同，又分为无筋扩展基础和钢筋混凝土扩展基础。

2.2.1　无筋扩展基础

无筋扩展基础也称为刚性基础，是基础的一种做法，指由砖、毛石、混凝土或毛石混凝土、灰土和三合土等材料组成的墙下条形基础或柱下独立基础。无筋扩展基础适用于多层民用建筑和轻型厂房。由于这些刚性材料的特点，基础剖面尺寸必须满足刚性条件的要求，即对基础台阶宽度 b 和高度 H 之比进行限制，以保证基础在此夹角范围内不因受弯和受剪而破坏，该夹角称为刚性角。如灰土基础、砖基础、毛石基础、混凝土基础等各材料的刚性基础大放脚应满足刚性基础台阶宽高比的允许值。对于各刚性材料基础介绍如下：

（1）砖基础

抗冻性差，适用于干燥较温暖地区，不宜用于寒冷潮湿地区。取材容易、价格较低、施工简便，是一种广泛使用的基础类型，其剖面通常做成阶梯形，这个阶梯称为大放脚，如图 2-1 所示。

（2）毛石基础

强度和抗冻性优于砖，施工方便，价格较低，在寒冷潮湿地区可用于六层以下建筑物基础，如图 2-2 所示。

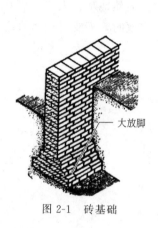

图 2-1　砖基础

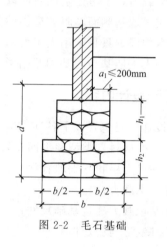

图 2-2　毛石基础

（3）灰土基础

由石灰与土料配制而成，一般按体积比 3：7 或 2：8。石灰宜用块状生石灰，经消化过筛后使用，土料用塑性指数较低的粉土或粉质黏土，放入基槽内分层夯实。灰土基础抗剪强度较低，抗水性能差，但取材容易，施工方便，且价格便宜，适用于地下水位较低，五层及五层以下的混合结构房屋和墙承重的轻型工业厂房，广泛应用于我国华北和西北地区。

（4）三合土基础

由石灰、砂、碎砖或碎石均匀搅拌，按体积比为 1：2：4～1：3：6 配成。三合土基础具有取材方便，施工简单，价格较低的优点；但抗剪强度低，不宜用于荷载较大的建筑基础。常用于地下水位较低的四层及四层以下的民用建筑工程中。

（5）混凝土和毛石混凝土基础

混凝土基础的强度、耐久性、抗冻性都较好，且形状多样，便于机械化施工。而为了节省水泥用量，可在混凝土中掺入占比 25%～30% 的毛石制成毛石混凝土基础。

无筋扩展基础的结构形式像倒置的悬臂梁，由于使用材料的抗拉和抗剪强度较差，受力较大时易发生弯曲破坏和剪切破坏。设计时为了防止基础的弯曲破坏（图 2-3），保证基础内的拉应力和剪应力不超过其

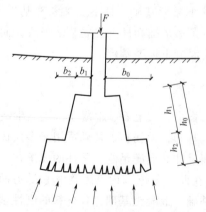

图 2-3　无筋扩展基础弯曲破坏

相应的材料强度设计值，一般通过控制基础构造来实现，即基础高度满足 $h_0 \geqslant \dfrac{b-b_0}{2\tan\alpha}$ 的要求。在这样的限制下，基础的高度较大，并具有足够的刚度，几乎不发生挠曲变形，因此不需要抗弯抗剪验算。

　　无筋扩展基础截面的基本形状是矩形，但为了节省材料做成锥形，或为了便于施工做成阶梯形，如图 2-4 所示，可用于柱下独立基础和墙下条形基础。无筋扩展条形基础是墙基础中常见的形式，通常用砖或毛石砌筑。为了使基础坚固耐用，对毛石或砖的强度等级有一定要求，具体材料要求以及施工要求应当符合《建筑地基基础设计规范》（GB 50007）。

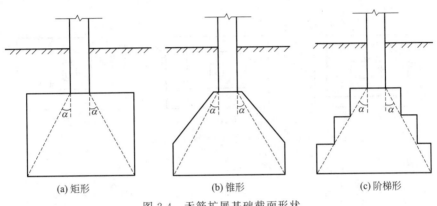

(a) 矩形　　　　　　　　(b) 锥形　　　　　　　　(c) 阶梯形

图 2-4　无筋扩展基础截面形状

　　总的来说，无筋扩展基础的优点是材料具有较好的抗压性能，稳定性好，施工简便，能承受较大的荷载，所以只须地基承载力满足要求，适用于多层民用建筑和轻型厂房。其缺点是自重大，并且当持力层为软弱土时，由于扩大基础面积有一定限制，需要对地基进行处理或加固后才能采用，否则会因所受的荷载压力超过地基承载力而影响结构物的正常使用。

2.2.2　钢筋混凝土扩展基础

　　当基础的高度不能满足刚性角要求时，即高度不足时，则需采用钢筋混凝土基础，由钢筋承受基础底部的拉应力。钢筋混凝土基础具有较好的抗剪能力和抗弯能力，通常也称之为柔性基础或有限刚度基础。设计的思路是采用扩大基础底面积的方法来满足地基承载力的要求，但不必增加基础的埋深；选择合适的基础材料、高度与配筋来满足基础抗剪和抗弯要求。适用的基础类型有独立基础、条形基础、筏形基础、箱形基础和壳体基础等。

　　(1) 柱下钢筋混凝土独立基础

　　柱下钢筋混凝土独立基础，现浇基础常做成锥形基础和台阶形基础，由于混凝土基础现浇，在基础施工时要预留插筋，以便和柱体主筋相连接；而对于预制柱下的独立基础，截面可为杯形，方便放置预制柱。这种基础常用于钢筋混凝土柱距较大，荷载均衡，地质条件比较稳固以及对差异沉降有一定适应能力的上部结构的柱下。基础截面如图 2-5 所示。

　　(2) 墙下钢筋混凝土条形基础

　　通常适用于基础宽度较大，且埋深较浅的基础形式。当基础宽度较大时使用墙下钢筋混凝土条形基础可以有效节省用料，并且可以减小基础材料自重。如果地基均匀条件较差，可以采用肋梁增加基础的整体性和抗弯能力。肋梁内应配置纵向钢筋和箍筋，以提升抵抗弯曲应力的能力。墙下钢筋混凝土条形基础截面见图 2-6。

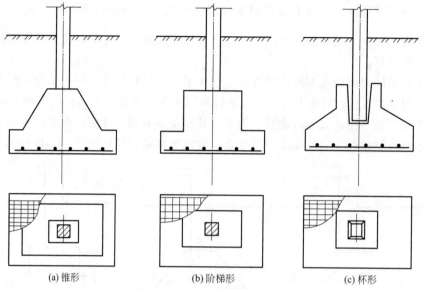

(a) 锥形 (b) 阶梯形 (c) 杯形

图 2-5　柱下钢筋混凝土独立基础截面

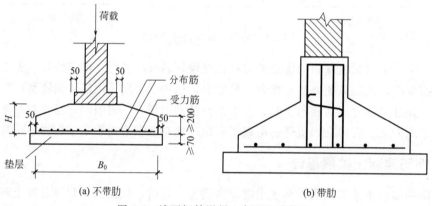

(a) 不带肋 (b) 带肋

图 2-6　墙下钢筋混凝土条形基础截面

（3）柱下条形基础和墙下单独基础

柱下条形基础［图 2-7(a)］具有抗弯刚度大的特点，可以有效控制不均匀沉降。当地基较为软弱，地基压缩性分布不均匀，以至于采用扩展基础可能产生较大的不均匀沉降时，常将同一方向上若干柱子的基础连成一体而形成柱下条形基础；当柱子的荷载较大而土层的承载能力又较低，做单独基础需要很大的面积时，这种情况也可采用柱下条形基础。相反，当建筑物较轻，作用于墙上的荷载不大，基础又需要在较深处的好土层上时，做条形基础可能不经济，这时可以在墙下加一根过梁，将过梁支在单独基础上，称为墙下单独基础［图 2-7(b)］。

（4）柱下十字交叉条形基础

如果地基软弱，且在两个方向上压缩性皆分布不均，单向条形基础的底面积不能承受上部结构荷载时，可将纵横柱基础均连在一起，构成柱下十字交叉条形基础（图 2-8），提高整体的刚度。与柱下条形基础不同的是，柱下交叉条形基础可以有效调整两个方向上的不均匀沉降。

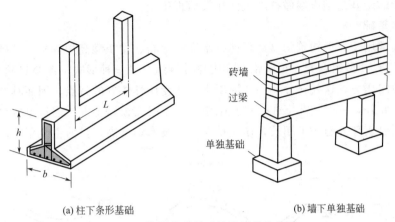

(a) 柱下条形基础   (b) 墙下单独基础

图 2-7　柱下条形基础及墙下单独基础

(5) 筏形基础

　　筏形基础（图 2-9），俗称"满堂红基础"，是指当地基承载力低，而上部结构的荷重又较大，以至于十字交叉条形基础仍不能提供足够的底面积来满足地基承载力的要求时，或相邻基槽间距很小时，或建筑物在使用上有要求时，可采用钢筋混凝土筏形基础。这种基础整体刚度大，有利于调整地基的不均匀沉降，较能适应上部结构荷载分布的变化，并且可以提升建筑物的整体抗震性能，对于有防渗要求的建筑也多采用该形式。由于筏形基础有梁和底板，当建筑物有设计需要时，该基础也可以作为建筑物的一部分，例如地下室、油库等。

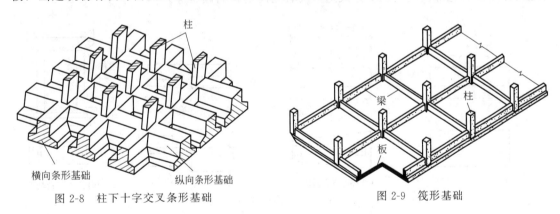

图 2-8　柱下十字交叉条形基础   图 2-9　筏形基础

(6) 箱形基础

　　箱形基础（图 2-10）是由钢筋混凝土底板、顶板、侧墙、内隔墙组成，形成一个整体性好、空间刚度大的箱体。箱形基础比筏形基础具有更大的抗弯刚度，可视为绝对刚性基础，产生的沉降通常较为均匀，适用于软弱地基上的高层、重型或对不均匀沉降有严格要求的建筑物。与筏形基础相比，箱形基础的地下室被分割，空间较小，而筏形基础的地下室空间则较大。箱形基础的材料消耗量较大，施工技术要求高，且还会遇到深基坑开挖带来的问题和困难，采用与否

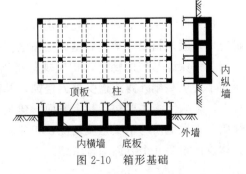

图 2-10　箱形基础

应与其他可能的地基基础方案做技术经济比较后再确定。

（7）壳体基础

壳体基础常用于筒形构筑物（如烟囱、水塔、粮仓、中小型高炉等）的基础，其形式多种多样，主要有 M 型组合壳、正圆锥壳和内球外锥组合壳三种形式（图 2-11）。壳体结构的内力主要是轴向压力，这就充分利用了混凝土结构受压性能好的特点，因而具有材料省和造价低等优点，此外，一般情况下在壳体基础施工时不必支模，土方挖运量也较少。但其缺点同样明显，主要表现为施工工期长，作业量大，且技术难度高，目前主要用于筒形构筑物。

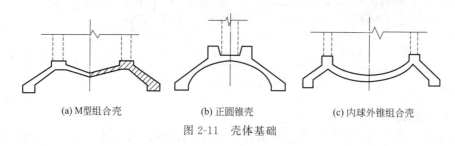

(a) M型组合壳　　　　(b) 正圆锥壳　　　　(c) 内球外锥组合壳

图 2-11　壳体基础

（8）联合基础

联合基础（图 2-12）主要指同列相邻两柱公共的钢筋混凝土基础，也称双柱联合基础。一般情况下，在为相邻两柱分别配置独立基础时，如果其中一柱靠近建筑界线，或者两柱间距较小而出现基底面积不足，以及荷载偏心过大等情况时，可以考虑采用联合基础，联合基础也可用于调整相邻两柱的沉降差或防止两者之间的相向倾斜等。

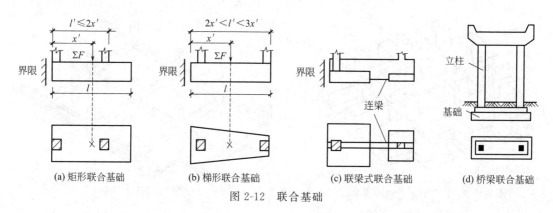

(a) 矩形联合基础　　(b) 梯形联合基础　　(c) 联梁式联合基础　　(d) 桥梁联合基础

图 2-12　联合基础

2.3　持力层的确定

按照设计基础的顺序首先确定埋深，即选定持力层。基础埋深主要是根据工程地质条件确定，一般是指设计地面到基础底面之间的垂直距离。选择了基础埋置深度就选择了地基持力层。为保证基础的稳定，相应规范指出，除岩石地基外，基础埋置深度不宜小于 0.5m，而为了避免基础外露或遭受外界侵蚀，基础顶面应位于设计地面 0.1m 以下。在持力层的选择上，影响因素主要包括几个方面：建筑物的用途和结构类型，作用在地基上的荷载大小与性质，工程地质与水文地质情况，相邻基础的影响，以及地基土冻胀和融陷的影响等，因此具体设计需要几个方面综合考虑。

(1) 建筑物的用途和结构类型

建筑物的用途和结构类型是选择基础埋深需要考虑的首要问题。如果建筑物设有地下室、设备基础和地下设施等，基础就应局部或整体加深。对于高层建筑，为了满足稳定性要求，减少建筑物整体倾斜，防止倾覆和滑移，基础埋深不宜小于建筑物高度的 1/15；对于箱桩或筏桩基础的埋深（不计桩长），不宜小于建筑高度的 1/20～1/18。

建筑物结构类型，对于刚度较大的敏感性结构，如框架结构，则将基础埋在比较好的土层上；对于刚度较小的不敏感结构，如简支结构就可以将基础埋在相对差一些的土层上。而基础结构的类型也影响埋置深度，如无筋扩展基础，在基础底面面积确定后，埋深主要受基础高度影响。

(2) 作用在地基上的荷载大小与性质

对于承受以轴向压力为主的基础，其埋置深度仅需满足地基承载力和变形要求；对于承受较大水平力的基础，应有足够的埋置深度，以保证其稳定性；对于受上拔力的结构（如输电塔）基础，应加大埋置深度，以提供所需的抗拔力；对于地震区或有振动荷载的建筑，不宜将基础浅埋或放置在易液化的土层上，而应适当加大埋置深度，把基础放在抗液化的地基上。

(3) 工程地质与水文地质情况

基础底面通常设置在坚实土层上，如果承载力高的土层在地基土的上部，则基础适合浅埋并验算软弱下卧层强度；如果承载力高的土层在地基土的下部，则应视上部软弱土层的厚度，综合考虑施工的难度、材料的消耗、工程的造价来决定基础埋置深度；当软弱土层较薄，厚度小于 2m 时，应将软弱土层挖掉，将基础置于下部的坚实土层上；当软弱土层较厚达到 3～5m 时，若加深基础不经济，则可改用人工地基或采取其他结构措施；当地基下有软弱下卧层时，持力层不宜太薄，厚度一般应大于基础底面宽度的 1/4，其最小厚度应大于2m。此外，还应考虑地下水埋藏条件对于地基的影响。基础设计尽量考虑将基础置于地下水位以上；若埋在地下水位以下时，应考虑基坑排水、坑壁围护、保护地基土不受扰动而出现涌土、流砂的可能性；地下室防渗；轻型结构物上浮托力；地下水浮托基础底板的内力；对于埋藏有承压含水层的地基，控制基坑开挖深度，防止基坑隆起开裂。

(4) 相邻基础的影响

新建基础埋深尽量小于原基础埋深。若必须大于原基础埋深时，两基础应保持一定的净距，其数值应根据荷载大小和土质情况而定，一般取相邻建筑物基础底面高差的 1～2 倍，以免开挖基坑时，坑壁塌落，影响原有建筑物地基的稳定。当上述要求不能满足时，应采取分段施工，并采取增设临时加固支撑或加固原有建筑物地基等措施。不同埋深基础布置见图 2-13。

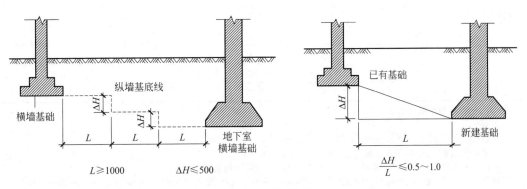

图 2-13 不同埋深基础布置

（5）地基土冻胀和融陷的影响

土中水冻结后，土体增大的现象称为冻胀，冻土融化后产生的沉陷称为融陷。根据地基土的类别、冻前天然含水量、平均冻胀率等因素，地基土的冻胀类型可分为不冻胀、弱冻胀、冻胀、强冻胀和特强冻胀五类，如表 2-1。

表 2-1　地基土的冻胀性分类

土的类别	冻前天然含水量 $w/\%$	冻结期间地下水位距冻结面最小距离 h_w/m	平均冻胀率 $\eta/\%$	冻胀等级	冻胀类别
碎（卵）石，砾、粗、中砂（粒径小于 0.075mm，颗粒含量大于 15%），细砂（粒径小于 0.075mm，颗粒含量大于 10%）	$w\leqslant12$	>1.0	$\eta\leqslant1$	1	不冻胀
		$\leqslant1.0$	$1<\eta\leqslant3.5$	2	弱冻胀
	$12<w\leqslant18$	>1.0			
		$\leqslant1.0$	$3.5<\eta\leqslant6$	3	冻胀
	$w>18$	>0.5			
		$\leqslant0.5$	$6<\eta\leqslant12$	4	强冻胀
粉砂	$w\leqslant14$	>1.0	$\eta\leqslant1$	1	不冻胀
		$\leqslant1.0$	$1<\eta\leqslant3.5$	2	弱冻胀
	$14<w\leqslant19$	>1.0			
		$\leqslant1.0$	$3.5<\eta\leqslant6$	3	冻胀
	$19<w\leqslant23$	>1.0			
		$\leqslant1.0$	$6<\eta\leqslant12$	4	强冻胀
	$w>23$	不考虑	$\eta>12$	5	特强冻胀
粉土	$w\leqslant19$	>1.5	$\eta\leqslant1$	1	不冻胀
		$\leqslant1.5$	$1<\eta\leqslant3.5$	2	弱冻胀
	$19<w\leqslant22$	>1.5	$1<\eta\leqslant3.5$		
		$\leqslant1.5$	$3.5<\eta\leqslant6$	3	冻胀
	$22<w\leqslant26$	>1.5			
		$\leqslant1.5$	$6<\eta\leqslant12$	4	强冻胀
	$26<w\leqslant30$	>1.5			
		$\leqslant1.5$	$\eta>12$	5	特强冻胀
	$w>30$	不考虑			
黏性土	$w\leqslant w_p+2$	>2.0	$\eta\leqslant1$	1	不冻胀
		$\leqslant2.0$	$1<\eta\leqslant3.5$	2	弱冻胀
	$w_p+2<w\leqslant w_p+5$	>2.0			
		$\leqslant2.0$	$3.5<\eta\leqslant6$	3	冻胀
	$w_p+5<w\leqslant w_p+9$	>2.0			
		$\leqslant2.0$	$6<\eta\leqslant12$	4	强冻胀
	$w_p+9<w\leqslant w_p+15$	>2.0			
		$\leqslant2.0$	$\eta>12$	5	特强冻胀
	$w>w_p+15$	不考虑			

注：1. w_p 为土的塑限含水量（%）；

2. 盐渍土不在表列；

3. 塑限指数大于 22 时，冻胀性降低一级；

4. 粒径小于 0.005mm 的颗粒含量大于 60% 时，为不冻胀土；

5. 碎石类土充填物大于全部质量的 40%，其冻胀性按充填物土的类别判断；

6. 碎石土、砾砂、粗砂、中砂（粒径小于 0.075mm，颗粒含量不大于 15% 时）、地下水位以上的细砂（粒径小于 0.075mm，颗粒含量不大于 10% 时），均按不冻胀考虑。

　　根据 GB 50007—2011《建筑地基基础设计规范》，冻胀性土地基的设计冻深应按式（2-1）计算：

$$z_d = z_0 \psi_{zs} \psi_{zw} \psi_{ze} \qquad (2\text{-}1)$$

式中　z_d——场地冻结深度，m，当有实测资料时按 $z_d = h' - \Delta z$ 计算；

　　　　h'——最大冻深出现时场地最大冻土层厚度，m；

　　　　Δz——最大冻深出现时场地地表冻胀量，m；

　　　　z_0——标准冻结深度，该数值为地表平坦、裸露、城市之外的空旷场地中不少于 10 年实测最大冻深的平均值，当无实测资料按照 GB 50007—2011《建筑地基基础设计规范》标准确定；

　　　　ψ_{zs}——土的类别对冻深的影响系数；

　　　　ψ_{zw}——土的冻胀性对冻深的影响系数；

　　　　ψ_{ze}——环境对冻深的影响系数。

公式中 ψ_{zs}、ψ_{zw}、ψ_{ze} 的选取依据表 2-2～表 2-4、参照实际情况选取。

表 2-2　土的类别对冻深的影响系数

土的类别	影响系数 ψ_{zs}
黏性土	1.00
细砂、粉砂、粉土	1.20
中、粗、砾砂	1.30
大块碎石土	1.40

表 2-3　土的冻胀性对冻深的影响系数

冻胀性	影响系数 ψ_{zw}
不冻胀	1.00
弱冻胀	0.95
冻胀	0.90
强冻胀	0.85
特强冻胀	0.80

表 2-4　环境对冻深的影响系数

周围环境	影响系数 ψ_{ze}
村、镇、旷野	1.00
城市近郊	0.95
城市市区	0.90

　　当建筑基础底面下允许有一定厚度的冻土层时，可按式（2-2）计算基础的最小埋置深度。

$$d_{min} = z_d - h_{max} \qquad (2\text{-}2)$$

式中　h_{max}——基础底面下允许冻土层的最大厚度（表 2-5），m。

表 2-5　建筑基础底面下允许残留冻土层的最大厚度 h_{max}　　　　　　单位：m

冻胀性	基础形式	采暖情况	基底平均压力/kPa				
			110	130	150	170	190
弱冻胀土	方形基础	采暖	0.90	0.95	1	1.1	1.15
		不采暖	0.70	0.8	0.95	1	1.05
	条形基础	采暖	>2.50	>2.50	>2.50	>2.50	>2.50
		不采暖	2.20	2.50	>2.50	>2.50	>2.50
冻胀土	方形基础	采暖	0.65	0.70	0.75	0.8	0.85
		不采暖	0.55	0.60	0.65	0.70	0.75
	条形基础	采暖	1.55	1.8	2	2.20	2.50
		不采暖	1.15	1.35	1.55	1.75	1.95

【例 2-1】　长春市城区修建民用建筑，已知建筑物采用条形基础，只考虑永久荷载时基底的平均压力为 120kPa。地层剖面如图 2-14 所示。试从冻结深度考虑，基础的最小埋深是多少？该基础的埋深是否由冻深决定？

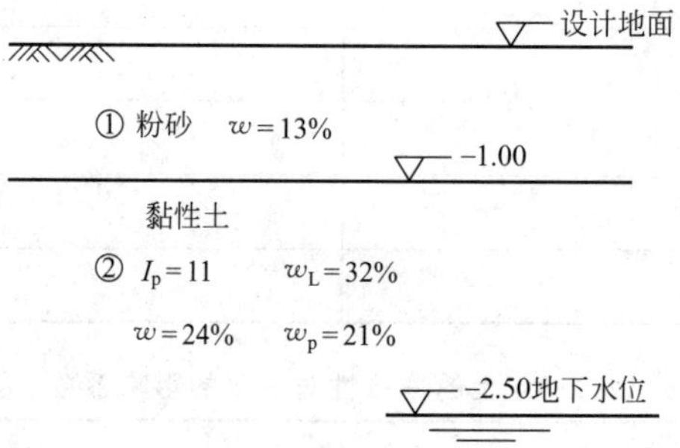

图 2-14　例 2-1 图

【解】　（1）地区标准冻结深度为 $z_0 = 1.6$m。

（2）按式(2-1)求场地冻结深度。

$$z_d = z_0 \psi_{zs} \psi_{zw} \psi_{ze}$$

查表 2-2 求 ψ_{zs}。第一层为粉砂，$\psi_{zs} = 1.2$；第二层为黏性土，$\psi_{zs} = 1.0$。

查表 2-3 求 ψ_{zw}。第一层为粉砂，天然含水量 $w = 13\% < 14\%$，层底距地下水位 1.5m > 1.0m，冻胀等级为 1，即不冻胀，ψ_{zw} 取 1.0；第二层为黏性土，$w_p + 2 < w < w_p + 5$，地下水位离标准冻结深度 0.9m，冻胀等级为 3，属冻胀土，ψ_{zw} 取 0.9。

查表 2-4，市区 ψ_{ze} 取 0.9。

按第一层土计算：

$$z_{d1} = 1.6 \times 1.2 \times 1.0 \times 0.9 = 1.73(\text{m})$$

按第二层土计算：

$$z_{d2} = 1.6 \times 1.0 \times 0.9 \times 0.9 = 1.30(\text{m})$$

对于这种在场地冻深范围内有多层地基土的情况，在具体设计计算中可以近似取冻深最大的土层（土层①）作为场地冻深，即 $z_d = z_{d1} = 1.73$m。

但是基础底部位于土层②中，应按照条形基础、冻胀土、采暖、基底平均压力为 120kPa 等条件查表 2-5 得到允许冻土层最大厚度 $h_{max} = 1.67$m，再由式(2-2)计算基础的最小埋深：

$$d_{min} = z_d - h_{max} = 1.73 - 1.67 = 0.06(m) < 0.5(m)$$

可见本工程的基础埋深不是由冻深所控制的。

如果考虑两层土对冻深的影响，可以通过折算来计算实际的场地冻深。首先考虑第一层土的冻深 z_{d1} 与土层厚 h_1 之差为 $1.73 - 1.0 = 0.73(m)$。而实际上在第二层土不会冻结 0.73m，而应折算为 $\Delta z_{d2} = 0.73 \times \dfrac{1.3}{1.73} = 0.55(m)$，则实际场地冻深为 $z_d = 1 + 0.55 = 1.55(m)$。

$$d_{min} = z_d - h_{max} = 1.55 - 1.67 < 0$$

即本工程的基础埋深不是由冻深所控制的，而是由其他因素确定。

2.4　地基承载力

地基在建筑物荷载的作用下，内部应力发生变化，表现在两方面：一种是由于地基土在建筑物荷载作用下产生压缩变形，引起基础过大的沉降量或沉降差，使上部结构倾斜，造成建筑物沉降；另一种是由于建筑物的荷载过大，超过了基础下持力层土所能承受荷载的能力而使地基产生滑动破坏。因此在设计建筑物基础时，必须满足两个要求：①强度要求，指对于承载力满足要求，对应容许承载力；②变形要求，指沉降变形量在允许范围内，对应容许沉降量。

这里介绍几个概念：

① 地基承载力。地基土单位面积上所能承受荷载的能力。地基承载力问题属于地基的强度和稳定问题。

② 容许承载力。同时满足地基强度、稳定性和变形要求时，地基单位面积上所能承受的荷载。它是个变量，与建筑物允许变形值密切相关。

③ 极限承载力。地基即将丧失稳定性时的承载力。

④ 地基承载力标准值。在正常情况下，可能出现承载力最小值，系按标准方法试验，并经数理统计处理得出的数据，可由野外鉴定结果和动力触探试验的锤击数直接查规范承载力表确定，也可根据承载力基本值修正系数得到。

⑤ 地基承载力基本值。按照标准方法试验，未经数理统计处理的数据，是根据室内试验得到的土的物理性质指标，查表确定的承载力值。

⑥ 地基承载力设计值。地基在保证稳定性的条件下，满足建筑物基础沉降要求的所能承受荷载的能力。可由塑性荷载直接得到，也可由极限荷载除以安全系数得到，或由地基承载力标准值经过基础宽度和埋深修正后确定。

⑦ 地基承载力特征值。正常使用极限状态计算时的地基承载力，即在发挥正常使用功能时地基所允许采用抗力的设计值。它是以概率理论为基础，也是在保证地基稳定条件下，使建筑物基础沉降计算值不超过允许值的地基承载力。

在设计建筑物基础时，各行业使用规范不同，地基容许承载力、地基承载力设计值与特征值在概念上有所不同，但在使用含义上相同。

在实际建筑应用中影响地基承载力特征值的因素较多，不仅仅与地基土的形成条件和性质有关，而且与基础的类型、尺寸、刚度和埋置深度、上部结构的类型、高度、荷载形式与大小、变形要求及施工速度等因素密切相关。通常有三种方法确定地基承载力。

2.4.1　现场载荷试验的确定方法

现场载荷试验的主要优点是对地基土不产生扰动，利用其成果确定的地基承载力最可靠、最有代表性，可直接用于工程设计，其成果用于预估建筑物的沉降量效果也很好。因此，在大型工程、重要建筑物的地基勘测中，现场载荷试验一般是不可少的。它是目前世界各国用以确定地基承载力的最主要方法，也是比较其他原位试验成果的基础。载荷试验按试验深度分为浅层和深层；按承压板形状有平板与螺旋板之分；按用途可分为一般载荷试验和桩载荷试验；按载荷性质又可分为静力载荷试验和动力载荷试验。

依据《建筑地基基础设计规范》（GB 50007—2011），浅层平板载荷试验适用于浅部地基土层的承压板下应力主要影响范围内的承载力和变形参数，试验基坑宽度不应小于承压板宽度或直径的3倍，且应保持试验土层的原状结构和天然湿度，宜在拟试压表面用中砂或粗砂层找平，其厚度不应超过20mm。在场地挖至预计基础埋深，整平坑底，放置一定面积的方形（或圆形）承压板，在其上逐级施加荷载，测定各项荷载作用下地基土的稳定沉降量。根据试验得到的压力与沉降关系（p-s）曲线，确定地基土的承载力特征值f_{ak}。

（1）试验仪器设备

试验的设备由承压板、加荷装置及沉降观测装置等部件组合而成。

① 承压板。分为现场砌制和预制两种。一般为预制厚钢板或硬木板。

② 加荷装置。包括压力源、载荷台架和反力构架。方式可分为两种：重物加荷，即在载荷台上放置重物，如铅块等；油压千斤顶反力加荷，即用油压千斤顶加荷，用地锚提供反力。

③ 沉降观测装置。百分表、沉降传感器或水准仪等。只要满足所规定的精度要求及线性特性等条件，可任意选用其中一种来观测承压板的沉降。

（2）终止试验的情况

① 承压板周边的土出现明显侧向挤出，周边岩土出现明显隆起或径向裂缝持续发展。

② 本级荷载的沉降量大于前级荷载沉降量的5倍，荷载与沉降曲线出现明显的陡降。

③ 在某级荷载下24h沉降速率不能达到相对稳定标准。

④ 总沉降量与承压板直径或宽度之比超过0.06。

（3）试验成果的应用

利用现场载荷试验测试结果，绘制压力与沉降量（p-s）关系曲线。试验结束后应对试验的原始数据进行检查和校核，整理出荷载与沉降量、时间与沉降量汇总表，绘制压力p与沉降量s关系曲线图。

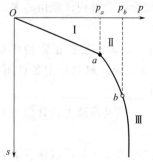

图 2-15 为压力与沉降关系曲线，图中Ⅰ为压密阶段，Ⅱ为塑性变形阶段，Ⅲ为整体剪切破坏阶段，a 点为比例界限，b 点为极限界限。地基承载力特征值的选取：

① 当 p-s 曲线上有明显的比例界限时，取该比例界限所对应的荷载值。

② 当极限荷载能确定，且该值小于对应比例界限的荷载值的1.5倍时，取荷载极限值的一半。

图 2-15　压力与沉降关系曲线　③ 不能按上述两点确定时，如承压板面积为 2500 ～

$5000cm^2$，对低压缩性土和砂土，可取 $s/B=0.01\sim0.015$ 所对应的荷载值；对中、高压缩性土，可取 $s/B=0.02$ 所对应的荷载值（其中，s 为沉降量，B 为承压板宽度或直径）。

④ 同一土层参与统计的试验点不应少于 3 点，各试验实测值的极差不得超过其平均值的 30%，取平均值作为地基承载力特征值。

2.4.2 规范表格法

我国各地区规范给出了按照野外鉴定结果，室外物理、力学指标，或现场动力触探试验锤击数为依据查取地基承载力特征值的表格，这些表格是将各地区现场载荷试验资料经回归分析并结合经验编制，收录在各行业规范中。而规范表格的应用，是根据室内试验指标、现场测试指标或野外鉴别指标，通过查规范所列表格得到承载力。规范不同（包括不同部门、不同行业、不同地区的规范），其承载力不完全相同，应用时需注意各自的使用条件。表 2-6 所示为《工程地质手册》（第五版）中给出的砂土承载力特征值。

表 2-6　砂土承载力特征值　　　　　　　　　　　　　单位：kPa

土类	标准贯入试验锤击数 N			
	10	15	30	50
中砂、粗砂	180	250	340	500
粉砂、细砂	140	180	250	340

2.4.3 理论公式计算法

当偏心距（e）小于或等于 0.033 倍基础底面宽度时，根据土的抗剪强度指标确定地基承载力特征值可按式（2-3）计算，并应满足变形要求。

$$f_a=M_b\gamma b+M_d\gamma_m d+M_c c_k \tag{2-3}$$

式中　　　f_a——由土的抗剪强度指标确定的地基承载力特征值，kPa；

M_b、M_d、M_c——承载力系数，根据土的内摩擦角标准值按表 2-7 确定；

　　　　b——基础底面宽度，m，大于 6m 按 6m 取值，对于砂土小于 3m 按 3m 取值；

　　　　c_k——基底下一倍短边宽度的深度范围内土的黏聚力标准值，kPa；

　　　　γ——基础底面以下土的重度，kN/m^3，地下水位以下取浮重度；

　　　　γ_m——基础底面以上土的加权平均重度，kN/m^3，位于地下水位以下的土层计算时取有效重度；

　　　　d——基础埋置深度，m，宜自室外地面标高算起。

表 2-7　承载力系数 M_b、M_d、M_c

土的内摩擦角标准值 $\varphi_k/(°)$	M_b	M_d	M_c
0	0.00	1.00	3.14
2	0.03	1.12	3.32
4	0.06	1.25	3.51
6	0.10	1.39	3.71
8	0.14	1.55	3.93
10	0.18	1.73	4.17
12	0.23	1.94	4.42

续表

土的内摩擦角标准值φ_k/(°)	M_b	M_d	M_c
14	0.29	2.17	4.69
16	0.36	2.43	5.00
18	0.43	2.72	5.31
20	0.51	3.06	5.66
22	0.61	3.44	6.04
24	0.80	3.87	6.45
26	1.10	4.37	6.90
28	1.40	4.93	7.40
30	1.90	5.59	7.95
32	2.60	6.35	8.55
34	3.40	7.21	9.22
36	4.20	8.25	9.97
38	5.00	9.44	10.80
40	5.80	10.84	11.73

注：φ_k为基础底面下一倍短边宽度的深度范围内土的内摩擦角标准值，(°)。

2.4.4 承载力特征值的修正

地基承载力不仅与土的性质有关，还与基础的大小、形状、埋深以及荷载的情况有关。这些因素对承载力的影响程度又随土质的不同而有所差异。在采用载荷试验、原位测试试验以及经验统计关系等确定的地基承载力标准值，考虑的是对应于标准条件或基本条件下的值，而地基基础设计和计算时，考虑的是承载力极限状态下的标准组合，即采用荷载设计值，所以对某个实体基础而言，应考虑埋深和宽度给地基承载力特征值带来的影响，进行深度和宽度修正。

GB 50007—2011《建筑地基基础设计规范》中，规定当基础宽度大于3m或埋置深度大于0.5m时，从载荷试验或其他原位测试、经验值等方法确定的地基承载力特征值，应按式（2-4）进行宽度和深度修正：

$$f_a = f_{ak} + \eta_b \gamma (b-3) + \eta_d \gamma_m (d-0.5) \tag{2-4}$$

式中 f_a——修正后的地基承载力特征值，kPa。

f_{ak}——地基承载力特征值，kPa。

η_b、η_d——基础宽度和埋深的地基承载力修正系数，按基础底面下土的类别查表2-8取值。

γ——基础底面以下土的重度，kN/m^3，地下水位以下取浮重度。

b——基础底面宽度，m，当基础底面宽度小于3m时按3m取值，大于6m时按6m取值。

γ_m——基础底面以上土的加权平均重度，位于地下水位以下的土层计算时取有效重度。

d——基础埋置深度，m，宜自室外地面标高算起；在填方整平地区，可自填土地面标高算起，但填土在上部结构施工后完成时，应从天然地面标高算起；对于地下室，如采用箱形基础或筏形基础时，基础埋置深度自室外地面标高算起；当采用独立基础或条形基础时，应从室内地面标高算起。

大量的载荷资料表明：若地基底部的宽度增大，地基承载力将提高，所以地基承载力标准值应予以宽度修正。当 $b > 6\mathrm{m}$ 时，修正公式必将给出过大的承载力值，出于对基础沉降方面的考虑，此时宜按 6m 考虑。另一方面，当 $b < 3\mathrm{m}$ 时，砂土地基的静载荷资料表明，按实际值计算的结果偏小许多，所以 GB 50007—2011《建筑地基基础设计规范》规定，当基底宽度小于 3m 时按 3m 考虑。

表 2-8　地基承载力修正系数

土的类别			η_b	η_d
淤泥和淤泥质土			0	1.0
人工填土 e 或 I_L 大于或等于 0.85 的黏性土			0	1.0
红黏土	含水比 $\alpha_w > 0.8$		0	1.2
	含水比 $\alpha_w \leqslant 0.8$		0.15	1.4
大面积压实填土	压实系数大于 0.95、黏粒含量 $\rho_c \geqslant 10\%$ 的粉土		0.0	1.5
	最大干密度大于 $2100\mathrm{kg/m^3}$ 的级配砂石		0	2.0
粉土	黏粒含量 $\rho_c \geqslant 10\%$ 的粉土		0.3	1.5
	黏粒含量 $\rho_c < 10\%$ 的粉土		0.5	2.0
e 及 I_L 均小于 0.85 的黏性土			0.3	1.6
粉砂、细砂(不包括很湿与饱和时的稍密状态)			2.0	3.0
中砂、粗砂、砾砂和碎石土			3.0	4.4

注：I_L 为液性指数。

2.4.5　岩石地基承载力的确定

对于完整、较完整、较破碎的岩石地基承载力特征值，可按《建筑地基基础设计规范》(GB 50007—2011) 附录 H 岩石地基载荷试验要点确定；对破碎、极破碎的岩石地基承载力特征值，可根据平板载荷试验确定。对完整、较完整和较破碎的岩石地基承载力特征值，也可根据室内饱和单轴抗压强度，按式(2-5)进行计算：

$$f_a = \varphi_r f_{rk} \tag{2-5}$$

式中　f_a——岩石地基承载力特征值，kPa。

f_{rk}——岩石饱和单轴抗压强度标准值，kPa。

φ_r——折减系数。根据岩体完整程度以及结构面的间距、宽度、产状和组合，由地方经验确定。无经验时，对完整岩体可取 0.5；对较完整岩体可取 $0.2 \sim 0.5$；对较破碎岩体可取 $0.1 \sim 0.2$。

对于黏土质岩，经过饱和处理后，强度会大幅度降低，因此工程中若能确保施工期间和使用期间该基岩不致遭水浸泡，也可采用天然湿度的岩样进行单轴抗压强度试验，求出单轴抗压强度标准值 f_{rk}。

【例 2-2】　某场地地基土上层土为中砂，厚度 1.5m，$\gamma = 18.5\mathrm{kN/m^3}$，标准贯入锤击数 $N = 15$，第二层为粉质黏土层，$\gamma = 18.2\mathrm{kN/m^3}$，$\gamma_{sat} = 19.5\mathrm{kN/m^3}$，内摩擦角标准值 $\varphi_k = 22°$，黏聚力标准值 $c_k = 10\mathrm{kPa}$，地下水位在地表下 2m 处，若修建基础尺寸为 3m×2m，试确定基础埋置深度分别为 1m 和 2m 时作为持力层的承载力特征值。

【解】　(1) 基础埋置深度为 1m 时，持力层为中砂，根据 $N = 15$，查表 2-6 得 $f_{ak} =$

250kPa。基础埋深 $d=1.0$m，基础宽度 $b=2$m，只需对 f_{ak} 深度修正，查表2-8，得修正系数 $\eta_b=3.0$、$\eta_d=4.4$，代入修正公式，得到修正后的承载力特征值为

$$f_a = f_{ak} + \eta_b\gamma(b-3) + \eta_d\gamma_m(d-0.5)$$
$$= 250 + 3.0\times18.5\times0 + 4.4\times18.5\times(1.0-0.5) = 290.7(\text{kPa})$$

（2）基础埋置深度为2m时，持力层为粉质黏土，根据已知条件 $\varphi_k=22°$，应用理论公式法求地基承载力特征值，查表2-7，得到 $M_b=0.61$、$M_d=3.44$、$M_c=6.04$，因基础底面与地下水位平齐，故 γ 取有效重度 γ'，$\gamma'=\gamma_{sat}-\gamma_w=19.5-10.0=9.5(\text{kN/m}^3)$。

埋深范围平均重度 $\gamma_m = (18.5\times1.5+18.2\times0.5)\div2 = 18.425(\text{kN/m}^3)$。

则地基持力层的承载力特征值为

$$f_a = M_b\gamma b + M_d\gamma_m d + M_c c_k$$
$$= 0.61\times9.5\times2.0 + 3.44\times18.425\times2.0 + 6.04\times10 \approx 199(\text{kPa})$$

2.5　基础底面尺寸确定及验算

浅基础设计时，通常根据地基持力层的承载力计算，初步确定基础底面的尺寸。通常计算内容包含几个部分：持力层承载力计算和软弱下卧层承载力验算，地基变形验算，地基稳定性验算。

2.5.1　持力层承载力计算

（1）轴心荷载作用

轴心荷载指的是当基础上的所有荷载的合力与基础的形心重合，可认为基础受到轴心荷载作用，基础底面压力通常视为均匀分布，并按照式(2-6)计算：

$$p_k = (F_k+G_k)/A \tag{2-6}$$

在轴心荷载作用下，按地基持力层承载力计算基础底面尺寸时，要求基础底面压力满足式(2-7)要求：

$$p_k \leqslant f_a \tag{2-7}$$

式中　p_k——相应于荷载效应标准组合时，基础底面处的平均压力值，kPa；

　　　A——基础底面积，m²，$A=lb$，其中，l 为矩形基础的长度，b 为矩形基础的宽度；

　　　F_k——相应于荷载效应标准组合时，上部结构传至基础顶面的竖向力值，kN；

　　　G_k——基础及基础上回填土自重，kN，对一般实体基础，可近似地取 $G_k=\gamma_G A\overline{d}$，在地下水位以下部分应扣去浮力，即 $G_k=\gamma_G A\overline{d}-\gamma_w A h_w$，其中，$\gamma_G$ 为基础及回填土的平均重度，无特殊说明可取 $\gamma_G=20\text{kN/m}^3$，$\overline{d}$ 为基础平均埋置深度，h_w 为地下水位至基础底面的距离；

　　　f_a——修正后的地基持力层承载力特征值，kPa。

基础底面尺寸的大小需满足基底压力小于地基承载力，将上述两式结合，即可得到基础底面面积计算公式：

$$A \geqslant \frac{F_k}{f_a-\gamma_G\overline{d}} \tag{2-8}$$

在轴心荷载作用下，柱下钢筋混凝土独立基础一般采用方形基础，即 $A = b^2$，其边长 b 为：

$$b \geqslant \sqrt{\frac{F_k}{f_a - \gamma_G \overline{d}}} \tag{2-9}$$

对于墙下钢筋混凝土条形基础，可沿基础长度方向取单位 1m 长度进行计算，即 $A = b \times 1$，荷载为相应的线荷载，则基础宽度 b 为：

$$b \geqslant \frac{F_k}{f_a - \gamma_G \overline{d}} \tag{2-10}$$

在上面的计算中，因基础尺寸尚未确定，所以地基承载力特征值 f_{ak} 一般先不进行宽度修正，而是先进行深度修正，在基础底面尺寸确定完毕之后，再根据基础底面的宽度 b，考虑是否需要对地基承载力特征值再次进行宽度修正，修正后重新计算基础底面尺寸，如此反复计算一两次即可最终确定基础底面尺寸。为方便施工，基础长 l 和宽 b 均应为 100mm 的整数倍。

【例 2-3】 某承重墙下的条形基础已拟定埋置深度 $d = 1.2$m，地基土为粉质黏土，其重度 $\gamma = 18.5$kN/m³，孔隙比 $e = 0.65$，液性指数 $I_L = 0.44$，已知地基承载力特征值 $f_{ak} = 150$kPa，承重墙传至底面标高处的荷载 $F_k = 210$kN/m，试确定基础宽度为多少比较合适。

【解】 先对地基承载力特征值进行深度修正。根据地基土参数查表 2-8，得修正系数 $\eta_b = 0.3$，$\eta_d = 1.6$，代入修正公式，得到修正后的承载力特征值为

$$f_a = f_{ak} + \eta_d \gamma_m (d - 0.5)$$
$$= 150 + 1.6 \times 18.5 \times (1.2 - 0.5) \approx 171 \text{(kPa)}$$

由式（2-10）得到基础底面宽度为

$$b \geqslant \frac{F_k}{f_a - \gamma_G \overline{d}} = \frac{210}{171 - 20 \times 1.2} \approx 1.43 \text{(m)}$$

取 $b = 1.5$m，因 $b < 3$m，故不需要承载力再次宽度修正，因此确定墙下条形基础宽度 1.5m 合适。

（2）偏心荷载作用

当作用在基础上的荷载作用线偏离基础的形心时即为偏心荷载，此时基础既受压又受弯，偏离的垂直距离就是偏心距 e。竖向偏心荷载作用见图 2-16(a)。

a. 当偏心距 $e < l/6$，$p_{min} > 0$，基础底面压力呈梯形分布，如图 2-16(b) 所示；

b. 当偏心距 $e = l/6$，$p_{min} = 0$，基础底面压力呈三角形分布，如图 2-16(c) 所示；

c. 当偏心距 $e > l/6$，$p_{min} < 0$，数值上看，基础底面出现拉应力，而实际地基与基础之间是不可能承受拉应力的，此时代表基础底面将和地基脱离，脱离部分为"零压力区"，致使基础底面压力出现应力重新分布，呈三角形分布，如图 2-16(d) 所示。

常见的偏心荷载作用在矩形基础的一个方向，即单向偏心，取基础的长边方向和偏心方向一致，基础底面的边缘压力可按式（2-11）计算。

$$\begin{matrix} p_{max} \\ p_{min} \end{matrix} = \frac{F + G}{A} \pm \frac{M}{W} = \frac{F + G}{A} \left(1 \pm \frac{6e}{l} \right) \tag{2-11}$$

式中 p_{max}——基础最大边缘压力，kPa；

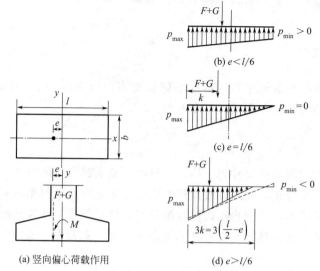

图 2-16　竖向偏心荷载作用下的基础底面压力分布

p_{min}——基础最小边缘压力，kPa；

e——荷载偏心距，m，$e=\dfrac{M}{F+G}$；

M——作用于基础底面的弯矩，kN·m；

W——基础底面的抵抗矩，m^3，对于矩形基础，$W=\dfrac{1}{6}bl^2$。

对于偏心荷载作用下的基础，除满足式 $p_k\leqslant f_a$ 以外，还应满足式（2-12）中的附加条件：

$$p_{k,max}\leqslant 1.2 f_a \tag{2-12}$$

式中　$p_{k,max}$——相应于荷载效应标准组合时，按直线分布假设计算的基础底面边缘处的最大压力值，kPa；

f_a——修正后的地基承载力特征值。

对于常见的单向偏心矩形基础，当偏心距 $e\leqslant l/6$ 时，基础底面最大和最小压力，可参照式（2-11）计算求得。

当偏心距 $e>l/6$ 时，$p_{k,min}<0$，基础一侧底面与地基土脱开，这种情况下基础底面的压力分布如图 2-17 所示，此时可采用下式计算。

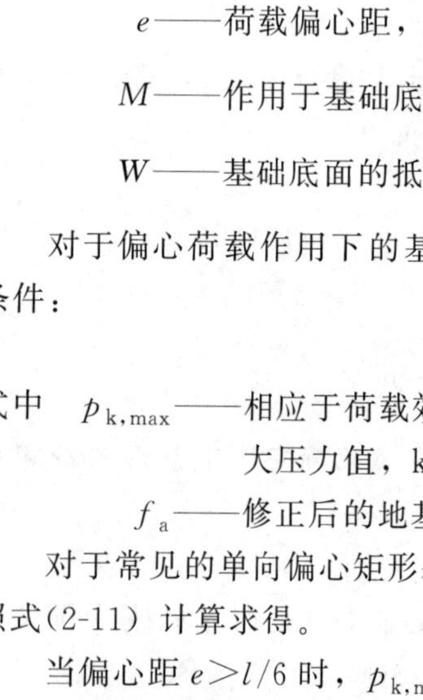

$$p_{k,max}=\dfrac{2(F_k+G_k)}{3ba} \tag{2-13}$$

式中　b——垂直于力矩作用方向的基础底面边长，m；

a——合力作用点至基础最大压力边缘的距离，m，$a=l/2-e$。

为了保证基础充分发挥作用，力矩作用方向一般是基底长边。为使长边（l）充分发挥抗弯作用，而避免出现"零压力区"，一般基础设计要求满足 $e\leqslant l/6$。

因此，在确定基础底面尺寸时，为了同时满足式（2-7）、

图 2-17　偏心荷载作用下

$e>\dfrac{l}{6}$ 时基础底面压力分布

式(2-12) 和 $e \leqslant l/6$ 的条件，一般可根据以下步骤进行基础尺寸确定。

① 进行深度修正，初步确定修正后的地基承载力特征值。

② 根据荷载偏心情况，将按轴心荷载作用计算得到的基础底面面积增大 $10\% \sim 40\%$，即取 $A = (1.1 \sim 1.4) \dfrac{F_k}{f_a - \gamma_G d}$。

③ 选取基础底面长边（l）与短边（b）的比值 n，通常情况下 $n \leqslant 2$，于是有 $b = \sqrt{A/n}$，$l = nb$。

④ 考虑是否应对地基承载力进行宽度修正，如需要，在承载力修正后，重复上述②、③两步，使所取宽度前后一致。

⑤ 计算偏心距 e 和基础底面最大压力 $p_{k,max}$，并验算其是否能够满足 $p_{k,max} \leqslant 1.2$ 和 $e \leqslant l/6$ 的条件。

⑥ 若 l、b 取值不当，可调整尺寸再进行验算，如此反复几次便可确定合适的尺寸。

【例 2-4】 某地基土为黏性土，重度 $\gamma = 18.5 \mathrm{kN/m^3}$，孔隙比 $e = 0.65$，液性指数 $I_L = 0.44$，已知地基承载力特征值 $f_{ak} = 220 \mathrm{kPa}$，基础埋置深度 1.3m。作用在基础顶面的轴心荷载 $F_k = 800 \mathrm{kN}$，水平荷载 20kN 作用在基础顶面位置，力矩 $200 \mathrm{kN \cdot m}$，如图 2-18 所示，试确定矩形基础底面尺寸。

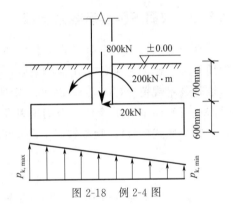

图 2-18　例 2-4 图

【解】 (1) 对地基承载力特征值 f_{ak} 进行深度修正，根据地基土性质，查表 2-8 得修正系数 $\eta_b = 0.3$，$\eta_d = 1.6$，代入修正公式，得到修正后的承载力特征值为

$$\begin{aligned} f_a &= f_{ak} + \eta_d \gamma_m (d - 0.5) \\ &= 220 + 1.6 \times 18.5 \times (1.3 - 0.5) \\ &\approx 244 (\mathrm{kPa}) \end{aligned}$$

(2) 初步确定基础底面尺寸，考虑荷载偏心，将基础底面面积初步增大 20%，可得面积

$$A = 1.2 \frac{F_k}{f_a - \gamma_G d} = 1.2 \times \frac{800}{244 - 20 \times 1.3} \approx 4.4 (\mathrm{m^2})$$

取基础底面长宽比 $n = 2$，可得

$$b = \sqrt{A/n} = \sqrt{4.4/2} \approx 1.5 (\mathrm{m})$$
$$l = nb = 2 \times 1.5 = 3.0 (\mathrm{m})$$

因 $b = 1.5 \mathrm{m} < 3 \mathrm{m}$，故 f_a 不需宽度修正。

(3) 验算偏心距 e。

基础底面处的总竖向力 $F_k + G_k = 800 + 20 \times 3.0 \times 1.5 \times 1.3 = 917 (\mathrm{kN})$

基础底面处的总力矩 $M_k = 200 + 20 \times 0.6 = 212 (\mathrm{kN \cdot m})$

荷载偏心距 $e = M_k / (F_k + G_k) = 212 \div 917 \approx 0.23 < l/6 = 0.5 (\mathrm{m})$

符合要求。

(4) 验算基底最大压力 $p_{k,max}$。

$$p_{k,max} = \frac{F_k + G_k}{bl}\left(1 + \frac{6e}{l}\right) = \frac{917}{1.5 \times 3.0} \times \left(1 + \frac{6 \times 0.23}{3.0}\right)$$

$$\approx 297.5(\text{kPa}) > 1.2f_a = 292.8(\text{kPa})$$

不符合要求。

（5）适当调整基础底面尺寸再验算。取 $b = 1.6\text{m}$，$l = 3.2\text{m}$，则可得

$$F_k + G_k = 800 + 20 \times 3.2 \times 1.6 \times 1.3 = 933.12(\text{kN})$$

$$e = M_k / (F_k + G_k) = 212 \div 933.12 \approx 0.23 < l/6 = 0.53(\text{m})$$

$$p_{k,max} = \frac{F_k + G_k}{bl}\left(1 + \frac{6e}{l}\right) = \frac{933.12}{1.6 \times 3.2} \times \left(1 + \frac{6 \times 0.23}{3.2}\right)$$

$$\approx 260.8(\text{kPa}) < 1.2f_a = 292.8(\text{kPa})$$

经验算符合要求，所以基础底面尺寸可取为 3.2m×1.6m。

2.5.2 软弱下卧层承载力验算

在持力层以下的下卧层若承载力和压缩模量明显低于持力层则称为软弱下卧层。为了保障地基与基础的稳定，在确定尺寸后，如有需要应当进行软弱下卧层承载力的验算。在《建筑桩基技术规范》（JGJ 94—2008）中明确规定，当软弱下卧层的承载力低于持力层的 1/3 时需进行软弱下卧层验算，否则地基仍有失效的可能性。当地基受力范围内有软弱下卧层时，应按照式（2-14）验算软弱下卧层的地基承载力。

$$p_z + p_{cz} \leqslant f_{az} \tag{2-14}$$

$$f_{az} = f_{ak} + \eta_d \gamma_m (d + z - 0.5) \tag{2-15}$$

式中　p_z——相应于作用的标准组合时，软弱下卧层顶面处的附加压力值，kPa；

　　　p_{cz}——软弱下卧层顶面处的土自重应力值，kPa，从地面算起；

　　　f_{az}——软弱下卧层顶面处经深度修正后的地基承载力特征值，kPa，具体计算如式（2-15）。

软弱下卧层上的附加应力 p_z 是由基础底面附加压力传递下来，这里应力的传递一般采用简化方法，参照双层地基中附加应力分布的理论，即按照扩散角的概念应力等效传递计算，附加应力如图 2-19 所示传递。实际计算分为条形基础与矩形基础两种情况，分别按照式（2-16）和式（2-17）简化计算。

条形基础：

$$p_z = \frac{b(p_k - p_c)}{b + 2z\tan\theta} \tag{2-16}$$

矩形基础：

$$p_z = \frac{lb(p_k - p_c)}{(l + 2z\tan\theta)(b + 2z\tan\theta)} \tag{2-17}$$

式中　b——基础底边的宽度，m；

　　　l——矩形基础底边的长度，m；

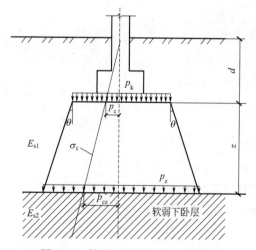

图 2-19　软弱下卧层验算应力分析

p_c——基础底面处土的自重应力值，kPa；

z——基础底面到软弱下卧层顶面的距离，m；

θ——地基的压力扩散角，(°)，取值可参照表 2-9 采用。

表 2-9 地基的压力扩散角 θ 单位：(°)

E_{s1}/E_{s2}	z/b	
	0.25	0.5
3	6	23
5	10	25
10	20	30

注：1. E_{s1} 为上层土压缩模量，E_{s2} 为下层土压缩模量。

2. $z/b<0.25$ 时取 $\theta=0°$，必要时宜由试验确定；$z/b>0.5$ 时 θ 按 $z/b=0.5$ 取值。

3. z/b 在 $0.25\sim0.5$ 之间可用插值法取值。

【例 2-5】 某柱下钢筋混凝土独立基础，底面尺寸 2.5m×2.0m，受到竖向荷载 $F_k=$ 800kN，地质条件参数如图 2-20 所示，试验算持力层及下卧层的承载力是否满足要求。

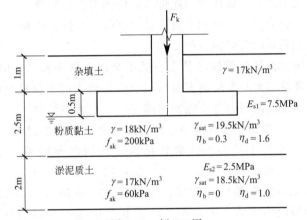

图 2-20 例 2-5 图

【解】 （1）持力层承载力验算

先对持力层承载力特征值 f_{ak} 修正

$$\gamma_m=\frac{17\times1+18\times0.5}{1.5}=17.33(kN/m^3)$$

$$f_a=f_{ak}+\eta_d\gamma_m(d-0.5)=200+1.6\times17.33\times(1.5-0.5)\approx227.73(kPa)$$

基础底面处的总竖向力：$F_k+G_k=800+20\times2.5\times2.0\times1.5=950(kN)$

基础底面平均压力：$p_k=\dfrac{F_k+G_k}{A}=\dfrac{950}{2.5\times2.0}=190(kPa)<f_a$（符合要求）

（2）软弱下卧层承载力验算

由 $E_{s1}/E_{s2}=7.5\div2.5=3$，$z/b=2/2=1>0.50$，则查表 2-9 得 $\theta=23°$，$\tan\theta=0.424$，软弱下卧层的顶面处附加应力为

$$p_z=\frac{lb(p_k-p_c)}{(l+2z\tan\theta)(b+2z\tan\theta)}$$

$$=\frac{2.5\times2.0\times[190-(17\times1.0+18\times0.5)]}{(2.5+2\times2.0\times0.424)\times(2.0+2\times2.0\times0.424)}\approx52.87(kPa)$$

软弱下卧层顶面处的自重应力为

$$p_{cz}=17\times1.0+18\times0.5+9.5\times2.0=45(\mathrm{kPa})$$

软弱下卧层承载力特征值修正

$$\gamma_m=\frac{p_{cz}}{d+z}=\frac{45}{1.5+2}=12.86(\mathrm{kN/m^3})$$

$$f_{az}=f_{ak}+\eta_d\gamma_m(d+z-0.5)$$
$$=60+1.0\times12.86\times(1.5+2.0-0.5)\approx98.58(\mathrm{kPa})$$

验算结果为

$$p_z+p_{cz}=52.87+45=97.87\leqslant f_{az}(符合要求)$$

综上所述，基础尺寸满足持力层和软弱下卧层承载力要求。

2.5.3　地基变形验算

按上述方法确定的地基承载力特征值，虽然已能保证建筑物在防止地基剪切破坏方面具有足够的安全度，但在上部结构荷载的作用下，地基土会产生压缩变形，使建筑物产生沉降，从而引入新的不安全因素，因此需对此进行相应的考虑与验算。

地基变形特征一般分为四种，分别为沉降量、沉降差、倾斜值和局部倾斜值。

① 沉降量 s，基础某点的沉降值（图 2-21）。

对于单跨排架结构，在低压缩性地基上一般不会因沉降而损坏，但在中高压缩性地基上，应该限制柱基沉降量，尤其要限制多跨排架中受荷较大的中排柱基的沉降量不宜过大，以免上部相邻结构发生相对倾斜而造成端部相碰。

② 沉降差 s_1-s_2，一般指相邻柱基中点的沉降量之差（图 2-22）。

框架结构主要因柱基的不均匀沉降而使结构受剪扭曲而损坏，也称为敏感性结构。斯肯普顿曾得出敞开式框架结构柱基能经受大致 $l/150$（l 为柱距）的沉降差而不损坏的结论。通常认为：填充墙框架结构的相邻柱基沉降差按不超过 $0.002l$ 设计时是安全的。对于开窗面积不大的墙砌体所填充的边排柱，尤其是房屋端部抗风柱之间的沉降差，应特别注意。

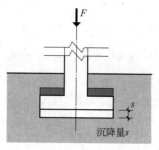

图 2-21　沉降量

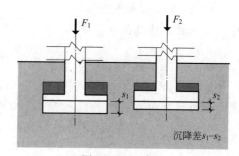

图 2-22　沉降差

③ 倾斜值 $(s_1-s_2)/L$，指基础倾斜方向两端点的沉降差与其距离的比值（图 2-23）。

对于高耸结构及长高比很小的高层建筑，其地基变形的主要特征是建筑物的整体倾斜。高耸结构的重心高，基础倾斜使重心侧向移动引起偏心力矩，不仅会使基础底面边缘压力增加而影响抗倾覆稳定性，还会导致像高烟囱等筒体结构的附加弯矩。因此，高耸结构基础的倾斜允许值随结构高度的增加而递减。一般而言，地基土层的不均匀分布及邻近建筑物的影响是高耸结构产生倾斜的重要原因；如果地基的压缩性比较均匀，且无邻近荷载的影响，对高耸结构而言，只要基础中心沉降量不超过允许值，可不做倾斜验算。

高耸建筑横向整体倾斜允许值主要取决于人们视觉上的感受，高大的刚性建筑物倾斜值达到明显可见的程度时大致为 $l/250$，而结构损坏大致当倾斜值达到 $l/150$ 时才开始。

对于有吊车的工业厂房，还应验算桥式吊车轨面沿纵向或横向的倾斜值，以免因倾斜而导致吊车自动滑行或卡轨。

④ 局部倾斜值 $(s_1-s_2)/L$，指砌体承重结构沿纵向 6～10m 内基础两点的沉降差与其距离的比值（图 2-24）。

因基础沉降所引起的损坏，最常见的是长高比不太大的砌体承重结构房屋外纵墙由于相对挠曲引起的拉应变所形成的裂缝，包括裂缝呈现正八字形的墙体正向挠曲（下凹）和呈现倒八字形的墙体反向挠曲（凸起），但墙体的相对挠曲不易计算，一般以沿纵墙一定距离范围（6～10m）内基础两点的沉降量计算局部倾斜值，作为砌体承重墙结构的主要变形特征。

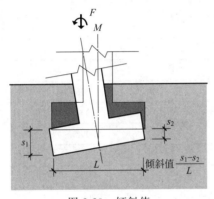

图 2-23 倾斜值

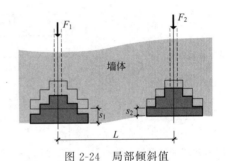

图 2-24 局部倾斜值

《建筑地基基础设计规范》（GB 50007—2011）按不同建筑物的地基变形特征，要求满足建筑物的地基变形计算值不应大于地基变形允许值，即

$$s \leqslant [s] \qquad (2\text{-}18)$$

式中　s——地基变形计算值；

　　　$[s]$——地基变形允许值，它是根据建筑物的结构特点、使用条件和地基上的类别而确定的，具体查表 2-10。

地基变形允许值 $[s]$ 的确定涉及的因素很多，与对地基不均匀沉降反应的敏感性、结构强度的储备、建筑物的具体使用要求等条件有关，很难全面准确把握。《建筑地基基础设计规范》（GB 50007—2011）综合分析了国内外各类建筑物的有关资料，提出了表 2-10 所列数据供设计采用。对表中未列出的其他建筑物的地基变形允许值，可根据上部结构对地基变形的适应能力和使用上的要求确定。

地基特征变形验算结果若不能满足要求，可以先适当调整基础底面尺寸或埋置深度，若仍不能满足要求，再考虑从建筑、结构、施工等方面采取有效措施，以防止不均匀沉降对建筑物的损害，或改用其他地基基础设计方案。

表 2-10　建筑物地基变形允许值

变形特征		地基土类别	
		中、低压缩性土	高压缩性土
砌体承重结构基础的局部倾斜		0.002	0.003
工业与民用建筑相邻柱基的沉降差	框架结构	$0.002l$	$0.003l$
	砌体墙填充的边排柱	$0.0007l$	$0.001l$
	当基础不均匀沉降时不产生附加应力的结构	$0.005l$	$0.005l$
单层排架结构(柱距为 6m)柱基的沉降量/mm		(120)	200
桥式吊车轨面的倾斜(按不调整轨道考虑)	纵向	0.004	
	横向	0.003	
多层和高层建筑的整体倾斜	$H_g \leqslant 24$	0.004	
	$24 < H_g \leqslant 60$	0.003	
	$60 < H_g \leqslant 100$	0.0025	
	$H_g > 100$	0.002	
体型简单的高层建筑基础的平均沉降量/mm		200	
高耸结构基础的倾斜	$H_g \leqslant 20$	0.008	
	$20 < H_g \leqslant 50$	0.006	
	$50 < H_g \leqslant 100$	0.005	
	$100 < H_g \leqslant 150$	0.004	
	$150 < H_g \leqslant 200$	0.003	
	$200 < H_g \leqslant 250$	0.002	
高耸结构基础的沉降量/mm	$H_g \leqslant 100$	400	
	$100 < H_g \leqslant 200$	300	
	$200 < H_g \leqslant 250$	200	

注：1. 本表数值为建筑物地基实际最终变形允许值。

2. 有括号的数值仅适用于中压缩性土。

3. l 为相邻柱基的中心距离，mm；H_g 为自室外地面起算的建筑物高度，m。

2.5.4　地基稳定性验算

　　一般在满足强度要求的条件下，建筑物很少发生由于地基失稳产生的破坏，但由于一些基础下有较厚的软弱土层，且结构较高、承受较大水平荷载的建筑，如水塔、烟囱、筒仓及高层建筑应进行地基稳定性验算。

　　《建筑地基基础设计规范》(GB 50007—2011)规定，地基稳定性可采用圆弧滑动面法进行验算。这种方法主要是通过分析作用于不稳定土体的静力平衡，根据摩尔-库仑强度准则判断边坡的稳定性(如图 2-25 所示，其中抗滑力 R_i、滑动力 T_i)。

$$R_i = N_i \tan\varphi_i + c_i l_i = W_i \cos\theta_i \tan\varphi_i + c_i l_i \tag{2-19}$$

$$T_i = W_i \sin\theta_i \tag{2-20}$$

式中　W_i——第 i 条块重力；

　　　c_i、φ_i——第 i 条块的内聚力、内摩擦角；

l_i——第 i 条块底面长度。

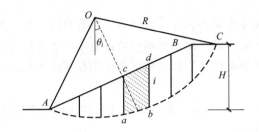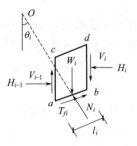

图 2-25 计算模型示意

则相对圆心 O 的抗滑力矩 M_{R_i}，滑动力矩 M_{T_i} 分别为：

$$M_{R_i} = R(W_i \cos\theta_i \tan\varphi_i + c_i l_i) \tag{2-21}$$

$$M_{T_i} = R W_i \sin\theta_i \tag{2-22}$$

对于可能发生滑动的最危险滑动面上，滑体受到的力对滑动中心所产生的抗滑力矩与滑动力矩的比值即为滑动安全系数 K，K 应符合下式要求：

$$K = \frac{M_R}{M_T} \geqslant 1.2 \tag{2-23}$$

式中　K——地基稳定性安全系数；

　　　M_R——抗滑力矩，$kN \cdot m$；

　　　M_T——滑动力矩，$kN \cdot m$。

对于土坡顶部建筑物的地基稳定性问题，首先要核定土坡本身是否稳定；若土坡本身稳定，再考虑修建构筑物后的地基稳定性。《建筑地基基础设计规范》（GB 50007）指出，位于稳定土坡坡顶上的建筑应符合下列规定：

① 对于条形或矩形基础，当垂直于坡顶的边缘线到基础底面边长小于或等于 3m 时（图 2-26），其基础底面外边缘线至坡顶的水平距离应符合下式要求，且不得小于 2.5m：

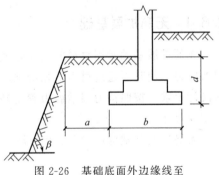

图 2-26 基础底面外边缘线至
坡顶的水平距离示意

条形基础：

$$a \geqslant 3.5b - d/\tan\beta \tag{2-24}$$

矩形基础：

$$a \geqslant 2.5b - d/\tan\beta \tag{2-25}$$

式中　a——基础底面外边缘线至坡顶的水平距离，m；

　　　b——垂直于坡顶边缘线的基础底面边长，m；

　　　d——基础埋置深度，m；

　　　β——边坡坡角，(°)。

② 当基础底面外边缘线至坡顶的水平距离不满足式(2-24) 和式(2-25) 要求时，可根据基础底面平均压力按圆弧滑动面法进行土坡稳定性验算，以确定基础外边缘到坡顶边缘的水平距离和基础埋置深度。

2.5.5 抗浮稳定性验算

在基底处渗透系数较大的土层，若降水停止得比较早或回填土没有及时回填，此时地下水位上升得比较快，地上主体施工刚刚开始，地上结构和基础的自重小于水的浮力，基础就会上浮。对于箱形和筏形基础，必须保证基础的自重超过地下水作用在基础底面的浮力，并有一定的安全系数。

《建筑地基基础设计规范》（GB 50007）第 5.4.3 条指出：建筑物基础存在浮力作用时应进行抗浮稳定性验算，并应符合下列规定：

① 对于简单的浮力作用情况，基础抗浮稳定性应符合下式要求：

$$\frac{G_k}{N_{w,k}} \geqslant k_w \tag{2-26}$$

式中　G_k——建筑物自重及压重之和，kN；

　　　$N_{w,k}$——浮力作用值，kN；

　　　k_w——抗浮稳定安全系数，一般情况下可取 1.05。

② 抗浮稳定性不满足设计要求时，可采用增加压重或设置抗浮构件等措施。在整体满足抗浮稳定性要求而局部不满足时，也可采用增加结构刚度的措施。

2.6 基础结构设计

2.6.1 无筋扩展基础

无筋扩展基础所用材料的抗压强度较高，抗拉、抗剪强度低，需要控制基础内的拉应力和剪应力，使其不超过材料的相应强度值，保证基础不因受拉或受剪而破坏。无筋扩展基础的设计要求，按照持力层承载力确定基础底面尺寸，按控制基础台阶宽高比（或刚性角）确定截面尺寸。

无筋扩展基础构造如图 2-27 所示，高度应满足式（2-27）的要求：

$$H_0 \geqslant \frac{b-b_0}{2\tan\alpha} \tag{2-27}$$

$$b_2 = (b-b_0)/2$$

式中　b——基础底面宽度，m；

　　　b_0——基础顶面的墙体宽度或柱脚宽度，m；

　　　H_0——基础高度，m；

　　　$\tan\alpha$——基础台阶宽高比（$b_2 : H_0$），其允许值可按表 2-11 取值，α 为基础的刚性角；

　　　b_2——基础台阶宽度，m。

表 2-11　无筋扩展基础台阶宽高比的允许值

基础材料	质量要求	台阶宽高比的允许值		
		$p_k \leqslant 100$	$100 < p_k \leqslant 200$	$200 < p_k \leqslant 300$
混凝土基础	C15 混凝土	1 : 1.00	1 : 1.00	1 : 1.25
毛石混凝土基础	C15 混凝土	1 : 1.00	1 : 1.25	1 : 1.50

基础材料	质量要求	台阶宽高比的允许值		
		$p_k \leqslant 100$	$100 < p_k \leqslant 200$	$200 < p_k \leqslant 300$
砖基础	砖不低于 MU10、砂浆不低于 M5	1∶1.50	1∶1.50	1∶1.50
毛石基础	砂浆不低于 M5	1∶1.25	1∶1.50	—
灰土基础	体积比为 3∶7 或 2∶8 的灰土,其最小干密度如下: 　粉土 1550kg/m³ 　粉质黏土 1500kg/m³ 　黏土 1450kg/m³	1∶1.25	1∶1.50	—
三合土基础	体积比 1∶2∶4～1∶3∶6(石灰∶砂∶骨料),每层约虚铺 220mm,夯至 150mm	1∶1.50	1∶2.00	—

注：1. p_k 为作用标准组合时的基础底面处的平均压力值,kPa。

2. 阶梯形毛石基础的每阶伸出宽度不宜大于 200mm。

3. 当基础由不同材料叠合组成时,应对接触部分作抗压验算。

4. 混凝土基础单侧扩展范围内基础底面处的平均压力值超过 300kPa 时,尚应进行抗剪验算;对基底反力集中于立柱附近的岩石地基,应进行局部受压承载力验算。

　　采用无筋扩展基础的钢筋混凝土柱,除基础满足上述宽高比要求外,还应满足柱脚高度 h_1 不得小于 b_1,并不应小于 300mm 且不小于 $20d$。当柱纵向钢筋在柱脚内的竖向锚固长度不满足锚固要求时,可沿水平方向弯折,弯折后的水平锚固长度不应小于 $10d$ 也不应大于 $20d$。其中,d 为柱中的纵向受力钢筋的最大直径。

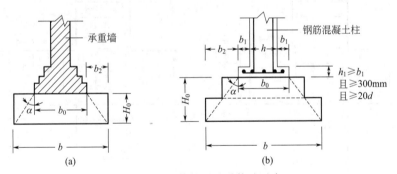

图 2-27　无筋扩展基础构造示意

2.6.2　钢筋混凝土扩展基础设计

　　钢筋混凝土扩展基础分为墙下钢筋混凝土条形基础和柱下钢筋混凝土独立基础。在进行扩展基础的结构计算,确定基础配筋和验算材料强度时,上部结构传来的荷载效应组合应按承载能力极限状态下荷载效应的基本组合;相应的基底反力为净反力,指不包括基础自重和基础台阶上回填土重所引起的反力;当需要验算基础裂缝宽度时,应按正常使用极限状态荷载效应标准组合。

　　扩展基础构造要求如下:

　　① 锥形基础的边缘高度不宜小于 200mm,且两个方向的坡度不宜大于 1∶3;阶梯形基础的每阶高度,宜为 300～500mm。

　　② 垫层的厚度不宜小于 70mm,垫层混凝土强度等级不宜低于 C10。

③ 扩展基础受力钢筋最小配筋率不应小于 0.15%，底板受力钢筋的最小直径不宜小于 10mm，间距不宜大于 200mm，也不宜小于 100mm。墙下钢筋混凝土条形基础纵向分布钢筋的直径不宜小于 8mm，间距不宜大于 300mm；每延米分布钢筋的面积应不小于受力钢筋面积的 15%。当有垫层时钢筋保护层的厚度不应小于 40mm；无垫层时不应小于 70mm。

④ 基础混凝土强度等级不应低于 C20。

⑤ 当柱下钢筋混凝土独立基础的边长和墙下钢筋混凝土条形基础的宽度大于或等于 2.5m 时，底板受力钢筋的长度可取边长或宽度的 0.9 倍，并宜交错布置，如图 2-28 所示。

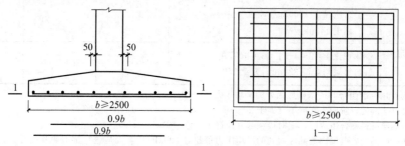

图 2-28 柱下独立基础底板受力钢筋布置

⑥ 钢筋混凝土条形基础底板在 T 形及十字形交接处，底板横向受力钢筋仅沿一个主要受力方向通长布置，另一方向的横向受力钢筋可布置到主要受力方向底板宽度 1/4 处，在拐角处底板横向受力钢筋应沿两个方向布置，如图 2-29 所示。

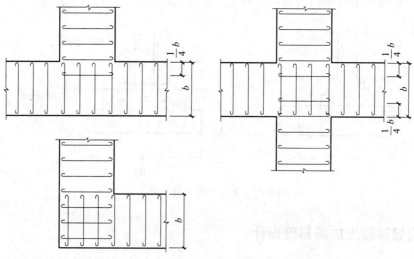

图 2-29 墙下条形基础纵横交叉处底板受力钢筋布置

2.6.2.1 墙下条形基础

墙下钢筋混凝土条形基础，截面形状常为锥形，如图 2-30(a) 所示。如地基不均匀，为增强基础的整体性和抗弯能力，也可采用有肋的条形基础，见图 2-30(b)。由于这种基础的高度可以很小，故适宜于需要"宽基浅埋"的情况。

墙下钢筋混凝土条形基础（图 2-31）的截面设计包括基础高度设计和基础底板配筋设计。其中，地基反力应用净反力，因为由重力引起的地基反力与重力相抵消，仅由基础顶面荷载产生，以 p_j 表示，计算如式(2-28)。条形基础计算时，通常取沿墙长度方向 1m 作为

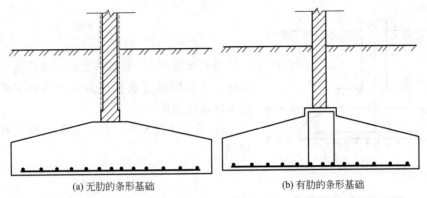

(a) 无肋的条形基础　　　　(b) 有肋的条形基础

图 2-30　无肋和有肋的墙下钢筋混凝土条形基础

计算单元。

$$p_j = \frac{F}{bl} = \frac{F}{b} \tag{2-28}$$

式中　p_j——地基净反力，kPa；

F——相应于作用的基本组合时，上部荷载传至基础顶面的竖向力设计值，kN；

l——基础长度，m；

b——基础宽度，m。

(1) 轴心荷载作用

① 基础高度。基础内不配箍筋和弯起筋，故基础高度由混凝土的受剪承载力确定，应满足：

$$V_s \leqslant 0.7\beta_{hs}f_t A_0 \tag{2-29}$$

$$\beta_{hs} = \left(\frac{800}{h_0}\right)^{\frac{1}{4}} \tag{2-30}$$

$$V_s = p_j b_1 \tag{2-31}$$

式中　V_s——柱与基础交接处的剪力设计值，kN。

β_{hs}——受剪切承载力截面高度影响系数。当 $h_0 < 800\text{mm}$ 时，取 $h_0 = 800\text{mm}$；当 $h_0 > 2000\text{mm}$ 时，取 $h_0 = 2000\text{mm}$。

f_t——混凝土轴心抗拉强度设计值，kPa。

A_0——验算截面处基础的有效截面积，m^2，当验算截面为台阶形或锥形时，可将其截面折算成矩形截面再计算。

h_0——基础有效高度，m，一般指基础顶面到钢筋中心的垂直距离。

p_j——地基净反力，kPa。

b_1——基础悬臂部分计算截面的挑出长度，m，如图 2-31。当墙体材料是混凝土时，b_1 为基础边缘到墙脚的距离；当材料为砖且放脚不大于 1/4 砖长时，b_1 为基础边缘至墙脚距离加上 1/4 砖长。

对于墙下条形基础，通常沿长度方向取单位长度计算，取 $l = 1\text{m}$，则有效截面积 $A_0 = h_0$，式(2-29) 可写成

$$p_j b_1 \leqslant 0.7\beta_{hs}f_t h_0 \tag{2-32}$$

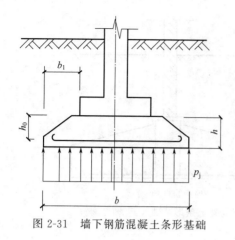

图 2-31　墙下钢筋混凝土条形基础

因此，可得到

$$h_0 \geqslant \frac{p_j b_1}{0.7\beta_{hs} f_t} \qquad (2-33)$$

当有效高度 h_0 范围确定后，基础高度的选取需要综合考虑构造要求及受力两方面的因素，以此确定基础高度的值。

② 基础底板配筋。悬臂根部的最大弯矩设计值 M 为

$$M = \frac{1}{2} p_j b_1^2 \qquad (2-34)$$

各符号意义与上面公式相同。

基础每延米长度的受力钢筋截面积为

$$A_s = \frac{M}{0.9 h_0 f_y} \qquad (2-35)$$

式中　A_s——钢筋截面积，mm^2；

$\quad\quad f_y$——钢筋抗拉强度设计值，N/mm^2；

$\quad\quad h_0$——基础有效高度，mm，$0.9 h_0$ 是截面内力臂的近似值。

将各个数值代入公式(2-35) 计算，单位宜统一换成 N 和 mm。

在钢筋截面积求得后，查阅钢筋配筋表合理配筋，并应符合尺寸、间距以及最小配筋率等构造要求。

（2）偏心荷载作用

在偏心荷载作用下，条形基础边缘处的最大和最小净反力设计值为

$$\begin{aligned} p_{j,max} \\ p_{j,min} \end{aligned} = \frac{F}{b}\left(1 \pm \frac{6e_0}{b}\right) \qquad (2-36)$$

$$e_0 = M/F$$

式中　e_0——荷载的净偏心距，m。

基础的高度和配筋仍按式(2-33) 和式(2-35) 计算，但剪力和弯矩设计值改为下列公式计算。

$$V_s = \frac{1}{2}(p_{j,max} + p_{jI}) b_1 \qquad (2-37)$$

$$M = \frac{1}{6}(2p_{j,max} + p_{jI}) b_1^2 \qquad (2-38)$$

$$p_{jI} = p_{j,min} + \frac{b - b_1}{b}(p_{j,max} - p_{j,min}) \qquad (2-39)$$

式中　p_{jI}——计算截面处的净反力设计值，按最大值最小值的线性关系计算。

2.6.2.2　柱下独立基础

钢筋混凝土构件在弯、剪内力共同作用下，主要破坏形式是先在弯剪区域出现斜裂缝，随着荷载增加，裂缝向上扩展，未开裂部分的正应力和剪应力迅速增加。当正、剪应力组合后的主拉应力大于混凝土抗拉强度时，斜裂缝被拉断，出现斜拉破坏，称为冲切破坏。冲切破坏和剪切破坏是基础工程中比较危险的破坏形式。冲切是在集中反力作用下，在柱头四周

合成较大的主拉应力，当主拉应力超过混凝土抗拉强度时，沿柱头四周出现斜裂缝，在基础内形成锥体斜截面破坏，破坏形状像是从基础中冲切而成，故称"冲切破坏"，其破坏形态如图 2-32 所示。

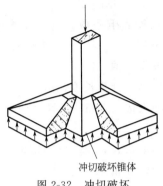

图 2-32　冲切破坏

在外荷载作用下，一般以发生一种形态的破坏为主，即冲切破坏或剪切破坏。随着尺寸、支承方式、荷载的形式和位置等不同，产生冲切破坏或剪切破坏均有可能。一般情况下，对于双向受力的柱下独立基础，在基础高度较小时通常需验证抗冲切承载力，基础高度较大时则需要验算抗剪切承载力。

（1）轴心荷载作用

① 基础高度。当基础底面尺寸小，短边尺寸小于或等于柱宽加 2 倍基础有效高度时，即 $b \leqslant b_c + 2h_0$，基础高度由混凝土的受剪承载力确定，同墙下条形基础相似，应按抗剪受力分析，$V_s \leqslant 0.7 \beta_{hs} f_t A_0$，验算柱与基础交界处截面受剪承载力，基础变阶处也需要验算，如图 2-33。

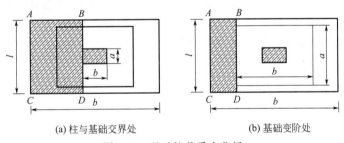

(a) 柱与基础交界处　　　　　　　　(b) 基础变阶处

图 2-33　基础抗剪受力分析

当基础底面尺寸大，短边尺寸大于柱宽加 2 倍基础有效高度时，即 $b \geqslant b_c + 2h_0$，基础高度由混凝土受冲切承载力确定。在柱荷载作用下，如果基础高度（或阶梯高度）不足，则基础将沿柱周边（或阶梯高度变化处）产生冲切破坏，形成 45° 斜裂面的角锥体，如图 2-34。因此，由冲切破坏锥体以外的地基净反力所产生的冲切力应小于冲切面处混凝土的抗冲切能力。矩形基础一般沿短边一侧先产生冲切破坏，所以只需根据短边一侧的冲切破坏条件来确定基础高度，应满足式（2-40）的要求。

$$F_l \leqslant 0.7 \beta_{hp} f_t a_m h_0 \tag{2-40}$$
$$a_m = (a_t + a_b)/2$$

等式右侧为混凝土抗冲切能力，左侧为冲切力，其计算公式为

$$F_l = p_j A_l \qquad (2\text{-}41)$$

式中　F_l——相应于作用的基本组合时，作用在 A_l 上的地基土净反力设计值，kN。

　　　p_j——地基净反力，kPa。

　　　A_l——冲切力的作用面积，m^2，见图 2-35。

　　　β_{hp}——受冲切承载力截面高度影响系数。当 h 不大于 800mm 时，β_{hp} 取 1.0；当 h 大于或等于 2000mm 时，β_{hp} 取 0.9；其间按线性内插法取值。

　　　f_t——混凝土轴心抗拉强度设计值，kPa。

　　　a_m——冲切破坏锥体斜裂面平均计算长度，m。

　　　a_t——冲切破坏锥体斜裂面上边长，m，当计算柱与基础交接处时取柱宽，当计算基础变阶处取上阶宽。

　　　a_b——冲切破坏锥体斜裂面下边长，m。当冲切破坏锥体的底面落在基础底面以内，计算柱与基础交接处时该值取柱宽加 2 倍基础有效高度；当计算基础变阶处该值取上阶宽加 2 倍下阶处的有效高度。

　　　h_0——基础有效高度，m，取两个方向配筋的有效高度平均值。

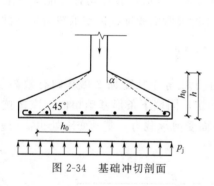

图 2-34　基础冲切剖面

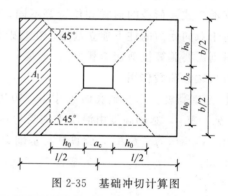

图 2-35　基础冲切计算图

设计时一般按照经验假定基础高度，以此得到实际 h_0，再代入式(2-40)验算，直至抗冲切力稍大于冲切力为止。

如柱截面长边、短边分别用 a_c、b_c 表示，则沿柱边产生冲切时，$a_t = b_c$，$a_b = b_c + 2h_0$，因此，$a_m = (a_t + a_b)/2 = b_c + h_0$。

$$A_l = \left(\frac{l}{2} - \frac{a_c}{2} - h_0\right)b - \left(\frac{b}{2} - \frac{b_c}{2} - h_0\right)^2 \qquad (2\text{-}42)$$

则式(2-40)可化为

$$p_j\left[\left(\frac{l}{2} - \frac{a_c}{2} - h_0\right)b - \left(\frac{b}{2} - \frac{b_c}{2} - h_0\right)^2\right] \leqslant 0.7\beta_{hp}f_t(b_c + h_0)h_0 \qquad (2\text{-}43)$$

对于阶梯形基础，例如分成两级的阶梯形基础，除了应对柱边进行抗冲切验算外，还应对上一阶底边变阶处进行下阶的抗冲切验算。验算方法与上面柱边抗冲切验算相同，只是在使用式(2-43)时，a_c、b_c 应分别换为上阶的长边 l_1 和短边 b_1，h_0 换为下阶的有效高度 h_{01}。

当基础底面全部落在 45° 冲切破坏锥体底边以内时，则成为刚性基础，无须进行冲切验算。

② 底板配筋计算。在地基净反力作用下，基础沿柱的周边向上弯曲。若矩形基础的长

宽比小于 2，则为双向受弯基础。当弯曲应力超过基础的抗弯强度时，就会发生弯曲破坏。这种破坏特征是裂缝沿柱角至基础角将基础底面分裂成四块梯形面积，则在配筋计算时，可将基础板看成四块固定在柱边的梯形悬臂板，如图 2-36 所示。

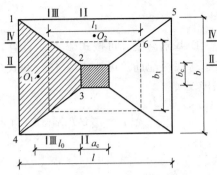

图 2-36　产生弯矩的地基净反力作用面积

地基净反力 p_j 对柱 Ⅰ—Ⅰ 截面产生的弯矩为

$$M_{\mathrm{I}} = p_j A_{1234} l_0 \tag{2-44}$$

$$A_{1234} = \frac{1}{4}(b + b_c)(l - a_c)$$

$$l_0 = \frac{(l - a_c)(b_c + 2b)}{6(b_c + b)}$$

式中　A_{1234}——梯形 1234 的面积；

　　　l_0——梯形 1234 的形心 O_1 到柱边的距离，m。

于是可得

$$M_{\mathrm{I}} = \frac{1}{24} p_j (l - a_c)^2 (2b + b_c) \tag{2-45}$$

平行于 l 方向（垂直于 Ⅰ—Ⅰ 截面）的受力筋面积可按下式计算

$$A_{s\mathrm{I}} = \frac{M_{\mathrm{I}}}{0.9 f_y h_0} \tag{2-46}$$

同理，可得柱边 Ⅱ—Ⅱ 截面弯矩为

$$M_{\mathrm{II}} = \frac{1}{24} p_j (b - b_c)^2 (2l + a_c) \tag{2-47}$$

钢筋面积为

$$A_{s\mathrm{II}} = \frac{M_{\mathrm{II}}}{0.9 f_y h_0} \tag{2-48}$$

阶梯形基础在变阶处也是抗弯危险截面，按上述方法可以分别计算图 2-36 中上阶底边 Ⅲ—Ⅲ 和 Ⅳ—Ⅳ 截面的弯矩 M_{III}、钢筋面积 $A_{s\mathrm{III}}$ 和 M_{IV}、$A_{s\mathrm{IV}}$，计算时把 a_c、b_c 换成上阶的长边 l_1 和短边 b_1，把 h_0 换成下阶的有效高度 h_{01}。然后根据钢筋铺设方向，按 $A_{s\mathrm{I}}$ 和 $A_{s\mathrm{III}}$ 中的大值配置平行于 l 边方向的钢筋，并放置在下层；按 $A_{s\mathrm{II}}$ 和 $A_{s\mathrm{IV}}$ 中的大值配置平行于 b 边方向的钢筋，并放置在上层。

当基坑和柱截面均为正方形时，$M_{\mathrm{I}} = M_{\mathrm{II}}$，$M_{\mathrm{III}} = M_{\mathrm{IV}}$，这时只需计算一个方向配筋方式即可。

对于基础底面长短边之比 n 大于等于 2、小于等于 3 的独立基础，基础底板短向钢筋应按下述方法布置：将短向全部钢筋面积乘以 $(1 - n/6)$ 后求得的钢筋，均匀分布在与柱中心线重合的宽度等于基础短边的中间带范围内，其余的短向钢筋则均匀分布在中间带宽的两侧。长边钢筋应均匀分布在基础全宽范围内。

当基础的混凝土强度等级小于柱的混凝土强度等级时，尚应验算柱下基础顶面的局部受压承载力。

（2）偏心荷载作用

如果只在矩形基础长边方向产生偏心，则当荷载偏心距 $e \leqslant l/6$ 时，基础底面净反力设计值的最大值和最小值为

$$p_{j,max} \atop p_{j,min}} = \frac{F}{lb}\left(1 \pm \frac{6e_0}{l}\right) \tag{2-49}$$

① 基础高度。可按式(2-43)计算，但应以 $p_{j,max}$ 代替式中的 p_j。

② 底板配筋。可按式(2-46)和式(2-48)计算钢筋面积，但式(2-46)中的 M_I 应按下式计算。

$$M_I = \frac{1}{48}\left[(p_{j,max} + p_{jI})(2b + b_c) + (p_{j,max} - p_{jI})b\right](l - a_c)^2 \tag{2-50}$$

其中

$$p_{jI} = p_{j,min} + \frac{l + a_c}{2l}(p_{j,max} - p_{j,min}) \tag{2-51}$$

式中　p_{jI}——I—I截面处的净反力设计值。

【例 2-6】 某厂房柱子断面 600mm×400mm，柱下为钢筋混凝土独立锥形扩展基础，作用效应的标准组合为：竖直荷载 $F_k = 800$kN，力矩 $M_k = 220$kN·m，水平荷载 $H_k = 50$kN 作用在地表位置。基础埋置深度 2.0m，基础底面尺寸为 3.0m×2.4m。混凝土选用 C20($f_t = 1100$kPa)，基础高度取为 600mm，基础尺寸见图 2-37，试进行基础验算。

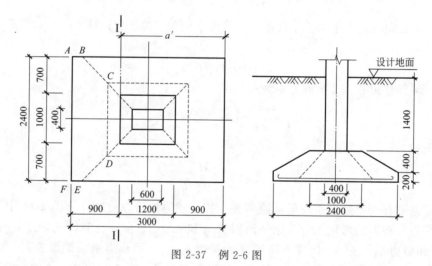

图 2-37　例 2-6 图

【解】 (1) 扩展基础的荷载作用基本组合。按地基设计规范，作用的基本组合效应可采用标准组合效应乘以 1.35 分项系数，因此，作用在基础上的外荷载 $F = 1.35 \times 800 = 1080$(kN)，$M = 1.35 \times 220 = 297$(kN·m)，$H = 1.35 \times 50 = 67.5$(kN)。

(2) 基础底面净反力计算。

荷载偏心距　　$e_0 = \dfrac{M}{F} = \dfrac{297 + 67.5 \times 2}{1080} = 0.4(\text{m}) < \dfrac{l}{6} = 0.5$

基底净反力

$$p_{j,max} \atop p_{j,min}} = \frac{F}{lb}\left(1 \pm \frac{6e_0}{l}\right) = \frac{1080}{3 \times 2.4} \times \left(1 \pm \frac{6 \times 0.4}{3}\right) = {270 \atop 30}(\text{kPa})$$

$$p_j = 150\text{kPa}$$

(3) 验算基础高度。

$h = 600$mm，$h_0 = 600 - 40 - 10 = 550$(mm)（取两个方向的有效高度平均值），可得

$$b_c + 2h_0 = 0.4 + 2 \times 0.55 = 1.5 < b = 2.4 (\text{m})$$

故按照冲切验算承载力。因偏心受压，计算时 p_j 取 $p_{j,\max}$。式 (2-43) 左边为

$$p_{j,\max}\left[\left(\frac{l}{2} - \frac{a_c}{2} - h_0\right)b - \left(\frac{b}{2} - \frac{b_c}{2} - h_0\right)^2\right]$$

$$= 270 \times \left[\left(\frac{3}{2} - \frac{0.6}{2} - 0.55\right) \times 2.4 - \left(\frac{2.4}{2} - \frac{0.4}{2} - 0.55\right)^2\right] = 366.5(\text{kN})$$

右边为

$$0.7\beta_{hp}f_t(b_c + h_0)h_0 = 0.7 \times 1.0 \times 1100 \times (0.4 + 0.55) \times 0.55 = 402.3(\text{kN})$$

等式左边 < 右边，符合要求。

（4）配筋计算。先计算基础长边方向的弯矩计算值。对 Ⅰ—Ⅰ 截面可得

$$p_{jⅠ} = p_{j,\min} + \frac{l + a_c}{2l}(p_{j,\max} - p_{j,\min}) = 30 + \frac{3 + 0.6}{2 \times 3} \times (270 - 30) = 174(\text{kPa})$$

$$M_Ⅰ = \frac{1}{48}\left[(p_{j,\max} + p_{jⅠ})(2b + b_c) + (p_{j,\max} - p_{jⅠ})b\right](l - a_c)^2$$

$$= \frac{1}{48} \times \left[(270 + 174) \times (2 \times 2.4 + 0.4) + (270 - 174) \times 2.4\right] \times (3 - 0.6)^2$$

$$= 330.62(\text{kN} \cdot \text{m})$$

$$M_Ⅱ = \frac{1}{24}p_j(b - b_c)^2(2l + a_c) = \frac{150}{24} \times (2.4 - 0.4)^2 \times (2 \times 3 + 0.6) = 165(\text{kN} \cdot \text{m})$$

根据 $M_Ⅰ$ 和 $M_Ⅱ$，计算纵向和横向受力筋面积，然后参照构造要求布置钢筋，最后计算最小配筋率是否满足要求。

2.6.3 柱下条形基础

（1）结构与构造

柱下条形基础是软弱地基上框架或排架结构常用的一种基础类型，分为沿柱列一个方向延伸的条形基础梁和沿两个正交方向延伸的交叉基础梁。

① 柱下条形基础通常是钢筋混凝土梁，由中间的矩形肋梁与向两侧伸出的翼板所组成，形成既有较大的纵向抗弯刚度，又有较大基底面积的倒 T 形梁的结构，典型的构造如图 2-38 所示。

② 为增大边柱下梁基础的底面积，改善梁端地基的承载条件，同时调整基底形心与荷载重心相重合或靠近，使基底反力分布更为均匀合理，以减少挠曲作用，在基础平面布置允许情况下，梁基础的两端宜伸出边柱一定的长度 l，一般可取边跨跨度的 0.25 倍。

③ 为提高柱下条形基础梁的纵向抗弯刚度，并保证有足够大的基底面积，基础梁的横截面通常取为倒 T 形，如图 2-38(c)，梁高 h 根据抗弯计算确定，一般宜取为柱距的 1/8～1/4。底部伸出的翼板宽度由地基承载力决定，翼板厚度 h' 由梁截面的横向抗弯计算确定，一般不宜小于 200mm，当翼板厚度为 200～250mm 时，宜用等厚板；当翼板厚度大于 250mm 时，宜做成变厚板，变厚板的顶面坡度取 $i \leqslant 1/3$。

④ 条形基础梁纵向一般取等截面，为保证与柱端可靠连接，除应验算连接结构强度外，为改善柱端连接条件，梁宽度宜略大于该方向的柱边长，若柱底截面短边垂直梁轴线方向，肋梁宽度每边比柱边要宽出 50mm；若柱底截面长边与梁轴方向垂直，且边长 ≥600mm 或大于、等于肋梁宽度时，需将肋梁局部加宽，且柱的边缘至基础边缘的距离不得小于 50mm。

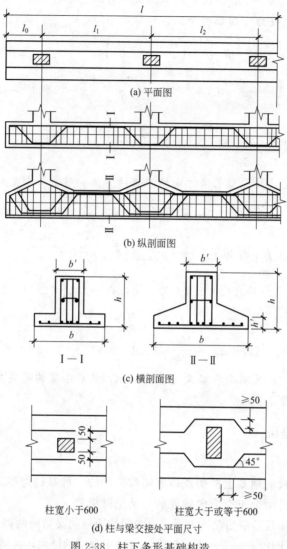

图 2-38 柱下条形基础构造

⑤ 柱下基础梁受力复杂，既受纵向整体弯曲作用，柱间还有局部弯曲作用，二者叠加后，实际产生的柱支座和柱间跨中的弯矩方向难以完全按计算确定。故通常梁的上下侧均要配置纵向受力钢筋，且每侧的配筋率各不小于 0.2%，顶部和底部的纵向受力筋除要满足计算要求外，顶部钢筋按计算配筋数全部贯通，底部的通长钢筋不应少于底部受力钢筋总面积的 1/3。基础梁内柱下支座受力筋宜布置在支座下部，柱间跨中受力筋宜布置在跨中上部。梁的下部纵向筋的搭接位置宜在跨中，而梁的上部纵向筋的搭接位置宜在支座处，且都要满足搭接长度要求。

⑥ 当梁高大于 700mm 时，应在梁的两侧沿高度每隔 300～400mm 加设构造腰筋，直径大于 10mm，肋梁的箍筋应做成封闭式，直径不小于 8mm。弯起筋与箍筋肢数按弯矩及剪力图配置。当梁宽 $b \leqslant 350$mm 时用双肢箍，当 $b > 350$mm 时用 4 肢箍，当 $b > 800$mm 时用 6 肢箍。箍筋间距的限制与普通梁相同。

⑦ 柱下钢筋混凝土基础梁的混凝土强度等级一般不低于 C20，在软弱土地区的基础梁

底面应设置厚度不小于 100mm 的砂石垫层；若用素混凝土垫层，则一般强度等级为 C10，厚度不小于 75mm。当基础梁的混凝土强度等级小于柱混凝土强度等级时，尚应验算柱下基础梁顶面的局部受压强度。

(2) 柱下条形基础的内力计算

在进行内力计算之前，先要确定基础的尺寸，也如墙下条形扩展基础的设计一样，假定基底反力为线性分布，进行各项地基验算，确定基础尺寸。柱下条形基础承受的柱的荷载可认为是集中荷载，均匀或不均匀地分布于基础梁的几个结点上，在柱荷载和地基反力的共同作用下，基础梁要产生纵向挠曲，因此必须进行整体梁的内力分析。本节选择不考虑共同作用的倒梁法。

倒梁法是不考虑上部结构-基础-地基共同作用的基础梁分析计算方法。它适用于上部结构刚度和基础刚度都较大，基础梁的高度不小于 1/6 柱距，上部结构荷载分布比较均匀，即柱距和柱荷载差别不大，且地基土层分布和土质比较均匀的情况。

倒梁法计算步骤如下：

① 根据地基计算所确定的基础尺寸，改用承载能力极限状态下作用的基本组合进行基础的内力计算。

② 计算基底净反力分布，在基底反力计算中不计基础自重，认为基础自重不会在基础梁中引起内力。所以基底反力 p 指净反力 p_j。基底净反力可按下式计算：

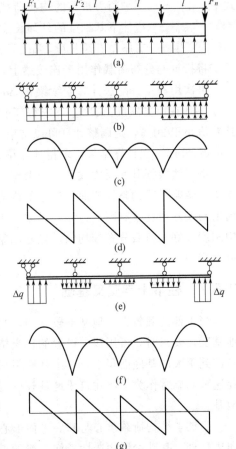

$$\begin{aligned} p_{j,max} \\ p_{j,min} \end{aligned} = \frac{\sum F}{bL} \pm \frac{\sum M}{W} \qquad (2\text{-}52)$$

式中　$p_{j,max}$、$p_{j,min}$——基底最大和最小净反力，kPa；

　　　$\sum F$——各竖向荷载设计值总和，kN；

　　　$\sum M$——外荷载对基底形心的弯矩设计值总和，kN·m；

　　　W——基底面积的抵抗矩，$W = \frac{1}{6}bL^2$，m³；

　　　b、L——基础梁底面的宽度和长度，m。

③ 确定计算简图。以柱端作为不动铰支座，以基底净反力为荷载，绘制多跨连续梁计算简图，见图 2-39（a）。如果考虑实际情况，上部结构与基础地基相互作用会引起拱架作用，即在地基基础变形过程会引起端部地基反力增加，故在条形基础两端边跨宜增加 15%～20% 的地基反力，如图 2-39（b）所示。

④ 用弯矩分配法或其他解法计算基底反力作用下连续梁的弯矩分布［图 2-39（c）］，剪力分布

图 2-39　基础梁倒梁法计算图

［图 2-39(d)］和支座的反力 R_i。

⑤ 调整与消除支座的不平衡力。显然第一次求出的支座反力 R_i 与柱荷载 F_i 通常不相等，不能满足支座处静力平衡条件，其原因是在本计算中既假设柱脚为不动铰支座，又规定基底反力为直线分布，两者不能同时满足。对于不平衡力，需通过逐次调整予以消除。调整方法如下。

首先根据支座处的柱荷载 F_i 和支座反力 R_i 求出不平衡力 ΔP_i。

$$\Delta P_i = F_i - R_i \tag{2-53}$$

将支座不平衡力的差值折算成分布荷载 Δq，均匀分布在支座相邻两跨的各 1/3 跨度范围内，分布荷载如下。

对边跨支座

$$\Delta q_i = \frac{\Delta P_i}{l_0 + \dfrac{l_i}{3}} \tag{2-54}$$

对中间跨支座

$$\Delta q_i = \frac{\Delta P_i}{\dfrac{l_{i-1}}{3} + \dfrac{l_i}{3}} \tag{2-55}$$

式中　Δq_i ——不平衡力折算的均布荷载，kN/m^2；

l_0 ——边柱下基础梁的外伸长度，m；

l_{i-1}、l_i ——支座左右跨长度，m。

将折算的分布荷载作用于连续梁上，如图 2-39(e) 所示。

再次用弯矩分配法计算连续梁在 Δq 作用下的弯矩 ΔM、剪力 ΔV 和支座反力 ΔR_i。将 ΔR_i 叠加在原支座反力 R_i 上，求得新的支座反力 $R'_i = R_i + \Delta R_i$。若 R'_i 接近于柱荷载 F_i，其差值小于 20%，则调整计算可以结束。反之，则重复调整计算，直至满足精度的要求。

⑥ 叠加逐次计算结果，求得连续梁最终的内力分布，见图 2-39(f) 和（g）。

倒梁法根据基底反力线性分布假定，按静力平衡条件求基底反力，并将柱端视为不动铰支座，忽略了梁的整体弯曲所产生的内力以及柱脚不均匀沉降引起的上部结构次应力，计算结果与实际情况常有明显差异，且偏于不安全方面，因此只有在比较均匀的地基上，上部结构刚度较好，荷载分布较均匀，且基础梁有足够大的刚度（梁的高度大于柱距的 1/6）时才可以应用。

2.6.4　柱下十字交叉基础

当上部荷载较大、地基土较软弱，只靠单向设置柱下条形基础已不能满足地基承载力和地基变形要求时，可用双向设置的正交格形基础，又称十字交叉基础。十字交叉基础将荷载扩散到更大的基底面积上，减小基底附加压力，并且可提高基础整体刚度、减少沉降差，因此这种基础常作为多层建筑或地基较好的高层建筑的基础，还可与桩基联用，用于较软弱的地基。

为调整结构荷载重心与基底平面形心重合和改善角柱与边柱下地基受力条件，常在转角和边柱处，基础梁做构造性延伸。梁的截面大多取 T 形，梁的结构构造的设计要求与条形基础类同。在交叉处翼板双向主筋需重叠布置，如果基础梁有扭矩作用时，纵向筋应按承受弯矩和扭矩进行配置。

　　柱下十字交叉基础上的荷载是由柱网通过柱端作用在交叉结点上，如图 2-40 所示。基础计算的基本原理是把结点荷载分配给两个方向的基础梁，然后分别按单向的基础梁用前述方法进行计算。

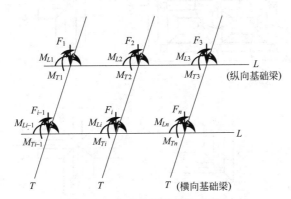

图 2-40　十字交叉基础结点受力

　　结点荷载在正交的两个条形基础上的分配必须满足两个条件：

　　① 静力平衡条件，即在结点处分配给两个方向条形基础的荷载之和等于柱荷载。

$$F_i = F_{ix} + F_{iy} \qquad (2\text{-}56)$$

式中　F_i——i 结点上的竖向荷载，kN；

　　　F_{ix}——x 方向基础梁在 i 结点的竖向荷载，kN；

　　　F_{iy}——y 方向基础梁在 i 结点的竖向荷载，kN。

　　结点上的弯矩 M_x、M_y 直接加于相应方向的基础梁上，不必再作分配，即不考虑基础梁承受扭矩。

　　② 变形协调条件，即分离后两个方向的条形基础在交叉结点处的竖向位移应相等。

$$w_{ix} = w_{iy} \qquad (2\text{-}57)$$

式中　w_{ix}——x 方向梁在 i 结点处的竖向位移；

　　　w_{iy}——y 方向梁在 i 结点处的竖向位移。

　　由式（2-56）和式（2-57）可知，每个结点均可建立两个方程，其中只有两个未知量 F_{ix} 和 F_{iy}。方程数与未知量相同。若有 n 个结点，即有 $2n$ 个方程，恰可解 $2n$ 个未知量。

　　但是实际计算显然很复杂，因为必须用上述方法求弹性地基上梁的内力和挠度才能解结点的位移，而这两组基础梁上的荷载又是待定的。就是说，必须把柱荷载的分配与两组弹性地基梁的内力与挠度联合求解。

　　十字交叉基础有三种结点，即 Γ 形结点、T 形结点和十字形结点，如图 2-41 所示。十字形结点可按两条正交的无限长梁交点计算梁的挠度，Γ 形结点按两条正交的半无限长梁计算梁的挠度，T 形结点则按正交的一条无限长梁和一条半无限长梁计算梁的挠度。

2.6.5　筏形基础

(1) 筏板配筋与混凝土等级

　　① 筏板的配筋应根据内力计算确定。当内力计算只考虑局部弯曲作用时，无论是梁板

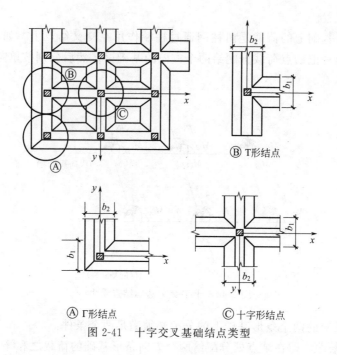

Ⓐ Γ形结点　　　Ⓒ 十字形结点

图 2-41　十字交叉基础结点类型

式筏基的底板和基础梁，或是平板式筏基的柱下板带和跨中板带，除按内力计算配筋外，尚应考虑变形、抗裂及防渗等方面的要求。

② 筏板的配筋率一般为 0.5%～1.0%。考虑到整体弯曲的影响，无论是平板式或梁板式筏板，按内力计算的底部钢筋，应有 1/3 贯通全跨。顶部钢筋则要全部贯通，且上下配筋率均不小于 0.15%。受力钢筋最小直径不小于 8mm，间距 100～150mm。分布筋当板厚 $h \leqslant 250$mm 时，水平钢筋的直径不应小于 12mm，竖向钢筋直径不应小于 10mm，间距不应大于 200mm。

③ 考虑筏板纵向弯曲的影响，当筏板的厚度大于 2000mm 时，宜在板的中间部位设置直径不小于 12mm、间距不大于 300mm 的双向钢筋网。底板垫层厚度一般为 100mm，这种情况，钢筋保护层的厚度不宜小于 35mm。

④ 考虑到上部结构与地基基础相互作用引起拱架作用，可在筏板端部的 1～2 个开间范围适当将受力钢筋面积增加 15%～20%。

⑤ 筏板边缘的外伸部分应在上下层配置钢筋。在筏板的外伸板角底面，应配置 5～7 根辐射状的附加钢筋。

⑥ 筏板混凝土强度等级不应低于 C30。当与地下室结合有防水要求时，应采用防水混凝土。防水混凝土的抗渗等级应根据基础的埋置深度从表 2-12 选用，但不应小于 P6。必要时须设置架空排水层。

表 2-12　筏形基础防水混凝土的抗渗等级

埋置深度 d/m	设计抗渗等级	埋置深度 d/m	设计抗渗等级
$d < 10$	P6	$20 \leqslant d < 30$	P10
$10 \leqslant d < 20$	P8	$30 \leqslant d$	P12

（2）筏形基础的基底反力和基础内力计算

筏形基础的内力计算分三种方法：不考虑共同作用；考虑基础-地基共同作用；考虑上部结构-基础-地基共同作用。第三种方法是在第二种方法的基础上，把上部结构的刚度叠加在基础的刚度上。

理论上筏板在荷载作用下产生的内力可以分解成两个部分。一是由于地基沉降，筏板产生整体弯曲引起的内力；二是柱间筏板或肋梁间筏板受地基反力作用产生局部挠曲所引起的内力。实际上地基的最终变形是由上部结构、基础和地基共同决定，很难截然区分为"整体变形"和"局部变形"。在实际的计算分析中，如果上部结构属于柔性结构，刚度较小而筏板较厚，相对于地基可视为刚性板，这种情况，如刚性基础的计算一样，用静定分析法，将柱荷载和直线分布的反力作为条带上的荷载，直接求解条带的内力。相反，如果上部结构的刚度很大，且荷载分布比较均匀，柱距基本相同，每根柱的荷载差别不超过 20%，地基土质比较均匀且压缩层内无较软弱的土层或可液化土层，这种情况可视为整体弯曲，由上部结构承担，筏板只受局部弯曲作用，地基反力也可按直线分布考虑，筏板则按倒楼盖板分析内力。

筏形基础梁上的荷载可将板上荷载沿板角 45°分角线划分范围，分别由纵横梁承担，荷载分布呈三角形或梯形，如图 2-42 所示。基础梁上的荷载确定后即可采用倒梁法进行梁的内力计算。

一般筏板属有限刚度板，上层结构非柔性，其刚度也没有大到足以承担整体弯曲。这种情况，按《高层建筑筏形与箱形基础技术规范》的要求，应考虑基础与地基的共同作用。共同作用的主要标志就是基底反力非直线分

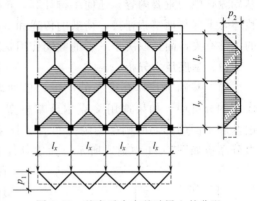

图 2-42　基底反力在基础梁上的分配

布，这时应用弹性地基梁板计算方法先求地基反力，然后计算筏板的内力。严格计算比较复杂，简化的计算方法如下：图 2-43 表示长度为 l，宽度为 b 的筏形基础。先将其当作宽度为 b，长度为 l 的一根梁进行计算 [图 2-43(a)]，梁的断面对平板式筏基为矩形，对

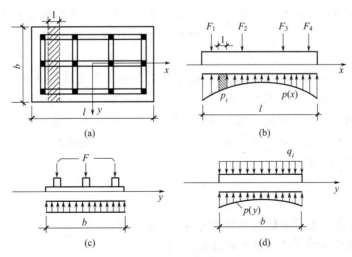

图 2-43　弹性地基梁板的简化计算

梁板式筏基则为齿形 [图 2-43(c)]，梁上荷载 F_1，F_2，…，F_n 分别为横向 y 宽度 b 上各列柱荷载的总和。选用上述某种地基模型进行分析，求得纵向 x 的反力分布图 [图 2-43(b)]，这时横向反力分布假定是均匀的。实际上弹性地基板下横向反力分布也非均匀，因此必须进行调整。取横向一单宽截条（如阴影部分），以上述长度方向计算所得该截面处的反力 p_i（均布）作为荷载 q_i，仍按选用的地基模型计算截条的地基反力分布 [图 2-43(d)]。这样计算几个横向截条就可以求得整个筏板下的基底反力分布。基底反力分布求出后，再根据筏板的构造形式，用结构力学方法求解筏板的内力。

随着计算技术的发展，弹性地基板的数值计算方法已有很大的进展，本书只阐述解题方法和基本概念。对更复杂的计算，尚待读者结合需要进一步深入学习。

2.6.6　箱形基础

箱形基础是由顶板、底板和内外隔墙组成的一个复杂的箱形空间结构，结构分析是这类基础设计中的重要内容。任何结构计算，首先要确定荷载，但是箱形基础与上部结构物组成整体，下部与地基相连接，荷载的传递和基底反力的分布不仅与上部结构、基础、地基各自的条件有关，而且取决于三者的共同作用状态。

（1）基底反力分析

箱形基础本身具有很大的刚度，即便软弱地基上，挠曲变形也很小。在与地基共同作用的分析中，如果选用文克尔地基模型，反力接近于直线分布，当竖向荷载的合力通过基底平面的形心时则呈均匀分布。如果采用弹性半空间体地基模型，则刚性板下的反力分布应如图 2-44 中虚线所示，边缘处反力很大。但是实际上土体仅有有限的强度，当应力超过极限应力 p_u 值时，土体产生塑性破坏，引起地基应力重分布，结果，边缘应力下降，中间应力增加，经调整后的应力分布如图 2-44 中实线所示。显然实际的地基反力分布应介于文克尔地基模型与弹性半无限空间模型之间。原位实测资料表明，一般地基上箱形基础底面反力分布基本上也是边缘略大于中间的马鞍形分布形式，只有当地基土很弱、基础边缘处发生塑性变形的范围较大，基底反力才可能中间比边缘处大。

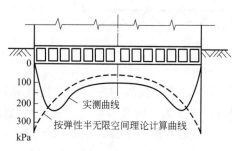

图 2-44　箱形基础基底反力分布图

《高层建筑筏形与箱形基础技术规范》统计分析许多实测资料，提出一套箱形基础底面反力分布图表，可供选用。以黏性土地基上长短边比 $a/b=2\sim3$ 为例，规范中将整个箱形基础底面纵向分成 8 等份，横向分成 5 等份，共 40 个区格（表 2-13）。每个区格按基础形状和土质不同，分别给予基底反力系数 k_i 值。反力系数表示基础底面第 i 区格的反力 p_i 与平均基础反力 $\bar{p}$ 的比值，即

$$k_i = \frac{p_i}{\bar{p}} = \frac{p_i A}{\sum F + G} \tag{2-58}$$

式中　$\sum F$——作用于箱形基础上全部竖向荷载的设计值，kN；

G——箱形基础及其上填土的自重，kN；

A——箱形基础底面积，m^2。

表 2-13　黏性土地基反力系数 $k_i (a/b = 2 \sim 3)$

1.265	1.115	1.075	1.061	1.061	1.075	1.115	1.265
1.073	0.904	0.865	0.853	0.853	0.865	0.904	1.073
1.046	0.875	0.835	0.822	0.822	0.835	0875	1.046
1.073	0.904	0.865	0.853	0.853	0.865	0.904	1.073
1.265	1.115	1.075	1.061	1.061	1.075	1.115	1.265

（2）结构内力分析

箱形基础是由顶板、底板、内外墙构成的刚性箱形空间结构，承受上部结构传来的荷载与地基反力，产生整体弯曲，同时顶、底板及内外墙还分别在各自荷载作用下引起局部弯曲。整体弯曲与局部弯曲同时发生，但对箱形基础内力计算的影响却因上部结构、基础和地基刚度的不同而异。因此必须区分不同的情况进行内力计算。

① 基础的挠曲变形很小时，整体弯曲可以忽略，这时箱形基础的顶、底板计算中，只需考虑局部弯曲作用。计算时，顶板取实际荷载，底板的反力可简化为均匀分布的净反力（不包括底板自重）。

② 对于刚度较低的基础，箱形基础的内力计算应同时考虑整体弯曲和局部弯曲作用。计算整体弯曲时（图 2-45），应考虑箱形基础与上部结构共同作用，箱形基础承受的弯矩按下式计算：

$$M_F = M \frac{E_F I_F}{E_F I_F + E_B I_B} \tag{2-59}$$

$$E_B I_B = \sum_{i=1}^{n} \left[E_b I_{bi} \left(1 + \frac{K_{ui} + K_{li}}{2K_{bi} + K_{ui} + K_{li}} m^2 \right) \right] + E_w I_w \tag{2-60}$$

式中　　　M_F——箱形基础承受的整体弯矩；

M——建筑物整体弯曲产生的弯矩，可把整个箱形基础当成静定梁，承受上部结构荷载和地基反力作用，分析断面内力得出，也可采用其他有效的方法计算；

$E_F I_F$——箱形基础的刚度，其中，E_F 为箱形基础混凝土的弹性模量，I_F 为按工字形截面计算的箱形基础截面惯性矩，工字形截面的上下翼缘分别为箱形基础顶、底板的全宽，腹板厚度为在弯曲方向的墙体厚度的总和；

$E_B I_B$——上部结构的总折算刚度；

E_b——梁和柱的混凝土弹性模量；

K_{ui}、K_{li}、K_{bi}——第 i 层上柱、下柱和梁的线刚度，其值分别为 $\dfrac{I_{ui}}{h_{ui}}$、$\dfrac{I_{li}}{h_{li}}$ 和 $\dfrac{I_{bi}}{l}$；

I_{ui}、I_{li}、I_{bi}——第 i 层上柱、下柱和梁的截面惯性矩；

h_{ui}、h_{li}——第 i 层上柱、下柱的高；

l——上部结构弯曲方向的柱距；

E_w——在弯曲方向与箱形基础相连的连续钢筋混凝土墙的弹性模量；

I_w——在弯曲方向与箱形基础相连的连续钢筋混凝土墙的截面惯性矩，其值为 $\dfrac{th^3}{12}$，其中，t 为在弯曲方向与箱形基础相连的连续钢筋混凝土墙厚度的总和，h 为在弯曲方向与箱形基础相连的连续钢筋混凝土墙的高度；

  m——在弯曲方向的节间数；

  n——建筑物层数，层数对刚度的影响随高度而减弱，一定高度以后，其影响可以忽略，因此不大于 5 层时，n 取实际楼层数，大于 5 层时，n 取 5。

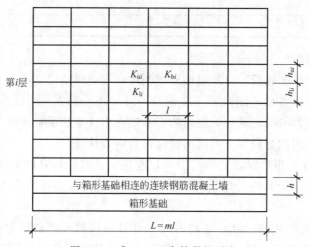

图 2-45 式（2-60）中符号的示意

L—上部结构弯曲方向的总长度；h—弯曲方向与箱形基础相连的连续钢筋混凝土墙的高度

  局部弯曲一般采用弹性或考虑塑性的双向板或单向板计算方法，可参阅有关的计算手册。基底净反力可按上述反力系数或其他有效方法确定。由于要同时考虑整体弯曲和局部弯曲作用，底板局部弯曲产生的弯矩应乘以 0.8 的折减系数。

  通常在箱形基础的计算中，局部弯曲内力起主要作用，但是在配筋时应考虑受整体弯曲的影响，而且要注意承受整体弯曲和局部弯曲的钢筋配置，使能发挥各自作用的同时，也起互补作用。

  作用在箱形基础上的荷载和地基反力确定以后，就可以按结构设计的要求对底板、顶板和内、外墙进行抗弯、抗剪及抗冲切等各项强度验算并配置钢筋。

2.7 减轻建筑物不均匀沉降危害的措施

  地基不均匀或上部结构荷重差异较大等都会使建筑物产生不均匀沉降，当不均匀沉降超过容许限度，将会使建筑物开裂、损坏，甚至带来严重的危害。

  采取必要的技术措施，避免或减轻不均匀沉降危害，一直是建筑设计中的重要课题。由于建筑物上部结构、基础和地基是相互影响和共同工作的，因此在设计工作中应尽可能采取综合技术措施，才能取得较好的效果。

2.7.1 建筑设计措施

（1）建筑物体型应力求简单

  建筑物的体型设计应当力求避免平面形状复杂和立面高差悬殊。平面形状复杂的建筑物如图 2-46 所示，在其纵横交接处，地基中附加应力叠加，可能造成较大的沉降，引起墙体产生裂缝。当立面高差悬殊，会使作用在地基上的荷载差异大，易引起较大的沉降差，使建筑物倾斜和开裂（图 2-47）。因此宜采用长高比较小的一字形建筑，如果因建筑设计需要，建筑平面及体型复杂，就应采取工程措施，避免不均匀沉降危害建筑物。

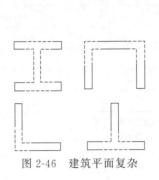
图 2-46 建筑平面复杂

图 2-47 建筑立面高差大的建筑物

（2）控制建筑物的长高比

建筑物的长高比是决定结构整体刚度的主要因素。过长的建筑物，纵墙将会因较大挠曲出现开裂（图 2-48）。一般经验认为，2、3 层以上的砖承重房屋的长高比不宜大于 2.5。对于体型简单、横墙间隔较小、荷载较小的房屋可适当放宽比值，但一般不大于 3.0。

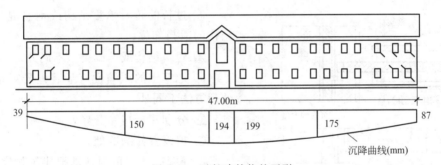
图 2-48 过长建筑物的开裂

（3）合理布置纵横墙

地基不均匀沉降最易产生于纵向挠曲方面，因此一方面要尽量避免纵墙开洞、转折、中断而削弱纵墙刚度；另一方面应使纵墙尽可能与横墙连接，缩小横墙间距，以增加房屋整体刚度，提高调整不均匀沉降的能力。

（4）合理安排相邻建筑物之间的距离

由于邻近建筑物或地面堆载作用，会使建筑物地基的附加应力增加而产生附加沉降。在软弱地基上，当相邻建筑物越近，这种附加沉降就越大，可能使建筑物产生开裂或倾斜，如图 2-49 所示。

为减少相邻建筑物的影响，应使相邻建筑保持一定的间隔，在软弱地基上

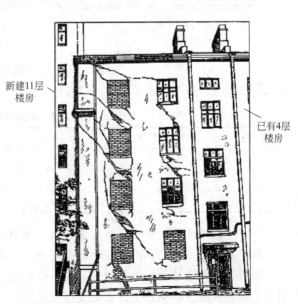
图 2-49 新建高层建筑引起原有楼房裂缝

建造相邻的新建筑时，其基础间净距可按表 2-14 采用。

表 2-14　相邻建筑基础间的净距　　　　　　　　　　　　　单位：m

新建建筑的预估平均沉降量 s/mm	被影响建筑的长高比	
	$2.0 \leqslant L/H_f < 3.0$	$3.0 \leqslant L/H_f < 5.0$
70～150	2～3	3～6
160～250	3～6	6～9
260～400	6～9	9～12
＞400	9～12	≥12

注：1. L 为房屋或沉降缝分隔的单元长度，m；H_f 为自基础底面算起的房屋高度，m。
2. 当被影响建筑的长高比为 $1.5 < L/H_f < 2.0$ 时，其基础间净距可适当缩小。

（5）设置沉降缝

用沉降缝将建筑物分割成若干独立的沉降单元，这些单元体型简单，长高比小，整体刚度大，荷载变化小，地基相对均匀，自成沉降体系，因此可有效地避免不均匀沉降带来的危害。沉降缝的位置应选择在下列部位上。

① 建筑平面转折处；

② 建筑物高度或荷载差异处；

③ 过长的砖石承重结构或钢筋混凝土框架结构的适当部位；

④ 建筑结构或基础类型不同处；

⑤ 地基土的压缩性有显著差异或地基基础处理方法不同处；

⑥ 分期建造房屋交界处；

⑦ 拟设置伸缩缝处。

沉降缝应从屋顶到基础把建筑物完全分开，其构造可参考图 2-50。缝内不可填塞（寒冷地区为防寒可填以松软材料），缝宽以不影响相邻单元的沉降为准，特别应注意避免相邻单元倾斜时，在建筑物上方造成挤压损坏。工程中房屋沉降缝宽度一般可参照表 2-15 选用。

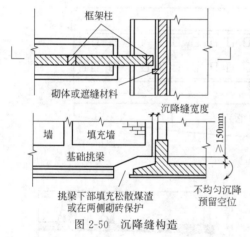

图 2-50　沉降缝构造

表 2-15　房屋沉降缝宽度

房屋层数	沉降缝宽度/mm
2、3	50～80
4、5	80～120
＞5	≥120

为了建筑立面易于处理，沉降缝通常与伸缩缝及抗震缝结合起来设置。

如果地基很不均匀，或建筑物体型复杂，或高差（或荷载）悬殊所造成的不均匀沉降较大，还可考虑将建筑物分为相对独立的沉降单元，并相隔一定的距离以减少相互影响，中间用能适应自由沉降的构件（例如简支或悬挑结构）将建筑物连接起来。

(6) 控制与调整建筑物各部分标高

根据建筑物各部分可能产生的不均匀沉降,采取一些技术措施,控制与调整各部分标高,减轻不均匀沉降对使用的影响:

① 适当提高室内地坪和地下设施的标高;

② 对结构或设备之间的联结部分,适当将沉降大者的标高提高;

③ 在结构物与设备之间预留足够的净空;

④ 有管道穿过建筑物时,预留足够尺寸的孔洞或采用柔性管道接头。

2.7.2　结构措施

(1) 减轻建筑物的自重

一般建筑物的自重占总荷载的 50%～70%,因此在软土地基建造建筑物时,应尽量减轻建筑物自重,有如下措施可以选取:

① 采用轻质材料或构件,如加气砖、多孔砖、空心楼板、轻质隔墙等;

② 采用轻型结构,例如预应力钢筋混凝土结构、轻型钢结构以及轻型空间结构(如悬索结构、充气结构等)和其他轻质高强材料结构;

③ 采用自重轻、覆土少的基础形式,例如空心基础、壳体基础、浅埋基础等。

(2) 减小或调整基底的附加压力

设置地下室或半地下室,利用挖除的土重去补偿一部分,甚至全部建筑物的重量,有效地减少基底的附加压力,起到均衡与减小沉降的目的。此外,也可通过调整建筑与设备荷载的部位以及改变基底的尺寸,来达到控制与调整基底压力,减少不均匀沉降量。

(3) 增强基础刚度

在软弱和不均匀的地基上采用整体刚度较大的交叉梁、筏形和箱形基础,提高基础的抗变形能力,以调整不均匀沉降。

(4) 采用对不均匀沉降不敏感的结构

采用铰接排架、三铰拱等对于地基发生不均匀沉降时不会引起过大附加应力的结构,可避免结构产生开裂等危害。

(5) 设置圈梁

设置圈梁可增强砖石承重墙房屋的整体性,提高墙体的抗挠、抗拉、抗剪的能力,是防止墙体裂缝产生与发展的有效措施,在地震区还起到抗震作用。

因为墙体可能受到正向或反向的挠曲,一般在建筑物上下各设置一道圈梁,下面圈梁可设在基础顶面上,上面圈梁可设在顶层门窗以上(可结合作为过梁)。更多层的建筑,圈梁数可相应加多。圈梁在平面上应成闭合系统,贯通外墙、承重内纵墙和内横墙,以增强建筑物整体性。如果圈梁遇到墙体开洞,应在洞的上方添设加强圈梁,按图 2-51 所示的要求处理。

圈梁一般是现浇的钢筋混凝土梁,宽度可同墙厚,高度不小于 120mm,混凝土的强度等级不低于 C15,纵向钢筋不宜小于 $4\phi8mm$,箍筋间距不大于 300mm,当兼作梁时应适当增加配筋。

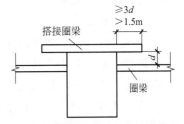

图 2-51　圈梁被墙洞中断时的处理

2.7.3　施工措施

对于灵敏度较高的软黏土，在施工时应注意不要破坏其原状结构，在浇筑基础前需保留约 200mm 覆盖土层，待浇筑基础时再清除。若地基土受到扰动，应注意清除扰动土层，并铺上一层粗砂或碎石，经压实后再在砂或碎石垫层上浇筑混凝土。

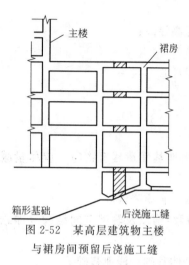

图 2-52　某高层建筑物主楼与裙房间预留后浇施工缝

当建筑物各部分高低差别很大或荷载大小悬殊时，可以采用预留施工缝的办法，并按照先高后低、先重后轻的原则安排施工顺序；待预留缝两侧的结构已建成且沉降基本稳定后再浇筑封闭施工缝，把建筑物连成整体结构，如图 2-52 所示。必要时还可在高的或重的建筑物竣工后，间歇一段时间再建低的或轻的建筑物以达到减少沉降差的目的。

此外，施工时还需特别注意基础开挖时，由于井点排水、基坑开挖、施工堆载等可能对邻近建筑造成的附加沉降。

2.8　浅基础设计案例

2.8.1　墙下条形基础

某四层教学楼，平面布置如图 2-53 所示。梁 L-1 截面尺寸为 200mm×500mm，伸入墙内 240mm，梁间距为 3.3m，外墙及山墙的厚度为 370mm，双面粉刷。本教学楼的基础采用毛石条形基础，M5 水泥砂浆砌筑，标准冻深为 1.2m。由上部结构传至基础顶面的竖向力值分别为外纵墙 $\sum F = 558.57\text{kN}$，山墙 $\sum F = 168.61\text{kN}$，内横墙 $\sum F = 162.68\text{kN}$，内纵墙 $\sum F = 1533.15\text{kN}$。

该地区地形平坦，经地质勘察工程地质情况如图 2-54。地下水位在天然地表下 8.5m，水质良好，无侵蚀性。

试从以下几个方面进行设计计算。

①荷载计算（包括选计算单元、确定其宽度）；②确定基础埋置深度；③确定地基承载力特征值；④确定基础的宽度、高度；⑤软弱下卧层强度验算。

(1) 荷载计算

① 选定计算单元。取房屋中有代表性的一段作为计算单元。

外纵墙：取两窗中心线间的墙体。

内纵墙：取①～②轴线之间两门中心线间的墙体。

山墙、横墙：分别取 1m 宽墙体。

② 各计算单元荷载计算。

外纵墙：取两窗中心线间的距离 3.3m 为计算单元宽度。

则

$$F_{1k} = \frac{\sum F_{1k}}{3.3} = \frac{558.57}{3.3} = 169.26\text{kN/m}$$

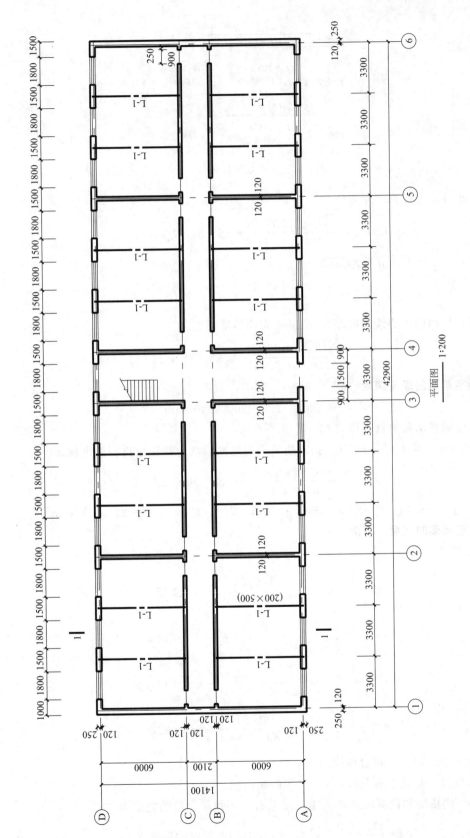

图 2-53 教学楼建筑平面图

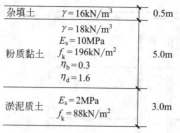

杂填土	$\gamma = 16\text{kN/m}^3$	0.5m
粉质黏土	$\gamma = 18\text{kN/m}^3$ $E_s = 10\text{MPa}$ $f_k = 196\text{kN/m}^2$ $\eta_b = 0.3$ $\eta_d = 1.6$	5.0m
淤泥质土	$E_s = 2\text{MPa}$ $f_k = 88\text{kN/m}^2$	3.0m

图 2-54　工程地质剖面图

山墙：取 1m 为计算单元宽度。

则
$$F_{2k} = \frac{\sum F_{2k}}{1} = \frac{168.61}{1} = 168.61\text{kN/m}$$

内横墙：取 1m 为计算单元宽度。

则
$$F_{3k} = \frac{\sum F_{3k}}{1} = \frac{162.68}{1} = 162.68\text{kN/m}$$

内纵墙：取两门中心线间的距离 8.26m 为计算单元宽度。

则
$$F_{4k} = \frac{\sum F_{4k}}{8.26} = \frac{1533.15}{8.26} = 185.61\text{kN/m}$$

（2）确定基础的埋置深度（d）
$$d = z + 200 = 1200 + 200 = 1400\text{mm}$$

（3）确定地基承载力特征值（f）

假设 $b < 3\text{m}$，因 $d = 1.4\text{m} > 0.5\text{m}$，故只需对地基承载力特征值进行深度修正。

$$\gamma_m = \frac{16 \times 0.5 + 18 \times 0.9}{0.5 + 0.9} = 17.29\text{kN/m}^3$$

$$f_a = f_{ak} + \eta_d \gamma_m (d - 0.5) = 196 + 1.6 \times 17.29 \times (1.4 - 0.5) = 220.89\text{kN/m}^2$$

（4）确定基础的宽度、高度

① 基础宽度。

外纵墙：
$$b \geqslant \frac{F_{1k}}{f_a - \overline{\gamma}\, \overline{h}} = \frac{169.26}{220.89 - 20 \times 1.4} = 0.877\text{m}$$

山墙：
$$b \geqslant \frac{F_{2k}}{f_a - \overline{\gamma}\, \overline{h}} = \frac{168.61}{220.89 - 20 \times 1.4} = 0.874\text{m}$$

内横墙：
$$b \geqslant \frac{F_{3k}}{f_a - \overline{\gamma}\, \overline{h}} = \frac{162.68}{220.89 - 20 \times 1.4} = 0.843\text{m}$$

内纵墙：
$$b \geqslant \frac{F_{4k}}{f_a - \overline{\gamma}\, \overline{h}} = \frac{185.61}{220.89 - 20 \times 1.4} = 0.962\text{m}$$

故取 $b = 1.2\text{m} < 3\text{m}$，符合假设条件。

② 基础高度。基础采用毛石，M5 水泥砂浆砌筑。

a. 内墙。内横墙和内纵墙基础采用三层毛石，则每层台阶的宽度为

$$b_2 = \left(\frac{1.2}{2} - \frac{0.24}{2}\right) \times \frac{1}{3} = 0.16\text{m}（符合构造要求）$$

查 GB 50007 知允许台阶宽高比 $b/H = 1/1.5$，则每层台阶的高度为

$$H \geqslant \frac{b_2}{b_2/H_0} = \frac{0.16}{1 \div 1.5} = 0.24\text{m}，综合构造要求，取 } H = 0.4\text{m}。$$

最上一层台阶顶面距室外设计地坪为

$$1.4 - 0.4 \times 3 = 0.2\text{m} > 0.1\text{m}$$

故符合构造要求（如图 2-55 所示）。

b. 外纵墙和山墙。外纵墙和山墙基础仍采用三层毛石，每层台阶高 0.4m，则每层台阶的允许宽度为 $b \leqslant (b_2/H_0)H_0 = (1 \div 1.5) \times 0.4 = 0.267\text{m}$。又因单侧三层台阶的总宽度为 $(1.2 - 0.37) \div 2 = 0.415\text{m}$，故取三层台阶的宽度分别为 0.115m、0.15m、0.15m，均小于 0.2m（符合构造要求）。

最上一层台阶顶面距室外设计地坪为

$(1.4 - 0.4 \times 3)\text{m} = 0.2\text{m} > 0.1\text{m}$，符合构造要求（如图 2-56 所示）。

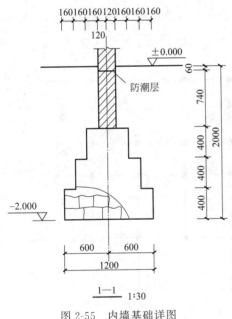

图 2-55　内墙基础详图

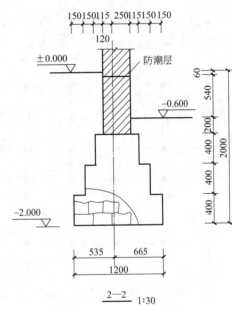

图 2-56　外墙基础详图

(5) 软弱下卧层强度验算

① 基底处附加压力。

取内纵墙的竖向压力计算

$$p_0 = p_k - p_c = \frac{F_k + G_k}{A} - \gamma_m d$$

$$= \frac{185.61 + 20 \times 1.2 \times 1 \times 1.4}{1.2 \times 1} - 17.29 \times 1.4$$

$$= 158.47\text{kN/m}^2$$

② 下卧层顶面处附加压力。

因 $z/b = 4.1 \div 1.2 = 3.4 > 0.5$，$E_{s1}/E_{s2} = 10 \div 2 = 5$，故由 GB 50007 中表 5.2.7 查得 $\theta = 25°$，则

$$p_z = \frac{bp_0}{b+2z\tan\theta} = \frac{1.2\times158.47}{1.2+2\times4.1\times\tan25°} = 37.85\text{kN/m}^2$$

③ 下卧层顶面处自重压力。

$$p_{cz} = 16\times0.5+18\times5 = 98\text{kN/m}^2$$

④ 下卧层顶面处修正后的地基承载力特征值。

$$\gamma_m = \frac{16\times0.5+18\times5}{0.5+5} = 17.82\text{kN/m}^3$$

$$f_{az} = f_{ak}+\eta_d\gamma_m(d+z-0.5) = 88+1.0\times17.82\times(0.5+5-0.5) = 177.1\text{kN/m}^2$$

⑤ 验算下卧层的强度。

$$p_z+p_{cz} = 37.85+98 = 135.85\text{kN/m}^2 < f_{az} = 177.1\text{kN/m}^2$$

符合要求。

2.8.2 柱下钢筋混凝土独立基础

某教学楼为四层钢筋混凝土框架结构，采用柱下独立基础，柱网布置如图 2-57 所示，试设计该基础。

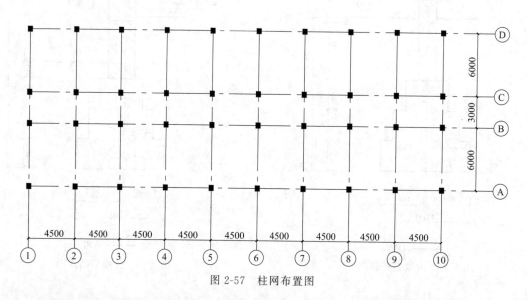

图 2-57 柱网布置图

① 工程地质条件。该地区地势平坦，无相邻建筑物，经地质勘察：持力层为黏性土，土的天然重度为 18kN/m^3，地基承载力特征值 $f_{ak}=230\text{kN/m}^2$，地下水位在 -7.5m 处，无侵蚀性，标准冻深为 1.0m（根据地区而定）。

② 给定参数。柱截面尺寸为 350mm×500mm，在基础顶面处的荷载取荷载效应标准组合，由上部结构传来轴心荷载为 680kN，弯矩值为 80kN·m，水平荷载为 10kN。

③ 材料选用。

混凝土：采用 C20（可以调整）（$f_t=1.1\text{N/mm}^2$）。

钢筋：采用 HPB235（可以调整）（$f_y=210\text{N/mm}^2$）。

试从以下几个方面进行设计计算。

①确定基础埋置深度；②确定地基承载力特征值；③确定基础的底面尺寸；④持力层强

度验算；⑤基础高度验算；⑥基础底板配筋计算。

（1）确定基础埋置深度（d）

$$d=z_0+200=1000+200=1200\text{mm}$$

将该独立基础设计成阶梯形，取基础高度为 650mm，基础分二级，室内外高差 300mm，如图 2-58 所示。

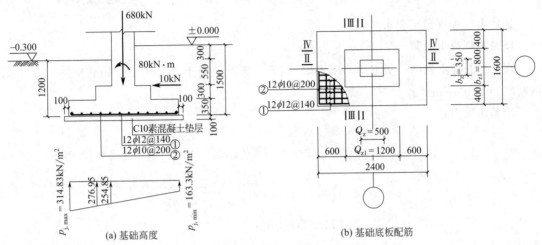

图 2-58　基础高度和底板配筋示意

（2）确定地基承载特征值（f_a）

假设 $b<3\text{m}$，因 $d=1.2\text{m}>0.5\text{m}$，故只需对地基承载力特征值进行深度修正，$f_a=f_{ak}+\eta_d\gamma_m(d-0.5)=230+1.0\times18\times(1.2-0.5)=242.6\text{kN/m}^2$。

（3）确定基础的底面尺寸

$$\overline{h}=\frac{1.2+1.5}{2}=1.35\text{m}$$

$$A\geqslant\frac{F_k+p_k}{f_a-\overline{\gamma}\overline{h}}=\frac{680}{242.6-18\times1.35}=3.11\text{m}^2$$

考虑偏心荷载影响，基础底面积初步扩大 12%，于是：

$$A'=1.2A=1.2\times3.11=3.73\text{m}^2$$

取矩形基础长短边之比 $l/b=1.5$，即 $l=1.5b$。

$$b=\sqrt{\frac{A}{1.5}}=\sqrt{\frac{3.73}{1.5}}=1.58\text{m}$$

取 $b=1.6\text{m}$，则 $l=1.5b=2.4\text{m}$。

$$A=lb=(2.4\times1.6)\text{m}^2=3.84\text{m}^2$$

（4）持力层强度验算

作用在基底形心的竖向力、力矩分别为

$$F_k+G_k=680+\overline{\gamma}A\overline{h}=680+20\times3.84\times1.35=783.68\text{kN}$$

$$M_k=M+Vh=80+10\times0.65=86.5\text{kN}\cdot\text{m}$$

$$e_0=\frac{M_k}{F_k+G_k}=\frac{86.5}{783.68}=0.11\text{m}<\frac{l}{6}=\frac{2.4\text{m}}{6}=0.4\text{m}$$

符合要求。

$$\begin{matrix} p_{k,max} \\ p_{k,min} \end{matrix} = \frac{F_k + G_k}{A}\left(1 \pm \frac{6e_0}{l}\right) = \frac{783.68}{3.84} \times \left(1 \pm \frac{6 \times 0.11}{2.4}\right) = \begin{matrix} 260.21kN/m^2 \\ 147.96kN/m^2 \end{matrix}$$

$$< 1.2f_a = 1.2 \times 242.6 = 291.12kN/m^2$$

$$p_k = \frac{p_{k,max} + p_{k,min}}{2} = \frac{260.21 + 147.96}{2} = 204.09kN/m^2 < f_a = 242.6kN/m^2$$

故持力层强度满足要求。

(5) 基础高度验算

现选用混凝土强度等级 C20，HPB235 钢筋，查得混凝土 $f_t = 1.1N/mm^2 = 1100kN/m^2$，钢筋 $f_y = 210N/mm^2$。

地基净反力：

$$p_{j,max} = p_{max} - \frac{G}{A} = 1.35p_{k,max} - \frac{1.35G_k}{A}$$

$$= 1.35 \times 260.21 - \frac{1.35 \times 20 \times 3.84 \times 1.35}{3.84}$$

$$= 314.83kN/m^2$$

$$p_{j,min} = p_{min} - \frac{G}{A} = 1.35p_{k,min} - \frac{1.35G_k}{A}$$

$$= 1.35 \times 147.96 - \frac{1.35 \times 20 \times 3.84 \times 1.35}{3.84}$$

$$= 163.3kN/m^2$$

由图 2-58 可知，$h = 650mm$，$h_0 = 610mm$；下阶 $h_1 = 350mm$，$h_{01} = 310mm$；$a_{z1} = 1200mm$，$b_{z1} = 800mm$。

① 柱边截面。

$$b_z + 2h_0 = 0.35 + 2 \times 0.61 = 1.57m < b = 1.6m$$

$$A_1 = \left(\frac{l}{2} - \frac{a_z}{2} - h_0\right)b - \left(\frac{b}{2} - \frac{b_z}{2} - h_0\right)^2$$

$$= \left(\frac{2.4}{2} - \frac{0.5}{2} - 0.61\right) \times 1.6 - \left(\frac{1.6}{2} - \frac{0.35}{2} - 0.61\right)^2$$

$$= 0.5438m^2$$

$$A_2 = (b_z + h_0)h_0$$

$$= (0.35 + 0.61) \times 0.61$$

$$= 0.5856m^2$$

$$F_1 = A_1 p_{j,max} = 0.5438 \times 314.83 = 171.2kN$$

$$0.7\beta_{hp}f_t A_2 = 0.7 \times 1.0 \times 1100 \times 0.5856 = 450.91kN > F_1 = 171.2kN$$

符合要求。

② 变阶处截面。

$$b_{z1} + 2h_{01} = 0.8 + 2 \times 0.31 = 1.42m < b = 1.6m$$

$$A_1 = \left(\frac{l}{2} - \frac{a_{z1}}{2} - h_{01}\right)b - \left(\frac{b}{2} - \frac{b_{z1}}{2} - h_{01}\right)^2$$

$$= \left(\frac{2.4}{2} - \frac{1.2}{2} - 0.31\right) \times 1.6 - \left(\frac{1.6}{2} - \frac{0.8}{2} - 0.31\right)^2$$

$$= 0.4559 \mathrm{m}^2$$

$$A_2 = (b_{z1} + h_{01})h_{01}$$

$$= (0.8 + 0.31) \times 0.31$$

$$= 0.3441 \mathrm{m}^2$$

$$F_1 = A_1 p_{j,max} = 0.4559 \times 314.83 = 143.53 \mathrm{kN}$$

$$0.7\beta_{hp}f_t A_2 = 0.7 \times 1.0 \times 1100 \times 0.3441 = 264.96 \mathrm{kN} > F_1 = 143.53 \mathrm{kN}$$

符合要求。

(6) 基础底板配筋计算

① 计算基础的长边方向，Ⅰ—Ⅰ截面

柱边地基净反力：

$$p_{jⅠ} = p_{j,min} + \frac{l + a_z}{2l}(p_{j,max} - p_{j,min})$$

$$= 163.3 + \frac{2.4 + 0.5}{2 \times 2.4} \times (314.83 - 163.3)$$

$$= 254.85 \mathrm{kN/m}^2$$

$$M_Ⅰ = \frac{1}{48}(l - a_z)^2(2b + b_z)(p_{j,max} + p_{jⅠ})$$

$$= \frac{1}{48} \times (2.4 - 0.5)^2 \times (2 \times 1.6 + 0.35) \times (314.83 + 254.85)$$

$$= 152.1 \mathrm{kN \cdot m}$$

$$A_{sⅠ} = \frac{M_Ⅰ}{0.9 f_y h_0} = \frac{152.1 \times 10^6}{0.9 \times 210 \times 610} = 1319.28 \mathrm{mm}^2$$

Ⅲ—Ⅲ截面

$$p_{jⅢ} = p_{j,min} + \frac{l + a_{z1}}{2l}(p_{j,max} - p_{j,min})$$

$$= 163.3 + \frac{2.4 + 1.2}{2 \times 2.4} \times (314.83 - 163.3)$$

$$= 276.95 \mathrm{kN/m}^2$$

$$M_Ⅲ = \frac{1}{48}(l - a_{z1})^2(2b + b_{z1})(p_{j,max} + p_{jⅢ})$$

$$= \frac{1}{48} \times (2.4 - 1.2)^2 \times (2 \times 1.6 + 0.8) \times (314.83 + 276.95)$$

$$= 71.01 \mathrm{kN \cdot m}$$

$$A_{sⅢ} = \frac{M_Ⅲ}{0.9 f_y h_0} = \frac{71.01 \times 10^6}{0.9 \times 210 \times 310} = 1211.98 \mathrm{mm}^2$$

比较 $A_{sⅠ}$ 和 $A_{sⅢ}$，应按 $A_{sⅠ}$ 配筋，在平行于 l 方向 1.6m 宽度范围内配 12Φ12@140（$A_s = 1356 \mathrm{mm}^2 > 1319.28 \mathrm{mm}^2$）。

② 计算基础的短边方向，Ⅱ—Ⅱ截面

$$M_{\text{Ⅱ}} = \frac{1}{48}(b-b_z)^2(2l+a_z)(p_{\text{j,max}}+p_{\text{j,min}})$$

$$= \frac{1}{48} \times (1.6-0.35)^2 \times (2 \times 2.4 + 0.5) \times (314.83 + 163.3)$$

$$= 82.49 \text{kN} \cdot \text{m}$$

$$A_{\text{sⅡ}} = \frac{M_{\text{Ⅱ}}}{0.9 f_y h_0} = \frac{82.49 \times 10^6}{0.9 \times 210 \times 610} = 715.5 \text{mm}^2$$

Ⅳ—Ⅳ截面

$$M_{\text{Ⅳ}} = \frac{1}{48}(b-b_{z1})^2(2l+a_{z1})(p_{\text{j,max}}+p_{\text{j,min}})$$

$$= \frac{1}{48} \times (1.6-0.8)^2 \times (2 \times 2.4 + 1.2) \times (314.83 + 163.3)$$

$$= 38.25 \text{kN} \cdot \text{m}$$

$$A_{\text{sⅣ}} = \frac{M_{\text{sⅣ}}}{0.9 f_y h_0} = \frac{38.25 \times 10^6}{0.9 \times 210 \times 310} = 652.84 \text{mm}^2$$

比较 $A_{\text{sⅡ}}$ 和 $A_{\text{sⅣ}}$，应按 $A_{\text{sⅡ}}$ 配筋，但面积仍较小，故在平行于 b 方向 2.4m 宽度范围内按构造配 12Φ10@200（$A_s = 942\text{mm}^2 > 715.5\text{mm}^2$）。

思考题

测一测

1. 浅基础有哪些结构类型？各适用于什么条件？
2. 按基础的受力条件，如何理解允许基础宽高比（刚性角）的作用？
3. 无筋扩展基础和扩展基础采用材料有何不同？
4. 确定埋置深度时要考虑哪些因素？
5. 确定地基承载力有哪些方法？
6. 什么叫作地基承载力的宽度和深度修正？如何修正？
7. 何为筏形基础？简述其优点和适用条件。
8. 何谓基础的冲切破坏？如何进行基础的冲切验算？
9. 如何从建筑物的布置上减轻不均匀沉降？

习题

1. 【基础题】某场地地基土为黏土，内摩擦角标准值 $\varphi_k = 22°$，黏聚力标准值 $c_k = 10\text{kPa}$，地下水位与基础底面平齐，土的有效重度 $\gamma' = 9.5\text{kN/m}^3$，基础底面以上土的重度 $\gamma_m = 18.3\text{kN/m}^3$，试确定地基承载力特征值 f_a。

2. 【基础题】某承重墙下的条形基础拟定埋深 $d = 1.5\text{m}$，地基土为粉质黏土，重度 $\gamma = 18.5\text{kN/m}^3$，孔隙比 $e = 0.63$，液性指数 $I_L = 0.44$，已知地基承载力特征值 $f_{ak} = 180\text{kPa}$，上部荷载传至底面的值 $F_k = 200\text{kN/m}$，试确定基础宽度。

3. 【提高题】某柱基础尺寸 2m×2m，埋置深度 $d = 1\text{m}$，承受柱传至底面标高处的轴

心荷载 $F_k = 750\text{kN}$。地基土有两层：上层为中砂、中密，厚3.5m，$\gamma = 18.0\text{kN/m}^3$，$f_{ak} = 180\text{kPa}$，$E_s = 7.5\text{MPa}$；下层为淤泥质黏土，$f_{ak} = 75\text{kPa}$，$E_s = 2.5\text{MPa}$，厚度较大。试验算持力层和软弱下卧层的地基承载力是否满足要求。

4.【提高题】某砖墙下钢筋混凝土条形基础，相应于荷载标准组合和基本组合时作用在基础顶面的轴心荷载分别为220kN/m和290kN/m，基础混凝土强度等级采用C30，$f_t = 1.43\text{N/mm}^3$，钢筋用HPB400级，$f_y = 360\text{N/mm}^3$，基础的埋深为1.2m，拟定基底宽度为1.5m，其他条件如图2-59所示，验算基础底面尺寸是否满足要求，并确定基础高度 h 和底板钢筋用量 A_s（不必验算地基变形，初步计算基础高度时，取 $\beta_{hs} = 1.0$）。

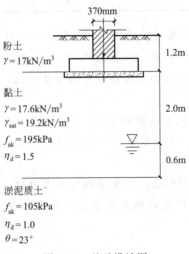

图 2-59 基础设计图

第 3 章
桩基础

案例导读

1998 年 8 月 28 日，当时排名世界第三的"中华第一高楼"上海金茂大厦宣告落成，塔楼基础桩采用大承载力的钢管桩，有 429 根直径 914mm 的钢管桩，桩长 65m。

超级工程港珠澳大桥江海直达船航道桥采用钢管复合桩，桩基数量为 112 根，均为大直径深基础桩基。

我们可以看到一些超级工程中桩基础出现得十分频繁，那么桩基础的优点有哪些，更适用于哪些工程地质条件，具有哪些类型，如何选择？通过这一章的学习，读者就会找到答案。

本章将针对桩基础设计进行讨论。本部分内容与土力学、工程地质学、钢筋混凝土结构以及建筑施工理论关系密切。桩基础作为最常见的深基础形式，其设计应力求做到安全可靠、经济合理、保护环境。

学习目标

1. 了解桩基础的类型和适用条件。
2. 掌握桩基础的设计要点及构造要求。
3. 了解静载试验法、桩基动测技术的原理及适用范围。
4. 能根据建筑场地上部结构的形式与布置、地质条件与桩型，科学、合理地选择建筑桩基础的类型和施工工艺。

3.1 概述

3.1.1 桩基础的特点和应用范围

桩是一种柱状细长构件，埋置于土中，将上部结构的荷载传递至稳定良好的岩土层。桩基础是最常见的深基础形式，桩周围土层提供的侧向阻力和桩端土层提供的端部阻力共同平衡上部结构荷载，这是桩基础区别于浅基础的重要特点。总体上，桩基础可以分为单桩基础和群桩基础两种：单桩基础由柱与单根桩直接连接构成，柱荷载直接传给桩，再由桩传到岩土层中；群桩基础由多根桩与桩顶承台共同组成，柱或墙的荷载首先传给承台，通过承台的分配和调整，再传到其下的各根单桩，最后传给地基。群桩基础中的单桩称为基桩。按照承台与地面相对位置的不同，可分为低承台桩基础和高承台桩基础（图 3-1）。工业与民用建筑中，绝大多数采用低承台桩基础，高承台桩基础则多用于桥梁工程、港口工程或海洋结构。我国长江下游河姆渡文化遗址考古发现，早在距今 6000 年前的新石器时代，人们就开始利用木桩作为房屋基础。随着现代科学技术的快速发展，桩基础的种类、材料、施工机具、施工工艺、设计理论和方法等也取得了令人瞩目的成就。目前我国使用的桩最长已超过 100m，直径最大可达 4m 以上，年用桩量居世界之首。

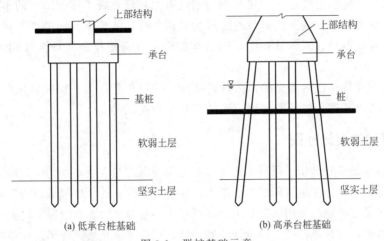

(a) 低承台桩基础　　　(b) 高承台桩基础

图 3-1　群桩基础示意

【案例】　某银行大楼为 11 层框架剪力墙结构，外立面采用全玻璃幕墙，有一层地下金库，对防水和沉降要求高。场地地质情况如下：杂填土厚度 2.5m；粉砂层厚度 8m，承载力 100kPa，有较严重的液化现象；淤泥质黏土厚度 5m；粉细砂层厚度 13m，承载力 280kPa，土质密实。该项目可供选择的基础工程方案有箱形基础、人工地基或桩基础。箱形基础方案只能以粉砂层为持力层，从结构本身看好像不存在问题，但隔墙较多，影响地下室的使用功能，且持力土层有液化危险，对抗震设防不利，所以箱形基础无法满足本工程的要求；如果采用人工地基处理，需要加固的范围和深度都较大，造价高，工期长；最后选择桩基础方案，以粉细砂层为桩端持力层，工程取得了成功。

从上面的实例可以看出，当天然地基浅部土层的土质不良或荷载过重、采用浅基础无法满足承载力或变形的要求、考虑技术经济条件等因素不宜采用人工地基时，可选用桩基础方案。

（1）桩的特点

桩的主要优点有：

① 竖向承载力高。适用于竖向荷载大而集中的高层建筑和重型厂房以及特殊的构筑物基础。

② 沉降量小。可用于对沉降要求高的建筑物或精密设备的基础；有的建筑物专门利用一定数量的桩来抵抗沉降，称为"减沉桩"。

③ 能承受一定的水平荷载和上拔荷载。在桥梁、高结构物或支挡结构中用于承受侧向风力、波浪力、土压力或竖向抗拔荷载，如"抗滑桩"和"抗拔桩"。

④ 可提高地基基础的刚度，改变自振频率。

⑤ 可提高建筑物的抗震能力。

虽然桩的优点很多，如果不考虑具体情况而盲目采用，也不能取得好的工程效果。比

第 3 章

如，在饱和黏土层中不当使用沉管挤土灌注桩会引起地面隆起和桩上浮，引起桩的质量问题和上部结构开裂；在深厚的杂填土中采用桩基础会引起较大的负摩阻力，施工困难。

（2）可采用桩基础的情况

根据工程经验，下列情况中可考虑采用桩基础方案：

① 采用天然地基浅基础承载力不能满足要求的建筑物；

② 不允许地基有过大沉降和不均匀变形的高重建筑物或其他建筑物；

③ 重型工业厂房和荷载过大的建筑物，如设有大吨位重级工作制吊车的车间及仓库等；

④ 需要承受水平荷载或上拔荷载的建筑物基础工程，如烟囱、输电塔等；

⑤ 需减小基础振幅、减弱基础振动对结构的影响或需要控制基础沉降和沉降速率的大型、精密设备基础；

⑥ 软弱地基或特殊性地基上的永久性建筑物，或以桩基作为地震区结构抗震措施；

⑦ 水下建筑物基础，如桥梁基础、石油钻井平台基础等。

3.1.2　桩基础的设计原则

对已有桩基事故进行分析，可看出绝大多数是由于沉降过大或不均匀引起的。桩基础的承载力受沉降变形影响，往往随沉降增加而增大，这种特点使桩的"极限承载力"难以确定。另一方面，为了满足建筑物的使用功能要求，在承载力还有潜力时，变形通常已经达到限值并成为控制条件。所以，与其他基础工程设计原则一样，桩基础也是按照变形设计控制。

桩基础的承载力用特征值 R_a 表示，其含义为在发挥正常使用功能时所允许采用的桩抗力设计值，是一种允许承载力。当采用群桩基础时，宜考虑桩、土和承台的共同作用。所有桩基础的设计应满足下列基本条件：

① 单桩承受的荷载不应超过单桩承载力特征值；

② 建筑桩基础的沉降变形计算值不应大于桩基沉降变形允许值；

③ 位于坡地、岸边的桩基础应进行整体稳定性验算；

④ 桩身和承台本身的承载力、变形和裂缝均应满足结构设计要求。

另外，对于特殊条件下的桩基础，应进行特别的验算，如考虑特殊土对桩基础的影响、负摩阻力对桩基础的影响、软弱下卧层验算、桩基础抗震验算或桩基的抗拔承载力验算等。

3.1.3　桩基础设计等级

不同建筑桩基础发生问题时，对建筑物的破坏或影响正常使用的程度是不一样的。为了区别各种建筑桩基础的重要性，综合考虑建筑物规模、体型与功能特征、场地地质与环境的复杂程度，应将桩基础设计分为表 3-1 所列的三个设计等级［按《建筑桩基技术规范》（JGJ 94—2008）分级］。

表 3-1　桩基础设计等级

设计等级	建筑类型
甲级	(1)重要的建筑； (2)30 层以上或高度超过 100m 的高层建筑； (3)体型复杂且层数相差超过 10 层的高低层(含纯地下室)连体建筑； (4)20 层以上框架-核心筒结构及其他对差异沉降有特殊要求的建筑； (5)场地和地基条件复杂的 7 层以上的一般建筑及坡地、岸边建筑

续表

设计等级	建筑类型
乙级	除甲级、丙级以外的建筑
丙级	场地和地基条件简单、荷载分布均匀的 7 层及 7 层以下的一般建筑

　　桩基础的设计等级不同，对桩基础的勘察要求、试验要求、设计计算要求等也各有不同。总的来说，甲级桩基础的要求最严格，在建设费用增高的同时获得更高的可靠性。比如，勘察时甲级桩基础要求布置 3 个控制性钻孔，而乙级桩基础可仅布置两个控制性钻孔。在确定单桩极限承载力时，甲级桩基础必须做单桩静载试验，而丙级桩基础则可根据原位测试和经验参数等相对简单的方法确定。

3.2　桩和桩基础的分类

　　桩基础的类型众多，为了了解各种桩型的受力特点和施工工艺，在实际工作中更有效地选择适用桩型，一般根据桩的承载性状、施工方法和成型方式对桩基础分类。

3.2.1　按桩基础的承载性状分类

　　桩基础的重要受力特点是桩周土与桩端土共同承受上部荷载，但随着地层条件、桩的长径比和成桩工艺的不同，桩周土的侧阻力与桩端土的端阻力分担的荷载比例各不相同，有的时候侧阻力占优势，有的时候端阻力占优势。根据侧阻力与端阻力所占的份额，可以将桩基础按承载性状分为端承型桩和摩擦型桩（图 3-2）。

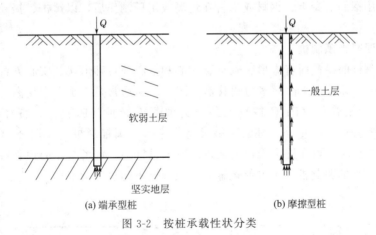

图 3-2　按桩承载性状分类

（1）端承型桩

　　桩顶荷载全部或主要由桩端阻力承担的桩称为端承型桩，可进一步细分为端承桩与摩擦端承桩。

　　① 端承桩。在承载能力极限状态下，桩顶竖向荷载由桩端阻力承受，桩侧阻力小到可忽略不计。一般这类桩的长径比较小（$l/d \leqslant 10$），桩身穿越软弱土层，桩端设置在密实砂层和碎石类土层中，或支承在岩石上。此时，桩侧软弱土层提供的侧阻力有限，端部坚实地层提供的端阻力构成全部承载力或绝大部分承载力。

　　② 摩擦端承桩。在承载能力极限状态下，桩顶竖向荷载主要由桩端阻力承受。如果桩

端进入中密的砂类、碎石类土层，能够提供较大的端阻力，同时桩周土层不太软弱，总侧阻力虽然占次要地位，但不可忽略，则形成摩擦端承桩。

（2）摩擦型桩

桩顶荷载全部或主要由桩侧阻力承担的桩称为摩擦型桩，可进一步细分为摩擦桩与端承摩擦桩。

① 摩擦桩。在承载能力极限状态下，桩顶竖向荷载由桩侧阻力承受，端阻力可忽略不计的桩。当桩长径比很大，桩顶荷载尚未传至桩端就被侧阻力抵消殆尽，这时不论桩端地层情况如何，都不存在端阻力；或者由于地层方面的原因，桩端没有坚实的持力层；或者由于施工方面的原因，桩端存在脱空、残渣或浮土等情况而无法提供有效的端阻力，都将形成摩擦桩。

② 端承摩擦桩。在承载能力极限状态下，桩顶竖向荷载主要由桩侧阻力承受的桩。与摩擦端承桩相反，侧阻力占优势，端阻力占较小部分，但不可忽略。

嵌岩桩是一种承载性状比较特殊的桩型，当桩端置于完整的基岩面上且桩较短时，可视为端承桩。当桩端进入基岩一定深度，通常大于 $(2\sim3)d$（d 为桩身直径）时，基岩对嵌岩段桩侧的阻力较大，这种侧阻力可称为嵌固阻力，它与土层侧阻力和岩层端阻力一起构成很高的嵌岩桩承载力。

3.2.2　按桩基础的施工方法分类

根据施工方法的不同，可分为预制桩和灌注桩两大类。

3.2.2.1　预制桩

预制桩是用钢筋混凝土、钢材或木材在现场或工厂制作后，以锤击、振动或静压等方式设置的桩。

（1）钢筋混凝土预制桩

混凝土预制桩的横截面有方形、圆形、实心和空心等各种形状。实心方桩最为常见，截面边长 350～550mm。空心截面多为圆管形（图 3-3），通常是在工厂中用离心旋转法施工的预应力高强混凝土管桩（PHC 桩）或预应力混凝土管桩（PC 桩），直径一般为 300～1000mm，管壁厚 60～140mm，桩的下端设有十字形或圆锥形桩尖（图 3-4）。当持力层为密实砂和碎石类土时，可在桩尖处包钢板桩靴以加强桩尖。现场制作的预制桩长度一般不超过 30m，工厂制作的预制桩为了方便运输，一般长度不超过 15m。

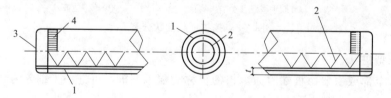

图 3-3　钢筋混凝土预制管桩

1—预应力筋；2—螺旋箍筋；3—端头板；4—钢套箍；t—壁厚

混凝土预制桩的优点是便于机械化施工，效率较高，桩身质量容易得到保证，不受地下水位的影响；其缺点是接桩和截桩费工费料，桩身配筋受运输、起吊、沉桩等各阶段的应力控制，用钢量较大。当持力层以上有坚硬地层时，混凝土预制桩沉桩困难，往往需要通过射水和预钻孔等助沉措施才能沉桩。

（2）钢桩

工程常用的钢桩有管形钢桩、H 形钢桩和其他异形钢桩。钢桩的分段长度一般为 12～15m，施工时常采用焊接方式接桩。钢管桩的直径一般为 400～2000mm，壁厚为 9～50mm。钢管桩端部有闭口和敞口两种，闭口钢管桩可以是平底或锥底，敞口钢管桩端部可带加强箍增强穿透力，也可加不同数量的隔板。

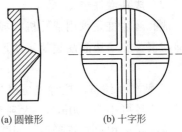

(a) 圆锥形　　　(b) 十字形

图 3-4　预应力混凝土管桩的封口

钢桩的优点是材料强度高，能承受强大的冲击力，可贯穿硬夹层进入良好的持力层获得高承载力，同时沉降控制较好，相对于混凝土预制桩，重量较轻，装卸运输方便。钢桩的缺点是用钢量大，成本高，同时钢桩存在防腐蚀问题，正常条件下的埋地钢桩，腐蚀速度并不是很快，但在地下水位波动区和地层存在腐蚀性介质时应特别注意钢桩的防腐。防腐处理可采用表面涂防腐层、增加腐蚀裕量及阴极防护等方法。

（3）木桩

常用整根圆木做成。所用木材须坚固耐久，如杉木、松木和橡木等。木桩在淡水下是耐久的，但在干湿交替的环境中易腐蚀。使用时应将木桩打入最低地下水位下 0.5m。桩顶应锯平加箍，桩尖应削成锥形，必要时加铁靴。木桩重量轻，便于加工、运输，但因其承载力低，耗费木材量大，现在使用很少，只在盛产木材地区及某些应急工程中使用。

预制桩的沉桩方法按沉桩机具不同可分为锤击法、振动法和静压法，应根据场地土的工程地质条件、施工条件、建筑环境要求、桩的类型和密集程度等综合考虑。一般来讲，锤击法或振动法沉桩的适用土层广泛但施工噪声大，不宜在城市使用；静力压桩法利用无噪声的机械将预制桩压入持力层，对环境影响小，适用于软弱土层。

3.2.2.2　灌注桩

灌注桩是直接在现场设计桩位处开孔，然后在孔内放入钢筋笼，再灌注混凝土而形成的桩。灌注桩可以做成大直径或扩底桩。它与预制钢筋混凝土桩相比，具有如下优点：①只须按使用期桩身的内力大小配筋，含钢量较低；②桩长、桩径按实际灌注，省工省料。由于灌注桩是在地下隐蔽条件下成型的，可能产生塌孔、桩底沉淹、桩径缩小、断桩、桩身夹泥等施工质量问题，因此灌注桩承载力取决于施工时的成桩质量。对较重要的建筑物，有必要进行现场质量检测。

灌注桩的种类繁多，国内外不下几十种。按其成桩方法，总体上可归纳为沉管灌注桩和成孔灌注桩两大类。

（1）沉管灌注桩

用锤击、振动或振动冲击的施工方式，使带有预制桩尖或活瓣桩尖的钢管沉入土中，达到设计标高后，再在钢管内放入钢筋笼，再一边灌注和振捣混凝土，一边拔管，待管完全拔出后，桩也随即形成。沉管灌注桩被限于目前沉管机具所能提供的能量，其直径一般为 300～600mm，长度通常不超过 20m，可适用于黏性土、粉土和砂土地基。沉管灌注桩施工时应严格控制拔管速度，防止颈缩。沉管灌注桩施工方便，造价低，但容易产生各种桩身质量问题，目前其应用范围在逐渐缩小。沉管灌注桩在施工过程中挤土明显，在软土地区只能用于多层住宅桩基。

第 3 章

（2）成孔灌注桩

成孔灌注桩是采用成孔机械或其他方法在桩位处排土成孔，然后在桩孔中放入钢筋笼，再灌注混凝土，边灌注边捣实所形成的桩。成孔灌注桩的成孔方式有钻孔、冲孔、爆孔和挖孔等。

① 钻孔灌注桩。这种桩是由各种钻孔机具成孔。桩的直径和长度，随所使用钻孔机具而异，直径可小至 100mm，大到几米。钻孔灌注桩几乎不受地质条件的限制，因而应用广泛。施工时可用钢套管护壁、泥浆护壁或干作业成孔。钢套管护壁法适用于大直径桩，泥浆护壁法适用于地下水位以下的一般土层及风化岩层，而干作业法适用于地下水位以上。泥浆护壁法存在泥浆排放造成的环境污染问题。

② 冲孔灌注桩。这种桩采用冲击、振冲或冲抓锥等成孔机开孔。孔径与冲击能量有关，一般为 50～1200mm 不等。深度除冲抓锥一般不超过 6m 外，其余成孔机一般可达 50m。其优点在于能克服其他方法在漂石、卵石或含有大块孤石的土层中钻进的困难，还可穿越旧基础、建筑垃圾填土等。

③ 爆孔灌注桩。这种桩采用炸药串爆炸成孔，桩径一般为 300～400mm，最大可达 800mm，深度常为 3～7m，适用于地下水位以上的一般黏性土、密实的砂土、碎石和风化岩。若爆炸扩大孔底，形成似球状的扩大体，称为爆扩桩。其扩大头直径可为桩身的 2～3 倍，在一般黏性土中爆扩成型较好。

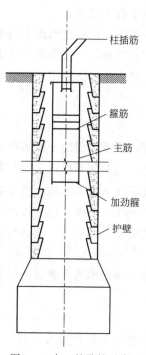

图 3-5　人工挖孔桩示意

（柱插筋、箍筋、主筋、加劲箍、护壁）

④ 挖孔灌注桩。这种桩采用人工或机械挖掘开孔，其截面形状可为圆形、方形或矩形。采用人工挖孔时，其桩径不宜小于 1m，深度超过 15m 时，桩径应在 1.2～1.4m。人工挖孔桩（图 3-5）适合在低水位的非饱和土中应用，其优点是可彻底清孔并直接观察持力层情况，桩身质量容易得到保证，但在地下水位较高，特别是有承压水的砂土层或厚度较大的淤泥地层中容易产生安全和质量问题，不得使用。为保证工人安全，人工挖孔桩每开挖 1m 左右，应沿孔壁浇筑混凝土护壁。

3.2.3　按桩基础的成型方式分类

桩的施工成型方式对桩基础的工程性能有显著影响。桩由于设置的方法不同，将产生不同的排土量，对桩周土体排挤作用不同，影响到桩周土体的天然结构和应力状态，使土的性质发生变化而影响桩的承载力和沉降，这种影响称为桩的设置效应。大量工程实践表明，设置效应对桩的承载力和变形性质等有很大的影响，成桩过程中有无挤土效应，会影响到设计选型、布桩方式和成桩过程的质量控制。

（1）挤土桩

挤土桩采用锤击、振动等沉桩方法把桩打入土中。在沉桩过程中，桩自身的体积占用了土体原有的空间，使桩周的土体向四周压密或排开，桩周某一范围内的土结构受到严重扰动（重塑或土粒重新排列），使土的工程性质发生变化，产生挤土效应。如果压桩施工方法与施工顺序不当，每天成桩数量太多、压桩速率太快会加剧这种效应。实心的预制桩、底端封闭的管桩、木桩和沉管灌注桩均属挤土桩。

在饱和软黏土中，挤土效应的影响是负面的。挤土作用使浅层土体隆起，深层土体横向位移。对邻近已压入的桩可能导致桩体上浮和桩端悬空，桩身倾斜偏移，严重时桩身弯曲折断，使桩的承载力达不到设计要求。还可能因孔隙水压力消散，土层产生固结沉降，使桩产生负摩阻力，增大桩基沉降。挤土效应还会造成周边建筑、市政管道等设施损坏，使周围开挖基坑坍塌或推移增大；在松散粗粒土和非饱和填土中，挤土效应的作用是正面的，可起到挤密桩间土体，提高承载力的作用。

（2）部分挤土桩

部分挤土桩是沉桩时对桩周土体有部分排挤作用，但土的强度和变形性质改变不大的桩。底端开口的管桩、H 型钢桩、预钻孔打入式预制桩和冲孔灌注桩均属部分挤土桩。部分挤土桩在施工过程中，桩周围的土受到的扰动不严重，土的原始结构和工程性质变化不明显，其承载力一般较非挤土桩高。

（3）非挤土桩

非挤土桩采用钻或挖的方法，在桩的成孔过程中将与桩同体积的土挖出，不产生对桩间土体的排挤作用。一般现场灌注的钻、挖孔灌注桩属于非挤土桩。非挤土桩桩周土受到的扰动很少，不存在挤土引起的不良问题，同时又具备穿越坚硬夹层、进入各类硬持力层和嵌岩的能力，桩的几何尺寸和单桩的承载力具有很大的设计灵活性，应用范围更加广泛，对高重建筑物更为合适。但非挤土桩桩侧土易出现应力松弛现象，桩径越大，应力松弛越明显，单位侧阻力降低幅度越大。

另外，还可以按桩径大小对桩分类：小直径桩，$d \leqslant 250\text{mm}$；中等直径桩，$250\text{mm} < d < 800\text{mm}$；大直径桩，$d \geqslant 800\text{mm}$。如前所述，随着桩径的加大，孔壁容易松弛变形，导致侧阻力降低。

可见，不同类型的桩基础在承载能力、沉降控制和适用范围等方面都存在着很大不同，桩型与成桩工艺应根据建筑结构类型、荷载性质、桩的使用功能、穿越土层、桩端持力层、地下水位、施工设备、施工环境、施工经验和制桩材料供应条件等，按安全适用、经济合理的原则确定。

3.3 竖向荷载下单桩的工作性能

单独的一根桩称为单桩，其主要特点是没有相邻桩的影响。本节研究单桩工作性能是为研究单桩的承载力打下理论基础。作用在桩顶的荷载有竖向荷载、水平荷载和力矩。本节对竖直作用下的单桩进行研究。

3.3.1 单桩在竖向荷载作用下的荷载传递

桩是怎样把桩顶竖向荷载传递到土层中去的？

① 当竖向荷载逐渐作用于单桩桩顶时，使得桩身材料发生压缩弹性变形，这种变形使桩与桩侧土体发生相对位移，而位移又使桩侧土对桩身表面产生向上的桩侧摩阻力，也称为正摩阻力；当桩顶竖向荷载 Q_0 较小时，桩顶附近的桩段压缩变形，相对位移在桩顶处最大，随着深度的增加而逐渐减小。

② 由于桩身侧表面受到向上的摩阻力后，会使桩侧土体产生剪切变形，从而使桩身荷载不断传递到桩周土层中，造成桩身的压缩变形，桩侧摩阻力、轴力都随着土层深度增加而

变小。

③ 从桩身的静力平衡来看，桩顶受到的竖向向下荷载与桩身侧表面的向上的摩阻力相平衡。随着桩顶竖向荷载逐渐加大，桩身压缩量和位移量逐渐增加，桩身下部桩侧摩阻力逐渐被调动并发挥出来。当桩侧摩阻力不足以抵抗向下的竖向荷载时，就会使一部分桩顶竖向荷载一直传递到桩底（桩端），使桩端持力层受压变形，产生持力层土对桩端的阻力，称为桩端阻力 Q_p。此时桩的平衡状态是：

$$Q_0 = Q_s = Q_p$$

由此可知，一般情况下，土对桩的阻力（支持力）是由桩侧摩阻力和桩端阻力两部分组成。桩-土之间的荷载传递过程就是桩侧阻力与桩端阻力的发挥过程。桩侧摩阻力具有越接近桩的上部越发挥得好，而且先于桩端阻力发挥的特点。

3.3.2　桩侧摩阻力、桩身轴力与桩身位移

（1）桩侧摩阻力

由图 3-6 可见，设桩身长度 l，桩的截面周长 μ，从深度 z 处取一 dz 的微段桩。

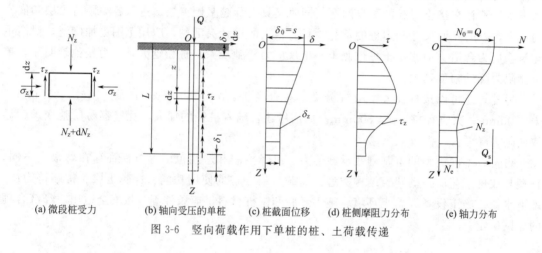

(a) 微段桩受力　　(b) 轴向受压的单桩　　(c) 桩截面位移　　(d) 桩侧摩阻力分布　　(e) 轴力分布

图 3-6　竖向荷载作用下单桩的桩、土荷载传递

$$q(z) = \frac{dQ(z)}{\mu\,dz} \tag{3-1}$$

式中　$Q(z)$——深度 z 处桩截面的轴力，kN；

　　　$q(z)$——深度 z 处单位桩侧表面上的摩阻力，简称桩侧阻力，kPa；

　　　μ——桩的周长，m。

由图 3-6 可见，随着深度的增加，桩侧阻力逐渐减小。

桩侧阻力是土沿桩身的极限抗剪强度或土与桩的黏着力问题。桩在极限荷载作用下，对于较软的土，由于剪切面一般都发生在邻近桩表面的土内，极限侧阻力即为桩周土的抗剪强度。对于较硬的土，剪切面可能发生在桩与土的接触面上，这时极限侧阻力要略小于土的抗剪强度。由于土的剪应变随剪应力的增大而发展，故桩身各点侧阻力的发挥，主要取决于桩-土间的相对位移。

（2）桩身轴力

研究微段桩的压缩变形，由材料力学轴向拉伸及压缩变形公式，坐标 z 处桩的轴力是 $Q(z)$，则：

$$dS(z) = \frac{Q(z)dz}{AE_p} \tag{3-2}$$

可导出
$$Q(z) = AE_p \frac{dS(z)}{dz} \tag{3-3}$$

式中　$dS(z)$——深度 z 处桩的微段竖向压缩变形，m；

　　　E_p——桩的材料弹性模量，kPa；

　　　A——桩身横截面积，m^2。

对式（3-3）两端同时微分，得到
$$\frac{dQ(z)}{dz} = AE_p \frac{dS^2(z)}{dz^2} \tag{3-4}$$

将式（3-4）代入式（3-1）可得
$$q(z) = -\frac{1}{\mu} AE_p \frac{dS^2(z)}{dz^2} \tag{3-5}$$

　　式（3-5）是桩土荷载传递的基本微分方程，可以采用实测的方法，测出桩身的位移曲线 $S(z)$，由式（3-3）得到轴力分布曲线，由式（3-1）得到桩侧摩擦力 $q(z)$ 分布曲线。

　　由式（3-1）可得 $dQ(z) = -\mu q(z)dz$，对该式两端积分得任一深度 z 处，桩身截面的轴力 $Q(z)$ 为
$$Q(z) = Q_0 - \mu \int_0^z q(z)dz \tag{3-6}$$

　　桩的轴力随桩侧摩阻力而发生变化，桩顶处轴力最大，$Q(z) = Q_0$，而在桩底处轴力最小，$Q(z) = Q_b$，轴力图如图 3-7（d）所示。注意：只有桩侧摩阻力为零的端承桩，其轴力图从桩顶到桩底才均匀不变，保持常数，即 $Q(z) = Q_0$。

（3）桩身位移

　　任一深度 z 处，桩身截面相应的竖向位移为 $S(z)$，应当是桩顶竖向位移 S_0 与 z 深度范围内的桩身压缩量之差
$$S(z) = S_0 - \frac{1}{E_p A} \int_0^z Q(z)dz \tag{3-7}$$

式中　S_0——桩顶竖向位移值，m。

　　桩身竖向位移如图 3-7（b）所示，由图可见，桩身竖向位移在桩顶处最大，随着深度的增加而逐渐减小。

3.3.3　桩侧负摩阻力

　　当桩周土层相对于桩侧向下位移时，产生向下的摩阻力即为负摩阻力。负摩阻力的存在将给桩的工作带来不利的影响。桩身受到负摩阻力作用时，相当于施加在桩身上竖向向下的荷载，使桩身的轴力加大，桩身的沉降增大，桩的承载力降低。

　　当桩身的下沉量大于桩周土层下沉量时，桩身侧表面摩擦力仍然是向上的摩阻力（正的摩阻力）；当桩身的下沉量小于桩周土的下沉量时，桩身侧表面摩阻力就是负摩阻力。

第 3 章

桩侧负摩阻力产生的条件：桩侧土体下沉必须大于桩身的下沉。当土层相对于桩有向下的位移时，应考虑桩侧有负摩阻力的作用。

以下列举了几种产生负摩阻力的原因：

① 桩穿越较厚松散填土、自重湿陷性黄土、欠固结土、液化土层进入相对较硬土层。

② 桩周存在软弱土层，邻近桩侧地面承受局部较大的长期荷载，或地面大面积堆载（包括填土）。

③ 由于降低地下水位，桩周土有效应力增大，并产生显著压缩沉降。

随着深度的增加，桩土之间的位移逐渐减小，使负摩阻力逐渐减小。由于桩周土层的固结是随着时间而发展的，所以土层竖向位移和桩身压缩变形都是时间的函数。

如图 3-7 所示，中性点在 l_n 深度处，桩周土沉降与桩身压缩变形相等，两者无相对位移。在 l_n 深度范围内，桩周土的沉降大于桩的压缩变形，桩周土相对于桩侧向下位移，桩侧摩擦力向下，是负的摩阻力；在 l_n 深度下，桩周土的沉降小于桩的压缩变形，桩周土相对于桩侧向上位移，桩侧摩阻力向上，是正的摩阻力。由图 3-7(d)，在中性点截面，桩身轴力 $N = Q + F_n$，此处轴力最大，其桩侧摩阻力为零，这一位置称为中性点。中性点的特点是上下摩阻力方向相反。中性点的位置与桩长、桩径、桩的刚度、桩周土的性质、桩顶荷载等有关，与引起负摩阻力的因素有关。

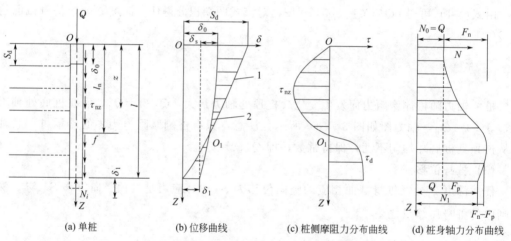

(a) 单桩　　(b) 位移曲线　　(c) 桩侧摩阻力分布曲线　　(d) 桩身轴力分布曲线

图 3-7　单桩产生负摩阻力时的荷载传递

1—土层竖向位移曲线；2—桩的截面位移曲线

确定中性点的位置应确定中性点深度 l_n，该深度按桩周土层沉降与桩的沉降相等的条件确定，也可参考表 3-2 确定。

表 3-2　中性点深度比

持力层土类	黏性土、粉土	中密以上砂土	砾石、卵石	基石
l_n/l_0	0.5～0.6	0.7～0.8	0.9	1.0

注：1. l_n、l_0 分别为中性点深度和桩周沉降变形土层下限深度。

2. 桩穿越自重湿陷性黄土时，l_n 按表列值增大 10%（持力层为基岩除外）。

3. 当桩周土层固结与桩基固结沉降同时完成时，取 $l_n = 0$。

4. 当桩周土层计算沉降量小于 20mm 时，l_n 应按表列值乘以 0.4～0.8 折减。

单桩桩侧负摩阻力 q_{si}^n 可按下式计算

$$q_{si}^n = \zeta_{ni}\sigma_i \qquad (3\text{-}8)$$

式中　q_{si}^n——第 i 层土单桩桩侧负摩阻力标准值，kPa；

　　　ζ_{ni}——桩周土负摩阻力系数；

　　　σ_i——桩周土第 i 层土平均竖向有效应力，kPa。

ζ_{ni} 可按桩周土取值：饱和软土，$\zeta_{ni} = 0.15 \sim 0.25$；黏性土、粉土，$\zeta_{ni} = 0.25 \sim 0.40$；砂土，$\zeta_{ni} = 0.35 \sim 0.50$；自重湿陷性黄土，$\zeta_{ni} = 0.20 \sim 0.35$。应注意的是：①同一类土中，打入桩或沉管灌注桩取较大值，钻、挖孔灌注桩取较小值；②填土按土的类别取较大值；③当 q_{si}^n 计算值大于正摩阻力时，取正摩阻力值。

当降低地下水位时，$\sigma_i = \gamma_i z_i$；当地面有均布荷载时，$\sigma_i = p + \gamma_i z_i$。式中，$\gamma_i$ 为桩周土第 i 层底面以上，按桩周土厚度计算的加权平均有效重度，kN/m^3；z_i 为从地面算起的第 i 层土中点的深度，m；p 为地面均布荷载，kPa。

对于砂类土，可按下式估算负摩阻力标准值

$$q_{si}^n = \frac{N_i}{5} + 3 \qquad (3\text{-}9)$$

式中　N_i——桩周第 i 层土经钻杆长度修正后的平均标准贯入试验击数。

对于群桩基础，当桩距较小时，其基桩（群桩中的任意桩）的负摩阻力因群桩效应而降低，故《建筑桩基技术规范》（JGJ 94）推荐基桩的下拉荷载标准值 Q_g^n 计算公式如下：

$$Q_g^n = \eta_n u \sum_{i=1}^{n} q_{si}^n l_i \qquad (3\text{-}10)$$

$$\eta_n = s_{ax} s_{ay} \bigg/ \left[\pi d \left(\frac{q_s^n}{\gamma_m} + \frac{d}{4} \right) \right] \qquad (3\text{-}11)$$

式中　　u——桩的周长；

　　　　n——中性点以上土层数；

　　　　l_i——中性点以上各土层的厚度，m；

　　　　η_n——负摩阻力群桩效应系数，$\eta_n \leqslant 1$；

s_{ax}、s_{ay}——纵、横向桩的中心距，m；

　　　　q_s^n——中性点以上桩周土层厚度加权平均负摩阻力标准值，kPa；

　　　　γ_m——中性点以上桩周土加权平均有效重度（地下水位以下取浮重度），kN/m^3。

桩侧负摩阻力主要应用于桩基础的承载力和沉降计算。

① 对于摩擦型桩基，负摩阻力相当于对桩体施加下拉荷载，使持力层压缩量加大，随之引起桩基础沉降。桩基础沉降一旦出现，土相对于桩的位移又会减少，反而使负摩阻力降低，直到转化为零。因此，一般情况下对摩擦型桩基，可近似看成中性点以上桩侧负摩阻力为零来计算桩基础承载力。

② 对于端承型桩基，由于端承型桩基桩端持力层较坚硬，负摩阻力引起下拉荷载后不至于产生沉降或沉降量较小，此时负摩阻力将长期作用于桩身中性点以上侧表面。因此，应计算中性点以上负摩阻力形成的下拉荷载，并将下拉荷载作为外荷载的一部分来验算桩基础的承载力。

3.4   单桩竖向承载力

单桩的竖向承载力是指单桩在竖向荷载作用下，不丧失稳定性、不产生过大变形时的承载力。当单桩在竖直荷载作用下达到破坏状态前或出现不适于继续承载的变形时所对应的最大荷载，称为单桩竖向极限承载力。单桩受力状态比较复杂，在确定单桩竖向承载力之前，应对单桩在竖向荷载作用下的受力性状进行分析。本节首先分析单桩的竖向荷载传递机理，然后介绍单桩竖向承载力的确定方法。

一般情况下，桩的承载力由地基土的支承力所控制，桩身材料强度往往不能充分发挥。只有端承桩、超长桩以及桩身质量有缺陷的桩，桩身材料强度才可能起控制作用。除此之外，当桩的入土深度较大、桩周土质软弱且比较均匀、桩端沉降量较大或建筑物对沉降有特殊要求时，还应限制桩的竖向沉降，按上部结构对沉降的要求来确定桩的竖向承载力。因此，单桩的竖向承载力主要取决于地基土对桩的支承能力和桩身的材料强度。

3.4.1   按土的支承能力确定

单桩竖向承载力的确定方法较多，由于地基土具有多变性、复杂性和地域性等特点，往往需要选用几种方法综合考虑和分析才能合理地确定单桩的竖向承载力。

（1）静载荷试验方法

静载荷试验是评价单桩竖向承载力最为直观和可靠的方法，除了考虑地基土的支承能力外，也计入了桩身材料强度对承载力的影响。《建筑地基基础设计规范》规定，单桩竖向承载力特征值应通过单桩竖向静载荷试验确定。在同一条件下的试桩数量，不宜少于总桩数的1%且不应少于3根。

对于预制桩，由于打桩时土中产生的孔隙水压力有待消散，土体因打桩扰动而降低的强度有待随时间而恢复。为了试验能真实反映桩的承载力，要求在桩身强度满足设计要求的前提下，桩设置后开始进行载荷试验的时间为：砂类土不少于10d，粉土和黏性土不少于15d，饱和黏性土不少于25d。

① 静载荷试验装置及方法。试验装置主要由加载系统和量测系统两部分组成。加载方法有锚桩法和堆载法两种（图3-8）。桩顶的油压千斤顶对桩顶施加压力，千斤顶的反力由压重平台的重力或锚桩的抗拔力来平衡。安装在基准梁上的百分表或电子位移计，用于量测桩顶的沉降。试桩与锚桩（或与压重平台的支墩、地锚等）之间、试桩与支承基准梁的基准桩之间以及锚桩与基准桩之间，都有一定的间距（表3-3），以减少彼此的互相影响，保证量测精度。

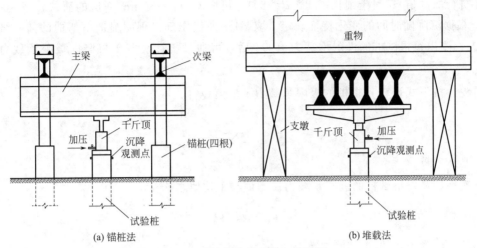

图 3-8 单桩静载荷试验加载装置

表 3-3 试桩、锚桩和基准桩之间的中心距离

反力试桩	试桩与锚桩 （或压重平台支墩边）	试桩与基准桩	基准桩与锚桩 （或压重平台支墩边）
锚桩横梁反力装置	≥4d 且 >2.0m	≥4d 且 >2.0m	≥4d 且 >2.0m
压重平台反力装置			

注：d 为试桩或锚桩的设计直径，取其较大者；当为扩底桩时，试桩与锚桩的中心距不应小于 2 倍扩大端直径。

试验加载方式通常有慢速维持荷载法、快速维持荷载法、等贯入速率法、等时间间隔加载法以及循环加载法等。工程中最常用的是慢速维持荷载法，即逐级加载，每级荷载值为预估极限荷载的 $1/15 \sim 1/10$，第一级荷载可加倍施加。每级加载后间隔 5min、15min、30min、45min、60min 各测读一次，以后每隔 30min 测读一次，直至沉降稳定为止。当沉降不超过 0.1mm/h 并连续出现两次，则认为已趋稳定，可施加下一级荷载。当出现下列情况之一时即可终止加载：

a. 某级荷载下，桩顶沉降量为前一级荷载下沉降量的 5 倍；

b. 某级荷载下，桩顶沉降量大于前一级荷载下沉降量的 2 倍，且经 24h 尚未达到相对稳定；

c. 已达到锚桩最大抗拔力或压重平台的最大重量时。

终止加载后进行卸载，每级卸载值为每级加载值的 2 倍；每级卸载后在 15min、30min、60min 各测记一次后，即可卸下一级荷载，全部卸载后，间隔 3~4h 再读一次。

② 静载荷试验单桩承载力的确定。根据静载荷试验结果，可绘制桩顶荷载-沉降关系曲线（Q-s 曲线）和各级荷载作用下的沉降-时间关系曲线（s-$\lg t$ 曲线）。单桩静载荷试验的荷载-沉降关系曲线，可大体分为陡降型和缓变型两种形态。单桩竖向极限承载力 Q_u 可按下述方法确定：

a. 对于陡降型 Q-s 曲线，可根据沉降随荷载的变化特征确定，取曲线发生明显陡降的起始点所对应的荷载为 Q_u。

b. 对于缓变型 Q-s 曲线，可根据沉降量确定。一般取 $s = 40 \sim 60$mm 对应的荷载值为 Q_u。对于大直径桩，可取 $s = (0.03 \sim 0.06)d$（d 为桩端直径）所对应的荷载（大桩径取低值，小桩径取高值）；对于细长桩（$l/d > 80$），可取 $s = 60 \sim 80$mm 对应的荷载。

c. 根据沉降随时间的变化特征确定。取 $s\text{-}\lg t$ 曲线尾部出现明显向下弯曲的前一级荷载作为 Q_u。测出每根试桩的极限承载力值 Q_u 后，可通过统计确定单桩竖向极限承载力标准值 Q_{uk}。

首先，按下式计算 n 根桩的极限承载力平均值 $\overline{Q_u}$：

$$\overline{Q_u} = \frac{1}{n} \sum_i^n Q_{ui} \tag{3-12}$$

其次，计算每根试桩的极限承载力实测值与平均值之比 α_i：

$$\alpha_i = Q_{ui} / \overline{Q_u} \tag{3-13}$$

然后，计算出 α_i 的标准差 σ_n：

$$\sigma_n = \sqrt{\frac{\sum_{i=1}^n (\alpha_i - 1)^2}{n - 1}} \tag{3-14}$$

当 $\sigma_n \leqslant 0.15$ 时，取 $Q_{uk} = \overline{Q_u}$；当 $\sigma_n > 0.15$ 时，取 $Q_{uk} = \lambda \overline{Q_u}$，其中 λ 为折减系数，可根据变量 a_i 的分布查《建筑桩基技术规范》（JGJ 94—2008）确定。

（2）经验公式法

我国各现行设计规范都规定了以经验公式计算单桩竖向承载力的方法，这是一种简化计算方法。下面给出《建筑桩基技术规范》（JGJ 94—2008）和《公路桥涵地基与基础设计规范》（JTG 3363）的单桩竖向承载力取值方法。

①《建筑桩基技术规范》（JGJ 94—2008）的计算方法。

a. 一般预制桩及中小直径灌注桩。一般预制桩及直径 $d < 800$mm 灌注桩的单桩竖向极限承载力标准值 Q_{uk} 按下式计算：

$$Q_{uk} = Q_{sk} + Q_{pk} = u_p \sum q_{sik} + q_{pk} A_p \tag{3-15}$$

式中　Q_{sk}——单桩总极限侧阻力标准值，kPa；

　　　Q_{pk}——单桩总极限端阻力标准值，kPa；

　　　q_{sik}——桩侧第 i 层土的极限阻力标准值，kPa，无当地经验值时，可按表 3-4 取值；

　　　q_{pk}——桩端极限端阻力标准值，kPa，无当地经验值时，可按表 3-5、表 3-6 取值；

　　u_p、A_p——分别为桩身周长和桩端截面积。

b. 大直径桩。大直径（$d \geqslant 800$mm）桩在荷载作用下，其受力模式与一般预制桩及中小直径灌注桩有所不同，单桩承载力的取值常以沉降控制确定。单桩竖向极限承载力标准值 Q_{uk} 按下式计算：

$$Q_{uk} = Q_{sk} + Q_{pk} = u_p \sum \varphi_{si} q_{sik} l_i + \varphi_p q_{pk} A_p \tag{3-16}$$

式中　φ_{si}、φ_p——大直径桩侧阻、端阻尺寸效应系数，按表 3-7 取值；

　　　l_i——桩周第 i 层土的厚度。

表 3-4　桩的极限侧阻力标准值 q_{sik}　　　　　　　　单位：kPa

土的名称	土的状态		混凝土预制桩	泥浆护壁钻(冲)孔桩	干作业钻孔桩
填土	—		22～30	20～28	20～28
淤泥	—		14～20	12～28	12～18
淤泥质土	—		22～30	20～28	20～28
黏性土	流塑	$I_L>1$	24～40	21～38	21～38
	软塑	$0.75<I_L\leqslant1$	40～55	38～53	38～53
	可塑	$0.50<I_L\leqslant0.75$	55～70	53～68	53～66
	硬可塑	$0.25<I_L\leqslant0.50$	70～86	68～84	66～82
	硬塑	$0<I_L\leqslant0.25$	86～98	84～96	82～94
	坚硬	$I_L\leqslant0$	98～105	96～102	94～104
红黏土	$0.70<\alpha_w\leqslant1$		12～32	13～30	12～30
	$0.50<\alpha_w\leqslant0.70$		32～74	30～70	30～70
粉土	稍密	$e>0.9$	26～46	24～42	24～42
	中密	$0.75\leqslant e\leqslant0.9$	46～66	42～62	42～62
	密实	$e<0.75$	66～88	62～82	62～82
粉细砂	稍密	$10<N\leqslant15$	24～48	22～46	22～46
	中密	$15<N\leqslant30$	48～66	46～64	46～64
	密实	$N>30$	66～88	72～94	72～94
中砂	中密	$15<N\leqslant30$	54～74	53～72	53～72
	密实	$N>30$	74～95	64～86	64～86
粗砂	中密	$15<N\leqslant30$	74～95	74～95	76～98
	密实	$N>30$	95～116	95～116	98～120
砂砾	稍密	$5<N_{63.5}\leqslant30$	70～110	50～90	60～100
	中密(密实)	$N_{63.5}>15$	116～138	116～130	112～130
圆砾、角砾	中密、密实	$N_{63.5}>10$	160～200	135～150	135～150
碎石、卵石	中密、密实	$N_{63.5}>10$	200～300	140～170	150～170
全风化软质岩	—	$30<N\leqslant50$	100～120	80～100	80～100
全风化硬质岩	—	$30<N\leqslant50$	140～160	120～140	120～150
强风化软质岩	—	$N_{63.5}>10$	160～240	140～200	140～220
强风化硬质岩	—	$N_{63.5}>10$	220～300	160～240	160～260

注：1. 对于尚未完成自重固结的填土和以生活垃圾为主的杂填土，不计算其侧阻力；
　　2. α_w 为含水比，$\alpha_w=w/w_l$，w 为土的天然含水量，w_l 为土的液限；
　　3. N 为标准贯入击数，$N_{63.5}$ 为重型圆锥动力触探击数；
　　4. 全风化、强风化软质岩和全风化、强风化硬质岩系指其母岩分别 $f_{rk}\leqslant15MPa$、$f_{rk}>30MPa$ 的岩石。

表 3-5　桩的极限端阻力标准值 q_{pk}

单位：kPa

土名称	土的状态		混凝土预制桩桩长 l/m				泥浆护壁钻(冲)孔桩桩长 l/m				干作业钻孔桩桩长 l/m		
	状态	指标	l≤9	9<l≤16	16<l≤30	l>30	5≤l<10	10≤l<15	15≤l<30	30≤l	5≤l<10	10≤l<15	15≤l
黏性土	软塑	$0.75<I_L≤1$	210~850	650~1400	1200~1800	1300~1900	150~250	250~300	300~450	300~450	200~400	400~700	700~950
黏性土	可塑	$0.50<I_L≤0.75$	850~1700	1400~2200	1900~2800	2300~3600	350~450	450~600	600~750	750~800	500~700	800~1100	1000~1600
黏性土	硬可塑	$0.25<I_L≤0.50$	1500~2300	2300~3300	2700~3600	3600~4400	800~900	900~1000	1000~1200	1200~1400	850~1100	1500~1700	1700~1900
黏性土	硬塑	$0<I_L≤0.25$	2500~3800	3800~5500	5500~6000	6000~6800	1100~1200	1200~1400	1400~1600	1600~1800	1600~1800	2200~2400	2600~2800
粉土	中密	$0.75≤e<0.9$	950~1700	1400~2100	1900~2700	2500~3400	300~500	500~650	650~750	750~850	800~1200	1200~1400	1400~1600
粉土	密实	$e<0.75$	1500~2600	2100~3000	2700~3600	3600~4400	650~900	750~950	900~1100	1100~1200	1200~1700	1400~1900	1600~2100
粉砂	稍密	$10<N≤15$	1000~1600	1500~2300	1900~2700	2100~3000	350~500	450~600	600~700	650~750	500~950	1300~1600	1500~1700
粉砂	中密、密实	$N>15$	1400~2200	2100~3000	3000~4500	3800~5500	600~750	750~900	900~1100	1100~1200	900~1000	1700~1900	1700~1900
细砂	中密、密实	$N>15$	2500~4000	3600~5000	4400~6000	5300~7000	650~850	900~1200	1200~1500	1500~1800	1200~1600	2000~2400	2400~2700
中砂			4000~6000	5500~7000	6500~8000	7500~9000	850~1050	1100~1500	1500~1900	1900~2100	1800~2400	2800~3800	3600~4400
粗砂			5700~7500	7500~8500	8500~10000	9500~11000	1500~1800	2100~2400	2400~2600	2600~2800	2900~3600	4000~4600	4600~5200
砾砂	中密、密实	$N_{63.5}>10$	6000~9500		9000~10500		1400~2000		2000~2600			3500~5000	
圆砾、角砾		$N_{63.5}>10$	7000~10000		9500~11500		1800~2200		2200~3600			4000~5500	
碎石、卵石		$N_{63.5}>10$	8000~11000		10500~13000		2000~3000		3000~4000			4500~6500	
全风化软质岩		$30<N≤50$	4000~6000				1000~1600					1200~2000	
全风化硬质岩		$30<N≤50$	5000~8000				1200~2000					1400~2400	
强风化软质岩		$N_{63.5}>10$	6000~9000				1400~2200					1600~2600	
强风化硬质岩		$N_{63.5}>10$	7000~11000				1800~2800					2000~3000	

注：1. 砂土和碎石类土中桩的极限端阻力取值，宜综合考虑土的密实度，桩端进入持力层的深径比 h_b/d；土愈密实，h_b/d 愈大，取值愈高。

2. 预制桩的岩石极限端阻力指桩端支承于中、微风化基岩表面或进入强风化岩、软质岩一定深度条件下极限端阻力。

3. 全风化、强风化软质岩和全风化、强风化硬质岩指其母岩分别为 $f_{rk}≤15MPa$、$f_{rk}>30MPa$ 的岩石。

表 3-6 干作业挖孔桩（清底干净，$D=800mm$）极限端阻力标准值q_{pk}　　单位：kPa

土名称		状态		
		$0.25 < I_L \leqslant 0.75$	$0 < I_L \leqslant 0.25$	$I_L \leqslant 0$
黏性土		$800 \sim 1800$	$1800 \sim 2400$	$2400 \sim 3000$
粉土		—	$0.75 \leqslant e \leqslant 0.9$	$e < 0.75$
		—	$1000 \sim 1500$	$1500 \sim 2000$
	状态	稍密	中密	密实
砂土、碎石类土	粉砂	$500 \sim 700$	$800 \sim 1100$	$1200 \sim 2000$
	细砂	$700 \sim 1100$	$1200 \sim 1800$	$2000 \sim 2500$
	中砂	$1000 \sim 2000$	$2200 \sim 3200$	$3500 \sim 5000$
	粗砂	$1200 \sim 2200$	$2500 \sim 3500$	$4000 \sim 5500$
	砾砂	$1400 \sim 2400$	$2600 \sim 4000$	$5000 \sim 7000$
	圆砾、角砾	$1600 \sim 3000$	$3200 \sim 5000$	$6000 \sim 9000$
	卵石、碎石	$2000 \sim 3000$	$3300 \sim 5000$	$7000 \sim 11000$

注：1. 当桩进入持力层的深度 h_b 分别为：$h_b \leqslant D$，$D < h_b < 4D$，$h_b \geqslant 4D$ 时，q_{pk} 可相应取低、中、高值；
2. 砂土密实度可根据标贯击数判断，$N \leqslant 10$ 为松散，$10 < N \leqslant 15$ 为稍密，$15 < N \leqslant 30$ 为中密，$N > 30$ 为密实；
3. 当桩的长径比 $l/d \leqslant 8$ 时，q_{pk} 宜取较低值；
4. 当对沉降要求不严时，q_{pk} 可取高值。

表 3-7 大直径灌注桩侧阻力与端阻力尺寸效应系数 ψ_{si} 和 ψ_p

土类型	黏性土、粉土	砂土、碎石类土
ψ_{si}	$(0.8/d)^{1/5}$	$(0.8/d)^{1/3}$
ψ_p	$(0.8/D)^{1/4}$	$(0.8/D)^{1/3}$

注：当为等直径桩时，表中 $d = D$。

　　c. 嵌岩桩。桩端置于完整、较完整基岩的嵌岩桩单桩竖向极限承载力，由桩周土总极限侧阻力和嵌岩段总极限阻力组成。当根据岩石单桩抗压强度确定单桩竖向极限承载力标准值时，可按下式计算：

$$Q_{uk} = Q_{sk} + Q_{rk} \tag{3-17}$$

$$Q_{sk} = u \sum q_{sik} l_i \tag{3-18}$$

$$Q_{rk} = \zeta_r f_{rk} A_p \tag{3-19}$$

式中　Q_{sk}、Q_{rk}——土的总极限侧阻力标准值、嵌岩段总极限阻力标准值。

　　　　q_{sik}——桩周第 i 层土的极限侧阻力，无当地经验时，可根据成桩工艺按表 3-4 取值。

　　　　f_{rk}——岩石饱和单轴抗压强度标准值，黏土岩取天然湿度单轴抗压强度标准值。

　　　　ζ_r——嵌岩段侧阻和端阻综合系数，与嵌岩深径比 h_r/d、岩石软硬程度和成桩工艺有关，可按表 3-8 采用。表 3-8 数值适用于泥浆护壁成桩，对于干作业成桩（清底干净）和泥浆护壁成桩后注浆，ζ_r 应取表列数值的 1.2 倍。

第3章

表 3-8 桩嵌岩段侧阻和端阻综合系数 ζ_r

嵌岩深径比 h_r/d	0	0.5	1.0	2.0	3.0	4.0	5.0	6.0	7.0	8.0
极软岩、软岩	0.60	0.80	0.95	1.18	1.35	1.48	1.57	1.63	1.66	1.70
软硬岩、坚硬岩	0.45	0.65	0.81	0.90	1.00	1.04	—	—	—	—

注：1. 极软岩、软岩 $f_{rk} \leqslant 15\text{MPa}$，较硬岩、坚硬岩 $f_{rk} > 30\text{MPa}$；介于二者之间可内插取值。

2. h_r 为桩身嵌岩深度，当岩面倾斜时，以坡下方嵌岩深度为准；当 h_r/d 为非表列值时，ζ_r 可内插取值。

② 单桩竖向承载力特征值的计算。单桩竖向承载力特征值 R_a 计算如下：

$$R_a = \frac{1}{K} Q_{uk} \tag{3-20}$$

式中　Q_{uk}——单桩竖向极限承载力标准值；

　　　　K——安全系数，取 $K=2$。

(3)《公路桥涵地基与基础设计规范》（JTG 3363）的计算方法

该规范根据全国各地大量的静载荷试验资料，通过理论分析和整理，以桩的承载类型，分别给出其单桩轴向受压承载力容许值。与《建筑桩基技术规范》（JGJ 94）不同，该规范给出的是单桩轴向受压承载力容许值。有两点值得注意：一个是考虑如图 3-1(b) 所示的桩基础可能采用斜桩，因而改称"竖向"为"轴向"；另一个是计算式中给出的是"容许值"，而非"极限值"。

① 摩擦桩。由于施工方法不同，桩侧摩阻力和桩底阻力有所不同，规范区分钻（挖）孔灌注桩和沉桩，分别给出了单桩轴向受压承载力容许值计算式。

钻（挖）孔灌注桩的承载力容许值：

$$R_a = \frac{1}{2} u \sum_{i=1}^{n} q_{ik} l_i + A_p q_r \tag{3-21}$$

$$q_r = m_0 \lambda [f_{ao} + k_2 \gamma_2 (h-3)] \tag{3-22}$$

式中　R_a——单桩轴向受压承载力容许值，kN，桩身自重与置换土重（当自重计入浮力时，置换土重也计入浮力）的差值作为荷载考虑。

　　　　u——桩身周长，m。

　　　　A_p——桩端截面面积，m^2，对于扩底桩，取扩底截面面积。

　　　　n——土的层数。

　　　　l_i——承台底面或局部冲刷线以下各土层的厚度，m，扩孔部分不计。

　　　　q_{ik}——与 l_i 对应的各土层与桩侧的摩阻力标准值，kPa，宜采用单桩摩阻力试验确定，当无试验条件时按表 3-9 选用。

　　　　q_r——桩端处土的承载力容许值，kPa。当持力层为砂土、碎石土时，若计算值超过下列值，宜按下列值采用：粉砂 1000kPa；细砂 1150kPa；中砂、粗砂、砾砂 1450kPa；碎石土 2750kPa。

　　　　f_{ao}——桩端处土的承载力基本容许值，kPa，按《公路桥涵地基与基础设计规范》第 4.3.3 条确定。

　　　　h——桩端的埋置深度，m，对于有冲刷的桩基，埋深由一般冲刷线算起；对于无冲刷的桩基，埋深由天然地面线或实际开挖后的地面线算起；h 的计算值不大于 40m，当大于 40m 时，按 40m 计算。

　　　　k_2——容许承载力随深度的修正系数，根据桩端处持力层土类按《公路桥涵地基与基础设计规范》表 4.3.4 选用。

γ_2——桩端以上各土层的加权平均重度，kN/m^3，若持力层在水位以下且不透水时，不论桩端以上土层的透水性如何，一律取饱和重度。

λ——修正系数，按表 3-10 选用。

m_0——清底系数，按表 3-11 选用。

表 3-9　钻孔桩桩侧土的摩阻力标准值 q_{ik}

土类		q_{ik}/kPa
中密炉渣、粉煤灰		40~60
黏性土	流塑 $I_L > 1$	40~60
	软塑 $0.75 < I_L \leqslant 1$	20~30
	可塑、硬塑 $0 < I_L \leqslant 0.75$	30~50
	坚硬 $I_L \leqslant 0$	80~120
粉土	中密	80~55
	密实	55~80
粉砂、细砂	中密	35~55
	密实	55~70
中砂	中密	45~60
	密实	60~80
粗砂、砾砂	中密	60~90
	密实	90~140
圆砾、角砾	中密	120~150
	密实	150~180
碎石、卵石	中密	160~220
	密实	220~400
漂石、块石	—	400~600

注：挖孔桩的摩阻力标准值可参照本表采用。

表 3-10　修正系数 λ 值

桩端土情况	l/d		
	4~20	20~25	>25
透水性土	0.70	0.70~0.85	0.85
不透水性土	0.65	0.65~0.72	0.72

表 3-11　清底系数 m_0

t/d	0.3~0.1
m_0	0.7~1.0

注：1. t、d 为桩端沉渣厚度和桩的直径。
2. $d \leqslant 1.5m$ 时，$t \leqslant 300mm$；$d > 1.5m$ 时，$t \leqslant 500mm$，且 $0.1 < t/d < 0.3$。

沉桩的承载力容许值：

$$R_a = \frac{1}{2}\left(u \sum_{i=1}^{n} \alpha_i l_i q_{ik} + \alpha_r A_p q_{rk} \right) \tag{3-23}$$

式中　q_{ik}——与 l_i 对应的各土层与桩侧摩擦力标准值，kPa，宜采用单桩摩阻力试验确定或通过静力触探试验测定，当无试验条件时按表3-12选用；

　　　q_{rk}——桩端处土的承载力标准值，kPa，宜采用单桩试验确定或通过静力触探试验测定，当无试验条件时按表3-13选用；

　　　α_i、α_r——振动沉桩对各土层桩侧摩阻力和桩端承载力的影响系数，按表3-14选用，对于锤击、静压沉桩其值均取为1.0。

其他符号意义同前。

表 3-12　沉桩桩侧土的摩阻力标准值 q_{ik}

土类	状态	摩阻力标准值 q_{ik}/kPa
黏性土	$1.5 \geqslant I_L \geqslant 1$	15～30
	$1 > I_L \geqslant 0.75$	30～45
	$0.75 > I_L \geqslant 0.5$	45～60
	$0.5 > I_L \geqslant 0.25$	60～75
	$0.25 > I_L \geqslant 0$	75～85
	$0 > I_L$	85～95
粉土	稍密	20～35
	中密	35～65
	密实	65～80
粉、细砂	稍密	20～35
	中密	35～65
	密实	65～80
中砂	中密	55～75
	密实	75～90
粗砂	中密	70～90
	密实	90～105

注：表中土的液性指数 I_L，系按76g平衡锥测定的数值。

表 3-13　沉桩桩端处土的承载力标准值 q_{rk}

土类	状态	桩端承载力标准值 q_{rk}/kPa		
黏性土	$I_L \geqslant 1$	1000		
	$1 > I_L \geqslant 0.65$	1600		
	$0.65 > I_L \geqslant 0.35$	2200		
	$0.35 > I_L$	3000		
—		桩尖进入持力层的相对深度		
		$1 > h_c/d$	$4 > h_c/d \geqslant 1$	$h_c/d \geqslant 4$
粉土	中密	1700	2000	2300
	密实	2500	3000	3500
粉砂	中密	2500	3000	3500
	密实	5000	6000	7000

续表

土类	状态	桩端承载力标准值 q_{rk}/kPa		
细砂	中密	3000	3500	4000
	密实	5500	6500	7500
中、粗砂	中密	3500	4000	4500
	密实	6000	7000	8000
圆砾石	中密	4000	4500	5000
	密实	7000	8000	9000

注：表中 h_c 为桩端进入持力层的深度（不包括桩靴）；d 为桩的直径或边长。

表 3-14　系数 α_i、α_r 值

土类 桩径或边长 d/m	黏土	粉质黏土	粉土	砂土
0.8≥d	0.6	0.7	0.9	1.1
2.0≥d>0.8	0.6	0.7	0.9	1.0
d>2.0	0.5	0.6	0.7	0.9

②　支承在基岩上或嵌入基岩内的钻（挖）孔桩、沉桩。单桩轴向受压承载力容许值计算式：

$$R_a = c_1 A_p f_{rk} + u\sum_{i=1}^{m} c_{2i} h_i f_{rki} + \frac{1}{2}\xi_s u\sum_{i=1}^{n} l_i q_{ik} \tag{3-24}$$

式中　c_1——根据清孔情况、岩石破碎程度等因素而定的端阻发挥系数，按表 3-15 选用。

f_{rk}——桩端岩石饱和单轴抗压强度标准值，kPa，黏土质岩取天然湿度单轴抗压强度标准值，当 f_{rk} 小于 2MPa 时按摩擦桩计算（f_{rki} 为第 i 层的 f_{rk} 值）。

c_{2i}——根据清孔情况、岩石破碎程度等因素而定的第 i 层岩层的侧阻发挥系数，按表 3-15 选用。

u——各土层或各岩层部分的桩身周长，m。

h_i——桩嵌入各岩层部分的厚度，m，不包括强风化层和全风化层。

m——岩层的层数，不包括强风化层和全风化层。

ξ_s——覆盖层土的侧阻力发挥系数，根据桩端 f_{rk} 确定：当 2MPa≤f_{rk}<15MPa 时，ξ_s=0.8；当 15MPa≤f_{rk}<30MPa 时，ξ_s=0.5；当 f_{rk}>30MPa 时，ξ_s=0.2。

其他符号意义同前。

表 3-15　发挥系数 c_1、c_2 值

岩石层情况	c_1	c_2
完整、较完整	0.6	0.05
较破碎	0.5	0.04
破碎、极破碎	0.4	0.03

注：1. 当入岩深度小于或等于 0.5m 时，c_1 乘以 0.75 的折减系数，c_2=0。

2. 对于钻孔桩，系数 c_1、c_2 值应降低 20% 采用。桩端沉渣厚度 t 应满足以下要求：d≤1.5m 时，t≤50mm；d>1.5m 时，t≤100mm。

3. 对于中风化层作为持力层的情况，c_1、c_2 应分别乘以 0.75 的折减系数。

3.4.2　按桩身材料强度确定

按材料强度确定单桩轴向承载力时，可按《混凝土结构设计规范》（GB 50010），将桩视为轴心受压构件，按下式计算：

$$R = \varphi_c f_c A_p + 0.9 f_y' A_s \qquad (3-25)$$

式中　R——单桩轴向承载力设计值，kN。

　　　φ_c——基桩成桩工艺系数，混凝土预制桩、预应力混凝土空心桩 $\varphi_c = 0.85$；干作业非挤土灌注桩 $\varphi_c = 0.9$；泥浆护壁和套管护壁非挤土灌注桩、部分挤土灌注桩、挤土灌注桩 $\varphi_c = 0.7 \sim 0.8$；软土地区挤土灌注桩 $\varphi_c = 0.6$。

　　　f_c——混凝土的轴心抗压强度设计值，kPa。

　　　f_y'——纵向主筋抗压强度设计值，kPa。

　　　A_p——桩身的横截面积，m^2。

　　　A_s——纵向主筋横截面积，m^2。

3.5　群桩基础设计

群桩基础是将两根及两根以上的基桩与桩顶的混凝土承台连接成一个整体所构成的桩基础形式。理论和工程实践都证明，当群桩基础受到荷载作用时，由于承台、桩、土相互作用，群桩中的单桩与相同条件下的独立单桩在承载性能和变形性状方面都存在显著的差异，这种现象称为群桩效应。由于群桩效应的影响，群桩的性能并不是各单桩的简单相加，群桩总承载力往往不等于各单桩承载力之和。为了正确设计群桩基础，就必须了解其工作特性、承载力和沉降的特点。

3.5.1　群桩的工作特性

为了反映群桩效应的影响，评价群桩中单桩承载力是否充分发挥，可以将群桩的承载力和各单桩承载力之和进行比较，并把其比值定义为群桩效应系数 η：

$$\eta = \frac{群桩的承载力}{群桩中各单桩承载力之和} \qquad (3-26)$$

形成群桩后，如果单桩承载力下降，则 $\eta < 1$；如果单桩承载力提高，则 $\eta > 1$；也可能单桩承载力不变，则 $\eta = 1$。

群桩在工作时，如果承台紧贴地面，由于桩土相对位移，承台底面的桩间土对承台产生一定竖向抗力，这种抗力构成桩基竖向承载力的一部分，使承台像浅基础一样工作，称此种效应为承台效应。承台效应使承台与桩共同承载，将增加群桩的承载力，这种群桩基础称为复合桩基。群桩中的每一根基桩对应了一定的承台面积，基桩及其对应承台面积下的地基土组成了复合基桩。承台效应也是一种群桩效应。

不同类型的群桩，其效应不一样。对于桩基中常用的端承桩和摩擦桩，其荷载传递过程不同，所以群桩的工作特性也不相同，同时并非所有的群桩都具有承台效应。下面首先讨论端承型和摩擦型低承台群桩的不同特性。

（1）端承型群桩基础

端承型群桩中的每根桩，主要荷载都是通过桩端传递到地基持力层，各桩在桩端处的压力分布面积和桩底面积相同，无明显的应力叠加现象。在更深一点的部位，因为应力扩散，可能有一定的应力叠加，但由于持力层的承载能力良好，其影响有限［如图 3-9(a)］。可以认为，端承群桩中各基桩的工作状态与孤立的单桩相似，群桩的承载力应为各单桩承载力之和，即群桩效应系数 $\eta=1$。当各桩的荷载相同、沉降相等，桩距大于 $3\sim3.5$ 倍桩径时，群桩的沉降量几乎等于单桩的沉降量。另一方面，端承型桩的桩端持力层坚硬，桩基整体位移很小，由桩身弹性压缩引起的桩顶沉降也不大，承台底面土反力较小，因此不宜考虑承台效应对承载力的贡献。

（2）摩擦型群桩基础

摩擦型群桩在竖向荷载作用下的工作特点与孤立单桩有显著差别。首先假设承台底面脱地，即不考虑承台效应，桩顶荷载主要通过桩土界面上的摩阻力传递，摩阻力向桩周土中扩散，引起压力扩散角 α［见图 3-9(b)］范围内桩周土中的附加应力，各桩在桩端平面的附加压力分布面积的直径 $D=d+2l\tan\alpha$（d 为桩身直径，l 为桩长）。当桩距 $s<D$ 时，相邻基桩桩端和桩侧的土中应力均会因应力扩散区的重叠而增大，桩端和桩侧的附加应力大大超过孤立的单桩，且附加应力影响的深度和范围也比孤立的单桩大得多［如图 3-9(c)］，群桩的桩数越多，桩距越近，这种影响越显著，群桩的沉降量也越大。如果不允许群桩的沉降量大于单桩的沉降量，则群桩中每一个桩的平均承载力将小于单桩的承载力。另外，桩间土范围内的应力重叠将使桩间土明显压缩下移，导致桩-土界面相对位移减小，从而影响桩侧阻力的充分发挥，削弱桩的承载力，导致群桩的承载力小于各单桩承载力之和，当桩距 $s>D$ 时，地基中的应力只可能在桩端平面下一定深度内有所叠加增大，而摩擦型群桩对桩端承载

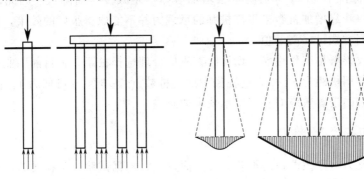

(a) 端承群桩与单桩在桩端平面的应力　　　　　(b) 摩擦群桩与单桩在桩端平面的应力

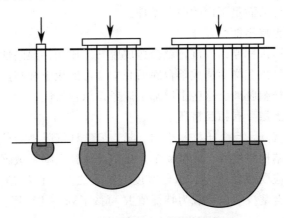

(c) 群桩与单桩的应力传递深度比较

图 3-9　群桩效应示意图

力的依赖较低，这时群桩效应不显著。由上述讨论可知，不利的群桩效应主要是针对桩距较小的摩擦型群桩。

实际上，工程中情况变化远比上述简化的概念复杂。群桩效应受土的性质、桩距、桩的长径比、桩长与承台宽度比、成桩方法等多因素的影响而变化。其中，土层的性质、群桩的几何参数和成桩工艺是主要的影响因素。

大量国内外试验结果证明，影响 η 的因素很多，首先桩距的影响最大，其次是土的性质。若 $\eta=1$，说明群桩中各单桩承载力已充分发挥。但实际上，η 值也可能小于 1 或大于 1。

在非黏性土，尤其是砂、砾土层中的打入桩，其 η 值往往大于 1。这是由于打桩时，砂的密实度和侧向应力有明显增加，从而使群桩内各桩的表面摩阻力增加。另外，对于非挤土桩，当桩端阻力所占比例较大时，基桩桩端土的侧向变形会受到桩端平面竖向压力约束而提高其端阻力，因此群桩承载力大于各单桩承载力之和。一般中间桩的摩阻力增量较大，而边桩、角桩增量较小。

对于在黏性土中的群桩，根据试验研究 η 可有如下的变化规律：

① η 值随桩距的增大而增大，桩距增大至一定值时 η 值增大就不明显。当桩数 $n\geqslant9$，桩距在 3～4 倍桩径时，η 值一般略小于 1；当桩距为 5～6 倍桩径时，才可能有 $\eta=1$，有时因打桩的挤密效果也可能使 $\eta>1$。桩距过大会增加承台的面积和造价，是不经济的。

② 在相同桩距的情况下，η 值随桩数增加而降低。

③ 当承台面积保持不变时，η 值随桩数增加（即桩距减少）而降低。因此，在不改变承台面积条件下，一味靠增加桩数来提高桩基的承载力并不能取得很好的效果，而优化的布桩方式和合理的排列方式可提高 η 值。

综上所述，为改善群桩工作性能，设计时首先应合理选择桩距，在目前工业与民用建筑桩基设计中，当按常用桩距为 3～4.5 倍桩径考虑，桩数 $n<9$ 时，η 可取为 1。同时，应注意考虑土层性质与桩的设置效应对相邻桩承载力的影响。

3.5.2　承台效应

承台底部的土反力对摩擦群桩的承载力有正面贡献，根据试验与工程实测，承台底面土所发挥的承载力，可以达到群桩总承载力的 20%～35%。在设计摩擦群桩时要正确考虑这种贡献。要发挥承台效应需满足下面的两个条件。

(1) 承台与其下的土层不能脱开

如果承台下的土层因某种原因下沉，就会造成脱开。比如：湿陷性土、欠固结土和新填土都可能在使用过程中发生沉降而造成承台底面脱空。可液化土和高灵敏度软土性质也很不稳定，与承台底面可能松弛脱离。这些土层都不能考虑承台效应。

(2) 承台与其下的土层要有相互挤压

桩基有一定的整体沉降，且大于桩间土的沉降，但这种沉降不会危及建筑物的安全和正常使用，所以一般上部结构刚度好，体型简单，或是对差异沉降不敏感的结构更容易满足这一要求。此外，承台效应受桩距大小、承台宽度与桩长之比、桩的排列布局等多种因素影响。考虑承台效应的复合基桩竖向承载力特征值 R 可按下列公式计算：

$$R=R_a+\eta_c f_{ak}A_c \tag{3-27}$$
$$A_c=(A-nA_{ps})/n \tag{3-28}$$

式中　η_c——承台效应系数，可按表 3-16 取值；

f_{ak}——承台下 1/2 承台宽度且不超过 5m 深度范围内各层土的地基承载力特征值按厚度加权的平均值；

A_c——计算基桩所对应的承台底净面积；

A_{ps}——桩身截面面积；

A——对于柱下独立基础，A 为承台总面积；

n——承台下桩的总根数；

R_a——单桩竖向承载力特征值。

表 3-16　承台效应系数 η_c

B_c/l	$s_a/d=3$	$s_a/d=4$	$s_a/d=5$	$s_a/d=5$	$s_a/d>6$
≤0.4	0.06～0.08	0.14～0.17	0.22～0.26	0.32～0.38	
0.4～0.8	0.08～0.1	0.17～0.20	0.26～0.3	0.38～0.44	0.50～0.80
>0.8	0.1～0.12	0.20～0.22	0.30～0.34	0.44～0.50	
单排桩条形承台	0.15～0.18	0.25～0.3	0.38～0.45	0.50～0.60	

注：s_a/d 为桩中心距与桩径之比；B_c/l 为承台宽度与桩长之比。当计算基桩为非正方形排列时 $s_a=\sqrt{A/n}$，n 为总桩数。

此外，承台刚度还是影响桩、土和承台共同工作的重要因素。当刚性承台承受中心荷载作用时，由于承台基本不挠曲，其下各桩沉降趋于均匀，与弹性地基上刚性浅基础的作用相似，承台的跨越作用会使桩顶荷载由承台中部的基桩向外围各桩转移，所以刚性承台下的桩顶荷载规律一般是角桩最大、中心桩最小、边桩居中，而且桩数愈多，桩顶荷载配额的差异愈大。随着承台柔度的增加，各桩的桩顶荷载分配逐渐接近于承台上荷载的分布。

3.6　桩基础设计

桩基础的设计应力求做到安全可靠、经济合理、保护环境。为确保桩基础的安全，桩和承台应有足够的强度、刚度和耐久性；地基应有足够的承载力，各种变形特征在允许值范围以内。桩基础设计一般按下列步骤进行：

① 分析工程特点，掌握必要的设计资料；

② 选择桩的类型、截面和桩长；

③ 单桩竖向和水平向承载力的确定；

④ 桩的数量估算，确定间距和平面布置；

⑤ 桩基础承载力和沉降验算；

⑥ 必要的其他验算；

⑦ 桩身结构设计和承台设计；

⑧ 绘制桩基础施工图。

3.6.1　必要的设计资料

进行桩基础设计之前，首先要分析具体工程项目的特点，通过调查研究，充分掌握一些基本的设计资料，主要包括下列几个方面：

① 工程地质与水文地质勘察资料。掌握设计所需用岩土物理学参数及原位测试参数，

地下水情况，有无液化土层、特殊土层和地质灾害等。这些资料直接影响桩型的选择、持力层的选择、施工方法、桩的承载力和变形等各个方面。

② 建筑场地与环境条件的有关资料。掌握建筑场地管线分布，相邻建筑物基础形式及埋深，防震、防噪声的要求，泥浆排放、弃土条件，抗震设防烈度和建筑场地类别等资料。

③ 上部结构特点。应注意上部结构的平面布置、结构形式、荷载分布、使用要求，特别是不同结构体系对变形特征的不同要求。

④ 施工条件。考虑可获得的施工机械设备，制桩、运输和沉桩的条件，施工工艺对地质条件的适应性，水、电及建筑材料的供应条件，施工对环境的影响。

⑤ 地方经验。了解备选桩型在当地的应用情况，已使用的桩在类似条件下的承载力和变形情况。重视地方规范，一些计算系数，特别是沉降计算经验系数，优先考虑地方取值经验。

3.6.2 选择桩的类型、桩长及桩的截面尺寸

桩基础设计的首要问题，就是依据上述各项基本的设计资料，综合选定桩的类型、桩的截面尺寸和桩的长度。

(1) 桩的类型

由于桩的类型众多，各种桩型的优缺点不一，桩的合理选型是一个比较复杂的问题，需要较多的工程经验。一般来说，首先应根据地质条件、土层分布情况、上部结构的荷载大小和结构特点以及成桩设备和技术能力等因素，选用预制桩或灌注桩；再由地基土条件和桩荷载传递性质确定桩的承载类型。

在场地土层分布比较均匀，且无坚硬夹层的情况下，采用预制桩比较合理，预制桩不存在缩颈、夹泥等问题，其质量稳定性较高。但是，如果土层不利于挤土桩施工，也会出现接头处断桩、桩端上浮、沉降增大等问题。另外，预制桩的桩径、桩长、单桩承载力可调范围小，难于实现复杂的优化设计。

沉管挤土灌注桩不需排土、排浆，造价低。但如果地基中存在难以排水的饱和软土层，很容易引起离析和断桩。灌注桩可以适用于不均匀的地层，穿越坚硬的地层，但桩身质量容易出现问题。人工挖孔桩是桩身质量很稳定的灌注桩，但是在高地下水位地区应用困难。

扩底桩用于持力层较好、桩较短的端承型灌注桩，可取得较好的技术经济效益，但如果将扩底端放置于有软弱下卧层的薄硬土层上，既无增强效应，还可能留下安全隐患。

没有适用于一切地层的桩，具体问题需要具体分析。各种建筑桩基的适用条件可参见《建筑桩基技术规范》（JGJ 94）附录 A。

(2) 桩的长度

桩的长度主要取决于桩端持力层。由于桩端持力层对桩的承载力和沉降有重要的影响，所以桩端持力层的选择必须考虑建筑物对承载力和沉降的要求，同时还应考虑桩的制作和运输条件以及沉桩或成孔设备的可能性。坚实土层和岩层最适宜作为桩端持力层。在施工条件容许的深度内没有坚实土层存在时，可考虑选择中等强度的土层作为持力层。

桩的长度有设计长度和施工长度之分，在土层均匀平坦的场地，设计长度与施工长度较为接近，而当地层复杂，持力层不平时，设计长度与施工长度常不一致。桩的沉桩深度（施工长度）一般是由桩端的设计标高和桩的最后贯入度两个指标控制。桩端的设计标高是根据地质勘察资料和结构要求确定桩端进入持力层的深度。最后贯入度（通常先进行试打确定）

指桩最后 2、3 阵（以 10 击为一阵）的平均沉入量，一般采用 1~3cm/阵为控制标准；振动沉桩以 1min 为 1 阵，要求最后两阵平均贯入度为 1~5cm/min。

摩擦型桩：一般应以桩端设计标高为主控制成孔深度，以最后贯入度控制为辅。

端承型桩：一般以最后贯入度为主控制施工桩长，以桩端设计标高对照为辅。

为了提高桩的承载力和减少桩的沉降，桩端进入持力层的深度应有一定的要求。一般来说，桩端进入持力层的深度，对于黏性土、粉土不宜小于 2d（d 为桩径），砂土不宜小于 1.5d，碎石类土不宜小于 1d。为充分发挥持力层良好的承载能力，当条件允许时，桩进入持力层的深度宜达到该土层桩端阻力的临界深度。当存在软弱下卧层时，桩端以下硬持力层厚度不宜小于 3d，并同时进行软弱下卧层的承载力验算。

穿越软弱土层而支承于倾斜岩面的端承桩，当强风化层厚度小于 2 倍桩径时，桩端应嵌入微风化和未风化岩层内，全断面进入深度不宜小于 0.4d 且不小于 0.5m。对倾斜度大于 30% 的中风化岩，宜根据倾斜度及岩石完整性适当加大嵌岩深度，这是因为如果持力层岩面不平，桩端恰好坐落于隆起的岩坡面上时，极易产生滑动引发工程事故。为保持桩基的稳定，在桩端应力扩散范围以内应无岩体的任何临空面。对于嵌入平整、完整的坚硬岩和较硬岩，嵌岩桩的嵌岩深度不宜小于 0.2d，且不应小于 0.2m。

对于承载能力很大的嵌岩桩或大直径端承桩，往往设计一柱一桩，应保证桩端以下 3 倍桩径范围内无软弱夹层、洞穴、断裂带和空隙。一柱一桩的桩基础破坏后果比较严重，宜对其桩孔以下一定范围的岩土条件进行仔细施工勘察。

(3) 桩的截面尺寸

桩的截面尺寸，通常是由成桩设备、地质条件及上部结构的荷载分布和大小等因素确定的。选定了桩的类型和几何尺寸之后，初步确定承台的埋深。承台埋深一般考虑建筑结构设计要求，如果设计复合桩基，在方便施工的前提下，还应适当选择承台的持力层，然后就可以确定单桩竖向承载力。为减少桩基础施工的成桩设备和避免施工中的布桩错误，桩的规格应力求统一，至少同一承台中的桩应为同一个规格。

3.6.3 桩的数量和平面布置

3.6.3.1 估算桩数

桩基础中的桩数可初步按单桩承载力特征值 R_a 确定。确定桩数和布桩时，应采用传至承台底面的荷载效应标准组合，相应的抗力应采用基桩或复合基桩承载力特征值。

轴心受压时，桩数 n 为：

$$n \geqslant \frac{F_k + G_k}{R_a} \tag{3-29}$$

式中 F_k——相应于荷载效应标准组合时，作用于承台顶面的竖向力；

G_k——承台及承台上土自重标准值。

由于承台的平面尺寸尚未确定，即 G_k 是未知的，故可按下式估算桩数：

$$n \geqslant \xi_G \frac{F_k}{R_a} \tag{3-30}$$

式中 ξ_G——考虑承台及上覆土重的增大系数，一般 $\xi_G = 1.05 \sim 1.10$。

偏心受压时，桩数 n 为：

$$n \geqslant \xi_e \xi_G \frac{F_k}{R_a}$$

(3-31)

式中　ξ_e——考虑偏心荷载的增大系数，一般 $\xi_e = 1.1 \sim 1.2$。

3.6.3.2　确定桩距

选择最优桩距是布桩的基础，这是使桩基础设计做到经济和有效的重要一环。所谓桩距是指相邻基桩的中心距，用 s_a 表示。一般常用的桩距为（$3 \sim 4$）d（d 为桩的直径）。

桩距太大会增加承台的面积，从而增大承台的内力，使其体积和用料加大而不经济；桩距太小则会使摩擦桩基承载力降低，沉降增大，且给施工造成困难。合理的桩距可以增大群桩效应系数，充分发挥桩的承载力，减小挤土效应的不利影响。

《建筑桩基技术规范》（JGJ 94）规定的基桩最小中心距见表3-17。桩的中心至承台边的距离，通常称为桩的边距。桩的边距一般不小于桩的直径，也不宜小于300mm。

表 3-17　桩的最小中心距

土类与成桩工艺		排数不小于3且桩数不小于9的摩擦型桩基础	其他情况
非挤土灌注桩		$3.0d$	$3.0d$
部分挤土桩(非饱和土)		$3.5d$	$3.0d$
挤土桩	非饱和土	$4.0d$	$3.5d$
	饱和黏性土	$4.5d$	$4.0d$
钻、挖孔扩底桩		$2D$ 或 $D+2.0m(D>2m)$	$1.5D$ 或 $D+1.5m(D>2m)$
沉管夯扩、钻孔挤扩桩	非饱和土	$2.2D$ 且 $4.0d$	$2.0D$ 且 $3.5d$
	饱和黏性土	$2.5D$ 且 $4.5d$	$2.2D$ 且 $4.0d$

注：1. d 为圆桩直径或方桩边长，D 为扩大端设计直径；
2. 当纵横向桩距不相等时，其最小中心距应满足"其他情况"一列的规定。

3.6.3.3　桩的平面布置

桩平面内通常有以下几种排列方式：方形或矩形网格的行列式或三角形网格的梅花式［图 3-10(a)、(b)］；也可采用不等距的排列方式［图 3-10(c)］。

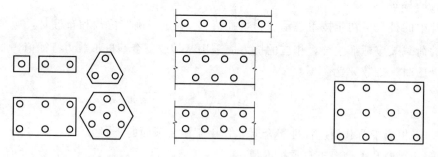

(a) 柱下桩基础，按相等桩距排列　　(b) 墙下桩基础，按相等桩距排列　　(c) 柱下桩基础，按不等桩距排列

图 3-10　桩的平面布置示例

桩的平面布置对群桩工作性能的影响较大，基桩布置是桩基础概念设计的主要内容，也是对群桩性能进行优化的主要步骤。上部结构荷载传递给桩基础，桩基础将荷载传递给地基土，这是荷载传递的基本过程。桩的平面布置首先应遵循荷载最优传递原则。上部结构荷载

传递给基桩，应保证传递距离最短。桩传递到地基土中应尽量使地基土所受的附加应力均匀。具体来说，应把握下面几个原则：

（1）基桩受力尽量均匀

力求桩基础中各基桩受力比较均匀，减少偏心，以便充分发挥各基桩的承载力，减少不均匀沉降。具体措施如下：

① 桩群承载力合力作用点最好与群桩横截面的重心相重合或接近。

② 当上部结构的荷载有几种不同的可能组合时，荷载合力作用点将发生变化，可使群桩承载力合力作用点位于荷载合力作用点变化范围之内，并尽量接近最不利的合力作用点位置。

③ 梁式承台（即承台梁）下布桩，应按各段的荷载情况调整桩距，使各桩的承载力能充分发挥。比如：梁式承台纵横相交处同时承受两个方向传来的荷载，有可能负荷过重。因此，交界处的桩距应按最小间距考虑。可在梁式承台交界处下布桩〔图 3-11(a)〕，与其相邻桩的距离取最小桩距。必要时对交界处下的桩进行处理，如沉管灌注桩可以复打，扩底灌注桩可增大扩底等。或者在梁式承台交界处下四方布桩〔图 3-11(b)〕，将桩对称地分布在两轴线交点的四周。

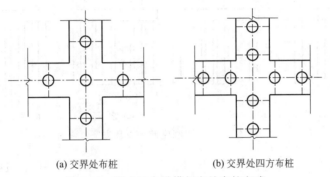

(a) 交界处布桩   (b) 交界处四方布桩

图 3-11　梁式承台纵横相交处布桩方式

（2）桩基础有较大的抗弯抵抗矩

对弯矩较大且无法消除的桩基础，应使桩基础在弯矩方向有较大的抗弯截面模量，可产生较大的抵抗矩，以增强桩基础的抗弯能力。具体措施如下：

① 对于柱下单独桩基础可采用外密内疏的布置方式，即桩承台外围布桩间距较小，而内部布桩间距较大。这种布桩方式不适于大型群桩基础，如桩箱、桩筏等基础。

② 对于梁式承台桩基，则可考虑在外纵墙之外布置 1～2 根探头桩，横墙下的承台梁也同时挑出。

（3）荷载传递直接

为保证荷载直接传递，应尽量遵循最短距离传递原则。具体措施如下：

① 梁式或板式承台下布桩时，应使梁、板中的弯矩尽量减小。可多在墙、柱下布桩，以减少梁或板跨中的桩数。

② 用于桩箱基础、剪力墙结构桩筏（含平板和梁板式承台）基础，宜直接将桩布置于墙下。

③ 桩下尽可能采用高承载力桩，减少桩的数量，这可减小承台面积，降低其内力。

（4）变刚度调平概念设计

对整体的桩筏、桩箱基础，当上部结构为框剪、框筒或主群楼结构时，由于上部结构刚

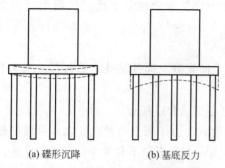

(a) 碟形沉降   (b) 基底反力

图 3-12   均匀布桩的桩筏基础碟形
沉降和基底反力示意

度对基础不均匀变形的约束力较差，以及桩-土的共同作用，在常规的均匀布桩方案下，易出现筏板或箱形基础的碟形沉降，即中间沉降大、周围沉降小的碗碟形状，而基底反力呈马鞍形分布，这时不但沉降差异大，而且承台内力大，如图 3-12 所示。为了避免出现这种情况，可采用变刚度调平方案。

变刚度调平设计考虑上部结构、基础和地基三者的相互作用关系，通过调整基桩的长度、直径和间距，形成不均匀的布桩方案。不均匀布桩方案调整基桩支承刚度分布，从而达到减小建筑整体差异沉降、降低承台内力的目的，如图 3-13 所示。

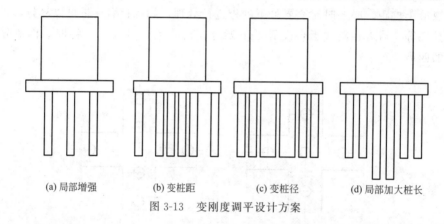

(a) 局部增强   (b) 变桩距   (c) 变桩径   (d) 局部加大桩长

图 3-13   变刚度调平设计方案

比如，对框筒结构，可对核心筒区域的桩基增加桩长或调整桩径、桩距，强化该区域桩基刚度，可使荷载扩散范围增大，降低桩端土的受荷水平，而对外围框架区实施少布桩、布短桩，使桩端土的附加应力水平趋于均匀，从而使建筑整体沉降均匀，并与其他部分协调一致，此方案可同时改变筏板反力分布，有利于减小筏板内力，使其厚度减薄成为柔性薄板。

在确定桩数、桩距和边距后，根据布桩的原则，选用合理的排列方式即可定出桩基础的平面尺寸。

3.6.4   桩基的验算

3.6.4.1   桩顶作用效应计算

对一般的建筑物和受水平荷载较小的高层建筑群桩基础，可按下面的方法确定基桩或复合基桩的桩顶作用效应，如图 3-14 所示。

（1）竖向力

轴心受压的桩基

$$N_k = \frac{F_k + G_k}{n} \tag{3-32}$$

式中 F_k——相应于荷载效应标准组合下，作用于承台顶面的竖向荷载；

G_k——桩基承台及承台上土自重标准值，对稳定的地下水位以下部分应扣除水的浮力；

N_k——荷载效应标准组合轴心竖向力作用下，基桩或复合基桩的平均竖向力；

n——群桩基础中的桩数。

偏心受压的桩基

$$N_{ik} = \frac{F_k + G_k}{n} \pm \frac{M_{xk} y_i}{\sum y_j^2} \pm \frac{M_{yk} x_i}{\sum x_j^2} \qquad (3\text{-}33)$$

式中　　　　N_{ik}——荷载效应标准组合偏心竖向力作用下，第 i 基桩或复合基桩的竖向力；

M_{yk}、M_{xk}——荷载效应标准组合下，作用于承台底面，绕通过桩群形心的 x、y 主轴的力矩；

x_i、x_j、y_i、y_j——第 i、j 基桩或复合基桩至 x、y 轴的距离。

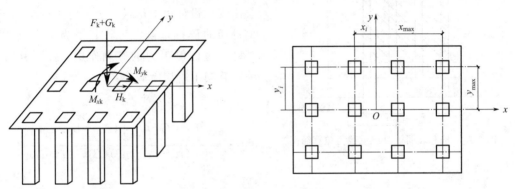

图 3-14　桩顶荷载计算简图

（2）水平力

$$H_{ik} = \frac{H_k}{n} \qquad (3\text{-}34)$$

式中　H_k——相应于荷载效应标准组合下，作用于桩基承台底面的水平力；

H_{ik}——相应于荷载效应标准组合下，作用于第 i 基桩或复合基桩的水平力。

3.6.4.2　单桩承载力验算

桩基础竖向承载力计算应符合下列要求：

（1）荷载效应标准组合时

在轴心竖向力作用下基桩或复合基桩的平均竖向力 N_k 应满足下式的要求

$$N_k \leqslant R \qquad (3\text{-}35)$$

偏心竖向力作用下除满足上式外，基桩或复合基桩的最大竖向力 N_{kmax} 应满足下式的要求

$$N_{kmax} \leqslant 1.2R \qquad (3\text{-}36)$$

（2）地震作用效应和荷载效应标准组合时

对地震作用下桩基的调查和研究表明，有地震作用参与荷载组合时，基桩的竖向承载力可提高约 25%。因此，对基桩进行抗震验算时，应将 R 乘以 1.25 的系数。

轴心竖向力作用下，基桩或复合基桩的平均竖向力 N_{Ek} 应满足下式的要求

$$N_{Ek} \leqslant 1.25R \qquad (3\text{-}37)$$

偏心竖向力作用下，除满足上式外，基桩或复合基桩的最大竖向力 N_{Ekmax} 应满足下式

的要求

$$N_{Ekmax} \leqslant 1.5R \tag{3-38}$$

式中　R——基桩或复合基桩竖向承载力特征值。

3.6.4.3　桩基软弱下卧层验算

桩基持力层以下存在软弱土层是实际工程中的常见现象，如果荷载和土层引起的压力超出软弱土层承载力过多时，将引起软弱下卧层侧向挤出，桩基偏斜，甚至整体失稳。一般来说，只有软弱土层强度低于持力层的 1/3 时才有必要验算，如图 3-15 所示。对单桩基础或桩距大于 6 倍桩径的群桩基础，一般不会出现，设计也会尽量避免。对于桩距小于 6 倍桩径的群桩基础，可将其视为一个整体深基础，考虑侧阻力的有利作用，按下列方法验算软弱下卧层承载力：

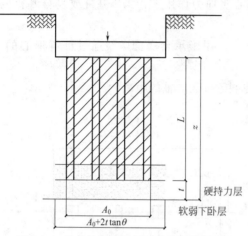

图 3-15　桩基软弱下卧层承载力验算简图

$$\sigma_z + \gamma_m z \leqslant f_{az}$$

$$\sigma_z = \frac{(F_k + G_k) - \dfrac{3}{2}(A_0 + B_0)\sum q_{sik} l_i}{(A_0 + 2t\tan\theta)(B_0 + 2t\tan\theta)} \tag{3-39}$$

式中　σ_z——作用于软弱下卧层顶面的附加应力；

　　　γ_m——软弱层顶面以上各土层加权平均重度，地下水位以下取浮重度；

　　　t——桩端以下持力层厚度；

　　　f_{az}——软弱下卧层经深度修正的地基承载力特征值，修正深度从承台底面到软弱下卧层顶面，深度修正系数取 1.0；

A_0、B_0——桩群外缘矩形底面的长、短边边长；

　　　q_{sik}——桩周第 i 层土的极限侧阻力标准值；

　　　θ——桩端硬持力层压力扩散角；

　　　z——承台底面至软弱层顶面的深度；

　　　l_i——桩周第 i 层土的厚度。

3.6.4.4　桩基础沉降验算

对桩基础设计等级为甲级的非嵌岩桩和非深厚坚硬持力层的建筑桩基及设计等级为乙级的体型复杂、荷载分布显著不均匀或桩端平面以下存在软弱土层的建筑桩基均应进行沉降验算。计算荷载作用下的桩基沉降时，应采用荷载效应准永久组合。这里介绍控制桩基变形的概念设计方法。

对大多数桩基础而言，变形的主要部分是桩端平面以下一定范围内土层的变形，差异沉降是由于这些土层的受荷水平差异或土层性质差异造成的。在一定条件下还需考虑桩身压缩。因此，控制桩基变形的最有效的方法，是降低桩基影响范围内土的附加应力水平，具体可采用以下方法：

（1）增加桩长

增加桩长可以将荷载传递范围增大，在相同荷载作用下，桩越长，桩端土层受荷水平越低，这是降低附加应力的最好办法，也是减小桩基础沉降量最直接有效的方法。

（2）加大承台面积

对复合桩基，当承台与土接触良好，且承台下的土性质较好时，增加承台的面积可以减小最终沉降量。但应注意，增加承台面积可能引起承台内力增加，同时，如果承台与其下的土有可能脱空时，此方法无效。

（3）增加上部结构和承台的刚度

上部结构和承台的刚度大时，由于共同作用，可限制不均匀沉降，比如剪力墙结构，基础出现差异沉降较小，仅仅增加承台刚度，达到的效果有限而材料耗费较多，应慎用。

（4）采用变刚度调平设计

变刚度调平设计能有效地减小桩基础的差异沉降，其基本思路是以调整桩-土支承刚度分布为主线，根据荷载、地质特征和上部结构布局，考虑相互作用效应，采取增强与弱化结合，减沉与增沉结合，刚柔并济，局部平衡，整体协调，实现差异沉降、承台（基础）内力和资源消耗的最小化，具体如下：

① 根据建筑物体型、结构、荷载和地质条件，选择桩基、复合桩基、刚性桩复合地基，合理布局，调整桩-土支承刚度分布，使之与荷载匹配。

② 为减小各区位应力场的相互重叠对核心区有效刚度的削弱，桩-土支承体布局宜做到竖向错位或水平向拉开距离。采取长短桩结合、桩基与复合桩基结合、复合地基与天然地基结合以减小相互影响。

③ 对于主裙连体建筑，应按增强主体、弱化裙房的原则设计，裙房宜优先采用疏、短桩基。

3.6.4.5　桩基础负摩阻力验算

桩周土沉降可能引起桩侧负摩阻力时，应根据工程具体情况考虑负摩阻力对桩基沉降和承载力的影响。当土层不均匀或建筑物对不均匀沉降较敏感时，将负摩阻力引起的下拉荷载计入附加荷载验算桩基沉降。由于中性点以上的桩身无法发挥承载力，故进行承载力验算时，基桩竖向承载力特征值 R_a 只计中性点以下部分侧阻值及端阻值。

对于摩擦型基桩取桩身计算中性点以上侧阻力为零，再按下式验算基桩承载力：

$$N_k \leqslant R_a \tag{3-40}$$

对于端承型基桩还应考虑负摩阻力引起的基桩下拉荷载 Q_g^n，并按下式验算基桩承载力：

$$N_k + Q_g^n \leqslant R_a \tag{3-41}$$

3.6.5　承台设计

承台是群桩基础的重要组成部分，上部结构与各基桩通过承台连接在一起，上部结构的荷载通过承台传递分配给各基桩，使各基桩协调受力，共同工作。承台可以分为板式和梁式两种类型。

板式承台如卧置在基桩上的双向板一样工作，柱下独立多桩承台，柱下（墙下）筏形、箱形承台都属于板式承台。

梁式承台如卧置在基桩上的连续梁一样工作，柱下（墙下）条形承台、两桩承台都属于梁式承台。

本节主要介绍柱下独立多桩承台的设计方法。桩基承台的设计包括确定承台的材料、地面标高、平面形状及尺寸、剖面形状及尺寸，以及进行受弯、受剪、受冲切和局部受压承载力计算，并应符合构造要求。

3.6.5.1 构造要求

独立柱下桩基承载力的最小宽度不应小于500mm，边桩中心至承台边缘的距离不应小于桩的直径或边长，且桩的外边缘至承台边缘的距离不应小于150mm。对于墙下条形承台梁，考虑了墙体与承台梁共同工作，结构整体刚度较好，桩的外边缘至承台边缘的距离可适当放宽，不应小于75mm。

为了满足承台的基本刚度、桩与承台的连接锚固等要求，承台必须有一定的厚度，承台的最小厚度不应小于300mm。高层建筑平板式和梁板式筏形承台的最小厚度不应小于400mm。承台可分阶形和锥形承台，其边缘厚度不宜小于300mm，阶梯形承台台阶高度一般为300~500mm，锥形承台的坡度不宜大于1:3。

承台混凝土的强度应根据建筑环境类别，按《混凝土结构设计规范》（GB 50010—2010）的规定选用，同时应考虑抗渗性要求。

柱下独立桩基承台纵向受力钢筋应通长配置，根据承台的形状和受力特点，按双向均匀布置 [图 3-16(a)] 或三向板带均匀布置 [图 3-16(b)]，最里面的三根钢筋围成的三角形应进入柱截面范围内。受力钢筋锚固长度从边桩内侧算起，不应小于35倍受力钢筋直径，承台纵向受力钢筋的直径不应小于12mm，间距不应大于200mm。柱下独立桩基承台的最小配筋率不应小于0.15%。柱下独立两桩承台，应按混凝土结构中的深受弯构件配置纵向受拉钢筋和分布钢筋。梁式承台的主筋直径与柱下独立桩基承台相同，当需要配置箍筋时，箍筋直径不应小于6mm。承台底面钢筋的混凝土保护层厚度，当有混凝土垫层时，不应小于50mm，无垫层时不应小于70mm；此外尚不应小于桩头嵌入承台内的长度。

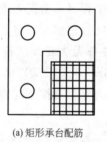   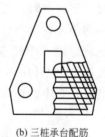

(a) 矩形承台配筋   (b) 三桩承台配筋

图 3-16   承台配筋图

桩顶嵌入承台内长度对大直径桩不宜小于100mm，对中等直径桩不宜小于50mm。混凝土桩的桩顶纵向主筋应锚入承台内，其锚入长度不宜小于35倍纵向主筋直径。预应力混凝土桩和钢筋可将承台钢筋与桩头钢板焊接，在桩与承台连接处应采取可靠防水措施。柱纵向主筋锚入承台不应小于35倍纵向主筋直径，当承台高度不满足锚固要求时，竖向锚固长度不应小于20倍纵向主筋直径，并应向柱轴线方向呈90°弯折。

为了保证桩基的整体刚度，有抗震设防要求的柱下或一柱一桩时，应沿承台两个主轴方向设置双向联系梁。两桩桩基的承台，应在其短向设置联系梁。联系梁顶面与承台顶面齐平，宽度不宜小于250mm，高度可取承台中心距的1/15~1/10，且不宜小于400mm。联系梁上下部配筋不宜小于2根直径12mm钢筋，位于同一轴线上的联系梁纵筋宜通长配置。

3.6.5.2　承台的计算

承台的受力比较复杂，其计算内容包括受弯、受剪、受冲切、局部受压，通常根据受弯计算结果进行纵向钢筋配置；根据受剪和受冲切承载力确定承台的厚度，不同类型的承台在计算项目和方法上也有所区别。如果承台的混凝土强度等级低于柱子的强度等级时，还需要验算柱底部位承台的局部受压承载力。在计算承台结构承载力、确定尺寸和配筋时，应采用传至承台顶面的荷载效应基本组合；当进行承台裂缝控制验算时，应采用荷载效应标准组合。

(1) 承台的正截面抗弯强度计算

① 柱下独立多桩矩形承台。模型实验表明，承台的弯曲裂缝在平行于柱边两个方向交替出现，承台在两个方向像梁一样承担荷载，这种弯曲破坏被称为"梁式破坏"。最大弯矩产生在平行于柱边两个方向的屈服线处，柱边为控制截面，如果承台分台阶，台阶处也是需要计算的控制截面（见图 3-17）。利用极限平衡原理可以推导出柱下多桩矩形承台两个方向的承台正截面弯矩为：

$$M_x = \sum N_i y_i \tag{3-42}$$
$$M_y = \sum N_i x_i \tag{3-43}$$

式中　M_x、M_y——垂直于 x、y 轴方向计算截面处的弯矩设计值；

　　　　x_i、y_i——垂直 y、x 轴方向自桩轴线到相应计算截面的距离；

　　　　N_i——不计承台及其上土重，在荷载效应基本组合下的第 i 基桩或复合基桩竖向反力设计值。

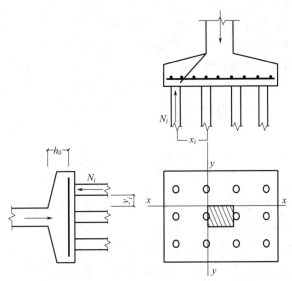

图 3-17　柱下多桩矩形承台受弯计算剖面

按式(3-42)、式(3-43) 算得柱边和变阶处控制界面的弯矩之后，分别计算同一方向各控制界面的配筋，取各方向最大配筋量按双向均匀配置。

② 柱下三桩三角形承台。柱下三桩承台的破坏模式也为"梁式破坏"。对于等边三角形承台，其屈服线如图 3-18(a)、(b) 所示，(a) 图的屈服线产生在柱边，比较理想化，(b) 图模式算出弯矩略大，实用上取这两种模式的平均值，按式(3-42) 计算弯矩。按计算结果采用

三向均匀配筋。

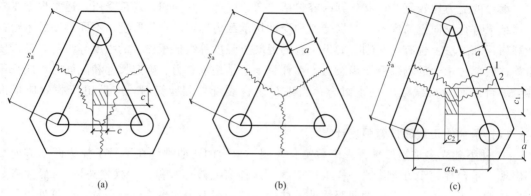

图 3-18　柱下三桩三角形承台受弯破坏

对等边三角形承台，弯矩按下式计算

$$M = \frac{N_{\max}}{3}\left(s_a - \frac{\sqrt{3}}{4}c\right) \tag{3-44}$$

式中　M——通过承台形心至各边边缘正交截面范围内板带的弯矩设计值；

　　　$N_{\max}$——不计承台及其上土重，三桩中相应于荷载效应基本组合的最大基桩或复合基桩
　　　　　竖向反力设计值；

　　　s_a——桩中心距；

　　　c——方桩边长，圆柱时 $c = 0.8d$（d 为圆柱直径）。

对于等腰三角形承台，应分别计算从承台形心到两腰和底边的两处截面弯矩，如
图 3-18(c) 所示。弯矩按下列两式计算：

$$M_1 = \frac{N_{\max}}{3}\left(s_a - \frac{0.75}{\sqrt{4-\alpha^2}}c_1\right) \tag{3-45}$$

$$M_2 = \frac{N_{\max}}{3}\left(\alpha s_a - \frac{0.75}{\sqrt{4-\alpha^2}}c_2\right) \tag{3-46}$$

式中　M_1、M_2——由承台形心至两腰边缘和底边边缘正交截面范围内板带的弯矩设计值；

　　　s_a——长向桩中心距；

　　　α——短向桩中心距与长向桩中心距之比，$\alpha \geqslant 0.5$；

　　　c_1、c_2——垂直于、平行于承台底边的柱截面边长。

（2）承台板的冲切计算

板式承台的有效高度不足时，承台将产生冲切破坏。承台的冲切破坏分为下面两种
类型：

柱对承台的冲切破坏：承台顶部竖向力的冲切，自上而下作用，冲切锥体顶面位于柱与承
台交界处或承台变阶处，破坏面沿大于等于 45°线到达相应柱顶平面，如图 3-19(a) 所示。

角柱对承台的冲切破坏：承台底部基桩反力的冲切，自下而上作用，冲切锥体顶面在角
桩内边缘，底面在承台上表面，如图 3-19(b) 所示。

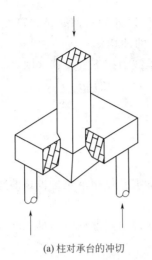

(a) 柱对承台的冲切

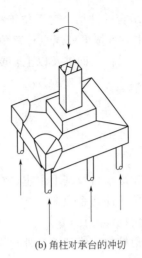

(b) 角柱对承台的冲切

图 3-19　柱对承台的冲切破坏

① 桩对承台的冲切力可以按式(3-47) 的统一公式计算
(图 3-20):

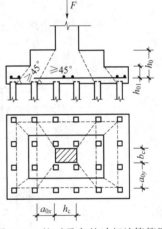

$$F_1 \leqslant \beta_{hp}\beta_0 u_m f_t h_0 \tag{3-47}$$

$$F_1 = F - \sum Q_i \tag{3-48}$$

$$\beta_0 = \frac{0.84}{\lambda + 0.2} \tag{3-49}$$

图 3-20　柱对承台的冲切计算简图

式中　F_1——不计承台及其上土重,在荷载效应基本组合
下作用于冲切破坏锥体上的冲切力设计值。

f_t——承台混凝土抗拉强度设计值。

β_{hp}——承台受冲切承载力截面高度影响系数。$h \leqslant$
800mm 时,β_{hp} 取 1.0;$h \geqslant 2000$mm 时,β_{hp}
取 0.9;其间按线性内插法取值。

u_m——承台冲切破坏锥体一半有效高度处的周长。

h_0——承台冲切破坏锥体的有效高度。

β_0——冲切系数。

λ——冲跨比,$\lambda = a_0/h_0$,a_0 为冲跨,即柱边或承台变阶处到桩边水平距离。当
$\lambda < 0.25$ 时,取 $\lambda = 0.25$;当 $\lambda > 1.0$ 时,取 $\lambda = 1.0$。

F——不计承台及其上土重,在荷载效应基本组合作用下柱底的竖向荷载设计值。

$\sum Q_i$——不计承台及其上土重,在荷载效应基本组合下冲切破坏锥体内各基桩或复合
基桩的反力设计值之和。

对于柱下矩形独立承台,纵横两方向的柱截面边长和冲切系数不一样,式(3-47) 可以
具体化为下式:

$$F_1 \leqslant 2[\beta_{0x}(b_c + a_{0y}) + \beta_{0y}(h_c + a_{0x})]\beta_{hp}f_t h_0 \tag{3-50}$$

式中　β_{0x}、β_{0y}——由式(3-49) 求得,$\lambda_{0x} = a_{0x}/h_0$,$\lambda_{0y} = a_{0y}/h_0$;$\lambda_{0x}$、$\lambda_{0y}$ 均应满足
0.25~1.0 的要求。

h_c、b_c——x、y 方向的柱截面边长。

a_{0x}、a_{0y}——x、y 方向柱离最近桩边的水平距离。

② 角桩对承台的冲切。对于位于柱冲切破坏锥体以外的角部基桩，可能对承台有向上的冲切破坏作用。可按下列规定计算角部基桩对承台的冲切。

a. 多桩矩形承台（四桩及以上）受角桩冲切的承载力按下式验算（图 3-21）。

$$N_t \leqslant 2[\beta_{1x}(c_2 + a_{1y}/2) + \beta_{1y}(c_1 + a_{1x}/2)]\beta_{hp}f_t h_0 \tag{3-51}$$

$$\beta_{1x} = \frac{0.56}{\lambda_{1x} + 0.2} \tag{3-52}$$

$$\beta_{1y} = \frac{0.56}{\lambda_{1y} + 0.2} \tag{3-53}$$

式中　N_t——扣除承台及其上土重，在荷载效应基本组合作用下角桩桩顶的竖向力设计值。

β_{1x}、β_{1y}——角桩冲切系数。

λ_{1x}、λ_{1y}——角桩冲跨比，$\lambda_{1x} = a_{1x}/h_0$，$\lambda_{1y} = a_{1y}/h_0$，其值均应满足 $0.25 \sim 1.0$ 的要求。

c_1、c_2——角桩内边缘到承台外边缘的距离。

a_{1x}、a_{1y}——从承台底角桩顶边缘引 45°冲切线与承台顶面相交点至角桩内边缘的水平距离。当柱边或承台变阶处位于该 45°线以内时，则取由柱边或承台变阶处与桩内边缘连线为冲切锥体的锥线（见图 3-21）。

h_0——承台外边缘的有效高度。

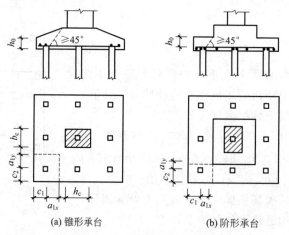

(a) 锥形承台　　　　　　(b) 阶形承台

图 3-21　四桩以上（含四桩）承台角桩冲切计算简图

b. 三桩三角形承台受角桩冲切的承载力按下式验算（图 3-22）：

底部角桩

$$N_1 \leqslant \beta_{11}(2c_1 + a_{11}) + \beta_{hp}\tan\frac{\theta_1}{2}f_t h_0 \tag{3-54}$$

$$\beta_{11} = \frac{0.56}{\lambda_{11} + 0.2} \tag{3-55}$$

顶部角桩

$$N_l \leqslant \beta_{12}(2c_2 + a_{12}) + \beta_{hp}\tan\frac{\theta_2}{2}f_t h_0 \tag{3-56}$$

$$\beta_{12} = \frac{0.56}{\lambda_{12} + 0.2} \tag{3-57}$$

式中　a_{11}、a_{12}——从承台底角桩顶内边缘引 45°冲切线与承台顶面相交点至角桩内边缘的水平距离。当柱边或承台变阶处位于该 45°线以内时，则取由柱边或承台变阶处与桩内边缘连线为冲切锥体的锥线。

λ_{11}、λ_{12}——角桩冲跨比，$\lambda_{11}=a_{11}/h_0$，$\lambda_{12}=a_{12}/h_0$，其值均应满足 0.25~1.0 的要求。

(3) 承台板的剪切计算

柱下独立桩基承台，可能在柱边与柱边连线或者变阶处与桩边连线形成贯通承台的斜裂缝，应进行受剪承载力验算。当柱边以外有多排基桩形成多个斜截面时，应对每个斜截面的受剪承载力分别进行验算。

① 承台斜截面受剪承载力可按下列公式计算（图 3-23）：

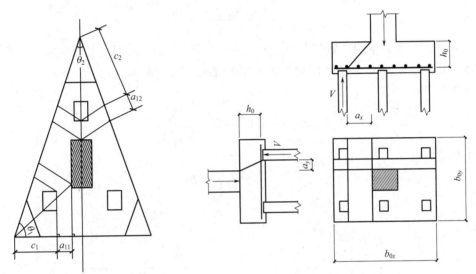

图 3-22　三桩三角形承台角桩冲切计算简图　　　　图 3-23　承台斜截面受剪计算简图

$$V \leqslant \alpha\beta_{hs}f_t b_0 h_0 \tag{3-58}$$

$$\alpha = \frac{1.75}{\lambda+1} \tag{3-59}$$

$$\beta_{hs} = \left(\frac{800}{h_0}\right)^{1/4} \tag{3-60}$$

式中　V——扣除承台及其上土自重，相应于荷载效应基本组合，斜截面的最大剪力设计值。

f_t——混凝土轴心抗拉强度设计值。

b_0——承台计算截面处的计算宽度。

h_0——承台计算截面处的有效高度。

α——承台剪切系数，按式(3-59)确定。

λ——计算截面的剪跨比，$\lambda_x=a_x/h_0$，$\lambda_y=a_y/h_0$。a_x、a_y 为柱边或承台变阶处至 y、x 方向计算一排桩的桩边的水平距离。当 $\lambda<0.25$ 时，取 $\lambda=0.25$；当 $\lambda>3$ 时，取 $\lambda=3$。

β_{hs}——受剪切承载力截面高度影响系数。当 $h_0<800\text{mm}$ 时，取 $h_0=800\text{mm}$；当 $h_0>2000\text{mm}$ 时，取 $h_0=2000\text{mm}$。其间按线性内插法取值。

② 对于阶梯形承台应分别验算变阶处（$A_1—A_1$，$B_1—B_1$）和柱边处（$A_2—A_2$，$B_2—B_2$）的斜截面受剪承载力（图 3-24）。

验算变阶处截面（$A_1—A_1$，$B_1—B_1$）的斜截面受剪承载力时，其截面有效高度均为 h_{10}，截面计算宽度分别为 b_{y1} 和 b_{x1}。验算柱边截面（$A_2—A_2$，$B_2—B_2$）的斜截面受剪承载力时，其截面有效高度均为 $h_{10}+h_{20}$，截面计算宽度分别为：

对 $A_2—A_2$

$$b_{y0}=\frac{b_{y1}h_{10}+b_{y2}h_{20}}{h_{10}+h_{20}} \tag{3-61}$$

对 $B_2—B_2$

$$b_{x0}=\frac{b_{x1}h_{10}+b_{x2}h_{20}}{h_{10}+h_{20}} \tag{3-62}$$

③ 对于锥形承台应对变阶处和柱边处（$A—A$ 及 $B—B$）的两个截面分别进行受剪承载力验算（图 3-25），截面有效高度均为 h_0，截面的计算宽度分别为：

对 $A—A$

$$b_{y0}=\left[1-0.5\frac{h_{20}}{h_{10}}\left(1-\frac{b_{y2}}{b_{y1}}\right)\right]b_{y1} \tag{3-63}$$

对 $B—B$

$$b_{x0}=\left[1-0.5\frac{h_{20}}{h_{10}}\left(1-\frac{b_{x2}}{b_{x1}}\right)\right]b_{x1} \tag{3-64}$$

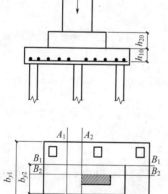
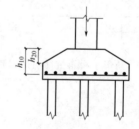
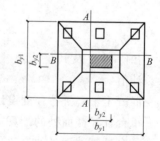

图 3-24 阶梯形承台斜截面受剪计算简图　　图 3-25 锥形承台斜截面受剪计算简图

以上所有对冲切和剪切的计算都以方柱和方桩为基准，对于圆柱及圆桩，计算时应按等周长原则将其截面换算成方柱及方桩，即将圆柱和圆桩的直径乘以 0.8 得到等效方柱或方桩的边长。

（4）承台板的局部受压验算

对于柱下桩基承台，当混凝土强度等级低于柱或桩的强度等级时，应按《混凝土结构设计规范》（GB 50010—2010）要求验算承台的局部受压承载力。

3.6.6　桩身结构设计

（1）灌注桩构造

大多数灌注桩由于桩身直径大，配筋多按构造选用，配筋率的高低对经济性影响较大。当桩身直径为 300～2000mm 时，灌注桩正截面配筋率可取 0.2%～0.65%（小直径桩取高值），同时应满足计算要求。

承受竖向荷载为主的摩擦型桩由于桩下部的受力较小，配筋长度可适当减短，但不应小于 2/3 桩长，其他情况的配筋长度如下：

① 端承型桩和位于坡地岸边的基桩应沿桩身等截面或变截面通长配筋；

② 对于受地震作用的基桩，桩身配筋长度应穿过可液化土层和软弱土层，并进入稳定土层一定深度；

③ 受负摩阻力的桩以及因先成桩后开挖基坑而随地基土回弹的桩，其配筋长度应穿过软弱土层并进入稳定土层，进入的深度不应小于 2～3 倍桩身直径。

如果考虑纵向主筋帮助提高桩身受压承载力或桩基承受较大水平作用时，桩顶以下 $5d$ 范围内的箍筋应加密，间距不应大于 100mm；箍筋应采用螺旋式，直径不应小于 6mm，间距宜为 200～300mm；当钢筋笼长度超过 4m 时，应每隔 2m 设一道直径不小于 12mm 的焊接加劲箍筋。当桩身位于液化土层范围内时箍筋应加密；当考虑箍筋受力作用时，箍筋配置应符合《混凝土结构设计规范》（GB 50010—2010）的有关规定。

灌注桩桩身混凝土强度等级不得小于 C25；主筋的混凝土保护层厚度不应小于 35mm。

水下灌注桩的主筋混凝土保护层厚度不得小于 50mm。

（2）预制桩构造

混凝土预制桩的截面边长不应小于 200mm；预应力混凝土预制实心桩的截面边长不宜小于 350mm。预制桩的混凝土强度等级不宜低于 C30；预应力混凝土实心桩的混凝土强度等级不应低于 C40；预制桩纵向钢筋的混凝土保护层厚度不宜小于 30mm。

预制桩的桩身配筋应按吊运、打桩及桩在使用中的受力等条件计算确定。采用锤击法沉桩时，预制桩的最小配筋率不宜小于 0.8%。静压法沉桩时，最小配筋率不宜小于 0.6%，主筋直径不宜小于 14mm，打入桩桩顶以下 4～5 倍桩身直径长度范围内箍筋应加密，并设置钢筋网片。预制桩的分节长度应根据施工条件及运输条件确定；每根桩的接头数量不宜超过 3 个。预制桩的桩尖可将主筋合拢焊在桩尖辅助钢筋上，对于持力层为密实砂和碎石类土时，宜在桩尖处包以钢桩靴，加强桩尖。

（3）钢筋混凝土轴心受压桩正截面受压承载力计算

如果桩顶以下 $5d$ 范围内的箍筋加密，可考虑纵向主筋作用，否则只考虑混凝土作用。

考虑纵向主筋作用：

$$N \leqslant \phi_c f_c A_{ps} + 0.9 f'_y A'_s \tag{3-65}$$

不考虑纵向主筋作用：

$$N \leqslant \phi_c f_c A_{ps} \tag{3-66}$$

式中　N——荷载效应基本组合下的桩顶轴向压力设计值；

　　　ϕ_c——基桩成桩工艺系数；

　　　f_c——混凝土轴心抗压强度设计值；

A_{ps}——桩身截面面积；

f'_y——纵向主筋抗压强度设计值；

A'_s——纵向主筋截面面积。

不同的桩型，基桩成桩工艺系数 ϕ_c 不同：混凝土预制桩、预应力混凝土空心桩 $\phi_c = 0.85$；干作业非挤土灌注桩 $\phi_c = 0.9$；泥浆护壁和套管护壁非挤土灌注桩、部分挤土灌注桩、挤土灌注桩 $\phi_c = 0.7 \sim 0.8$；软土地区挤土灌注桩 $\phi_c = 0.6$。

3.7   沉井基础及地下连续墙

3.7.1   沉井基础概述

沉井是一种上下开口的筒形结构物，通常用混凝土或钢筋混凝土材料筑造。沉井一般由筒壁和内隔墙组成，根据工程和地质情况可以设计成多种形式。沉井在地下结构和深基础工程中使用较多，如桥梁墩台基础、地下泵房、油库、水池、发电机厂房、矿用竖井及大型设备基础、高层及超高层建筑物的基础等。

沉井是一种井筒状结构物，是通过在井内挖土，在井体自重及其他辅助措施作用下克服井外侧壁摩阻力，逐步下沉至预定设计标高，再进行混凝土封底和孔道填塞，最终形成建筑物基础的一种深基础形式，通常用作桥梁墩台或其他结构物基础。

沉井基础刚度大、整体性强、稳定性高，可埋设在地下较深的深度，横截面可以根据需要设置得比较大，因此可承受较大的竖向荷载和水平荷载；沉井基础在施工过程中具有双重作用，既是施工时的挡土、挡水的临时围堰结构，又是工程的基础结构。沉井基础施工时占地面积小，与大开挖相比，挖方量少，对邻近建筑物的干扰比较小，操作简便，不需特殊的专业设备。近年来，沉井的施工技术和施工机械都有很大进步。

沉井基础的缺点是施工周期长，在有些地层（如粉细砂类土）中施工时，井筒内部抽水降低地下水位易引起流砂，导致沉井倾斜，造成沉井下沉困难。另外，沉井下沉过程遇到大的孤石或井底岩层面倾斜度大，在施工过程中都会造成不便。

沉井常用施工方法目前主要有：修筑中心岛式中心土开挖下沉、壁土间压气（空气幕）法下沉、钻吸排土沉井施工技术、触变泥浆润滑套法下沉。

沉井基础的使用范围如下：

① 上部结构物规模大，基础承受较大荷载，此时如采用浅基础，浅层地基土的容许承载力不足，采用扩大基础会引起开挖工作量过大，若场地内地层深处有较好的持力层，采用沉井基础与其他深基础相比较，经济上较为合理时。

② 在山区河流中，虽然土质较好，但冲刷大或河中有较大卵石层不便桩基础施工时。

③ 岩层表面较平坦且覆盖层薄，但河水较深；采用扩大基础施工围堰有困难或临时围堰结合其他深基础与沉井基础相比较经济上合理时。

3.7.2   沉井类型和构造

（1）沉井分类

按材料分类：混凝土、钢筋混凝土、钢、砖、石、木等。

按平面形状分类：圆形、方形、矩形、椭圆形、圆端形、多边形。

按井孔布置方式分类：单孔、双孔、多孔等。

沉井平面图如图 3-26 所示。

按竖向剖面形状分类：圆柱形、阶梯形及锥形。沉井立面图如图 3-27 所示。

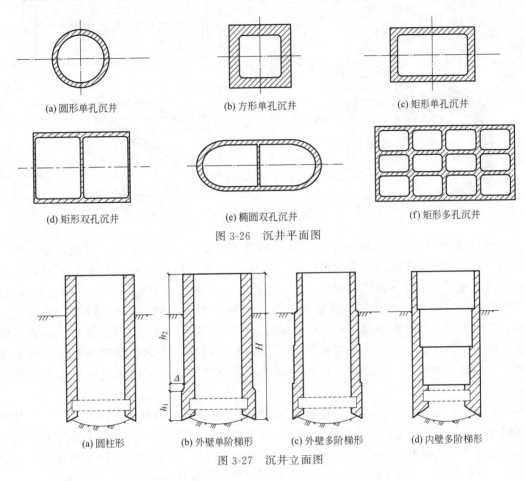

(a) 圆形单孔沉井　　(b) 方形单孔沉井　　(c) 矩形单孔沉井

(d) 矩形双孔沉井　　(e) 椭圆双孔沉井　　(f) 矩形多孔沉井

图 3-26　沉井平面图

(a) 圆柱形　　(b) 外壁单阶梯形　　(c) 外壁多阶梯形　　(d) 内壁多阶梯形

图 3-27　沉井立面图

(2) 沉井构造

沉井一般由井壁（侧壁）、刃脚、内隔墙、井孔、封底和顶板等组成，如图 3-28 所示。

① 井壁。井壁是沉井的主要组成部分，应有足够的厚度与强度，以承受在下沉过程中各种最不利荷载组合（水、土压力）所产生的内力，同时要有足够的重量，使沉井能在自重作用下顺利下沉到设计标高，受浮力作用不致上浮。

设计时通常先假定井壁厚度，再进行强度验算。井壁厚度一般为 0.4~1.2m。

对于薄壁沉井，应采用触变泥浆润滑套、壁外喷射高压空气或井壁中预埋射水管等措施，以减小沉井下沉时的摩阻力，达到减薄井壁厚度、节约材料的目的。

② 刃脚。井壁最下端一般都做成刀刃状的"刃脚"，其主要功能是减少下沉阻力。刃脚还应具有一定的强度，以免在下沉过程中损坏。刃脚底的水平面称为踏面，踏面设置宽度一般为 10~20cm，内倾角一般为 45°~60°。刃脚的式样应根据沉井下沉时所穿越土层的软硬程度和刃脚单位长度上的反力大小决定，沉井重、土质软时，踏面要宽些。相反，沉井轻，又要穿过硬土层时，踏面要窄些，有时甚至要用角钢加固的钢刃脚。刃脚的高度一般取 0.6~1.5m，干封底时取小值，湿封底时取大值。其构造如图 3-29 所示。

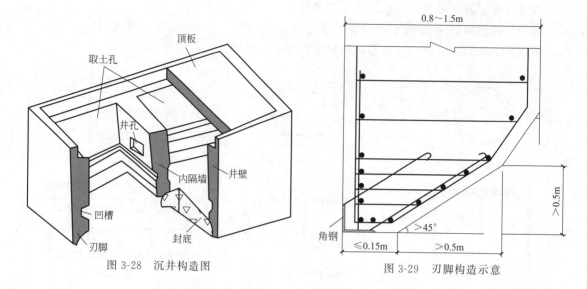

图 3-28　沉井构造图

图 3-29　刃脚构造示意

③ 内隔墙。根据沉井实际施工和使用中的受力特点，为了满足施工过程、使用和结构上的需要，在沉井井筒内设置内隔墙。内隔墙的主要作用是增加沉井在下沉过程中的刚度，减小井壁受力计算跨度。同时，又把整个沉井分隔成多个施工井孔（取土井），使挖土和下沉可以较均衡地进行，也便于沉井偏斜时的纠偏。内隔墙因不承受水土压力，所以，其厚度较沉井外壁要薄一些，内隔墙厚度一般设置为 0.5m。内隔墙底面设置一般要比井壁刃脚踏面高 0.5～1m，避免沉井下沉过程中内墙被土体顶住影响下沉。为了施工便利，隔墙下部应设 0.8m×1.2m 的预留孔洞，以便于施工过程中机械与人在井孔中往来。

④ 井孔。沉井内设置的内隔墙或纵横隔墙或纵横框架形成的格子称作井孔，井孔是沉井基础施工中挖土、运土的工作场所和通道。井孔尺寸应满足施工人员乘坐升降工具、挖土机具自由升降工艺要求，一般井孔直径（宽度）在 3m 以上。井孔布设应注意对称于沉井中心轴线，这种设置方式便于施工中对称挖土，可尽量避免沉井下沉过程中筒体倾斜。

⑤ 射水管。当沉井下沉深度比较大，穿过地层的土质又比较好时，施工中往往会有下沉困难问题，为解决此类地层中沉井下沉，可在井壁中预埋射水管组。射水管应均匀布置，以利于控制水压和水量来调整下沉方向，水压一般不小于 600kPa。如使用触变泥浆润滑套施工方法时，应有预埋的压射泥浆管路。

⑥ 封底及顶板。当沉井下沉到设计标高，经过技术检验并对井底清理整平后，即可封底，以防止地下水渗入井内。封底通常有干封和湿封（在水下浇灌混凝土）两种方法，可根据场地实际情况选用。为了使封底混凝土和地板与井壁间有更好的连接，以传递基底反力，使沉井成为空间结构受力体系，常于刃脚上方井壁内侧预留凹槽，以便在该处浇筑钢筋混凝土底板和楼板及井内结构。凹槽一般设置在刃脚上方的井壁内，距刃脚踏面 2.5m 左右，槽高约 1.0m，凹槽凹入井壁深度为 15～25cm。

⑦ 底梁和框架。由于使用要求的不同，有时在沉井内部不能设置内隔墙，此时可在沉井底部设置底梁，与井壁一起构成框架增大沉井整体刚度。当沉井埋深较大，为了克服由于沉井高度过大引起的井壁（沉井顶部、底部）自身跨度大的缺点，常在井壁不同高度处设置若干道纵横大梁的水平框架，对沉井受力进行调整。在松软地层内的沉井宜设置底梁，便于

纠偏和分格封底，可防止沉井施工过程中发生"突沉""超沉"现象。

3.7.3　沉井施工

沉井基础施工一般可分为旱地施工、水中筑岛施工及浮运沉井施工三种，现在分别介绍如下：

(1) 旱地上沉井的施工

如果桥梁墩台位于旱地，沉井可就地制造、挖土下沉、封底、充填井孔以及浇筑顶板。在这种情况下，一般较容易施工，工序如下。

① 沉井施工要求施工场地平整干净。若施工场地土质较好，按照设计、浇筑第一节沉井的要求，场地土层在承载力、变形方面可以满足时，只需将地表杂物清理并整平，就可在其上制造沉井。否则应换土或在基坑处铺填不小于 0.5m 厚夯实的砂或砾垫层，防止沉井在混凝土浇筑之初因地面沉降不均产生裂缝。为减小下沉深度，也可挖一浅坑，在坑底制作沉井，但坑底应高出地下水面 0.5～1.0m。

② 制造第一节沉井。沉井基础由于自重大、刃脚踏面受力面积小的特点，会引起应力集中。第一节沉井浇筑时基底压力超过表层地基土承载力，地基上发生破坏。为解决临时地基土承载力不足，一般在制造沉井前，先在刃脚处对称铺满垫木，以支撑第一节沉井的重量，并按垫木定位立模板、绑扎钢筋。垫木数量可按垫木底面压力不大于 100kPa 计算，布置时应考虑抽垫方便。垫木一般为枕木或方木（200mm×200mm），其下垫一层厚约 0.3m 的砂，垫木间隙用砂填实（填到半高即可），有时也采用素混凝土代替垫木。垫木设置后，在垫木上刃脚位置处放置刃脚角钢，立内模，绑扎钢筋，再立外模浇筑第一节沉井。模板应有较大刚度，以免挠曲变形。

③ 拆模及抽垫。沉井混凝土浇筑后，可根据混凝土强度安排模板拆除、抽取垫木作业。当沉井混凝土强度达到设计强度 70% 时可拆除模板，混凝土强度达到设计强度后才可抽撤垫木。抽垫木应分区、依次、对称、同步地向沉井外抽出。其顺序为：先撤除内隔墙下垫木，再撤去沉井短边下垫木，最后撤去沉井长边下垫木。长边下垫木撤除时隔一根抽一根，以固定垫木为中心，由远而近对称地抽，最后抽出固定垫木，并随抽随用砂土回填捣实，以免沉井开裂、移动或偏斜。

④ 挖土下沉。沉井下沉施工有排水下沉和不排水下沉两种方法。沉井下沉一般采用不排水挖土下沉，在稳定的土层中，采用排水措施不会产生大量流砂时，也可采用排水挖土下沉。挖土可采用人工或机械方式，排水下沉常用人工除土。人工挖土可使沉井均匀下沉和易于清除井内障碍物，但应有安全措施。不排水挖土下沉时，可使用空气吸泥机、抓土斗、水力吸石筒、水力吸泥机等挖土。通过黏土、胶结层挖土困难时，可采用高压射水破坏土层。沉井正常下沉时，为保持竖直下沉，不产生筒体偏斜，通常采用从中间向刃脚处均匀对称挖土，排水下沉时应严格控制设计支撑点土的挖除，并随时注意沉井正位，无特殊情况不宜采用爆破工程。

⑤ 接高沉井。沉井挖土正常下沉，当第一节沉井下沉至一定深度（井顶露出地面不小于 0.5m，或露出水面不小于 1.5m）时，停止挖土，接筑下节沉井。接筑前保持刃脚下部土体完整，并应尽量保证第一节沉井位置正直，凿毛其顶面，立模，然后对称均匀浇筑混凝土，待混凝土强度达到设计要求后再拆模继续挖土下沉。

⑥ 筑井顶围堰。当沉井挖土下沉到设计深度，如果沉井顶面低于地面或水面，应在井

顶设置临时性防水围堰，围堰的平面尺寸略小于沉井，其下端与井顶上预埋锚杆相连。井顶防水围堰应根据周围地层的土、水情况选用，常见的临时性防水围堰有土围堰、砖围堰和钢板桩围堰。若水深流急，临时性防水围堰高度大于 0.5m 时，宜采用钢板桩围堰。

⑦ 地基检验和处理。沉井沉至设计标高后，应对基底土层进行检验。检验基底处地基土质是否与设计相符、地层是否平整，根据检验结果确定是否需要对地基土层进行处理。排水下沉时可直接检验；不排水下沉则应进行水下检验，必要时可用钻机取样进行检验。如果基底土层为砂性土或黏性土，一般可在井底铺一层砾石或碎石至刃脚底面以上 200mm。地基为风化岩石，应凿除风化岩层，若基底岩层倾斜，还应凿成阶梯形。要确保井底浮土、软土清除干净，封底混凝土、沉井与地基结合紧密。

⑧ 封底、充填井孔及浇筑顶盖。基底检验及处理合格后，应及时封底。排水下沉时，如渗水量上升速度不大于 6mm/min，可采用普通混凝土封底；否则宜用水下混凝土封底。若沉井面积大，可采用多导管先外后内、先低后高依次浇筑。封底一般为素混凝土，但必须与地基紧密结合，不得存在有害的夹层、夹缝或空洞。封底混凝土达到设计强度后，再抽干井孔中水，填充井内圬工填料。如井孔中不填料或仅填砾石，则井顶应浇筑钢筋混凝土顶板，以支撑上部结构，且应保持无水施工。然后砌筑沉井上部构筑物，再拆除临时性的井顶围堰。

（2）水中沉井的施工

① 筑岛法。当水深在 2～3m，流速不大于 1.5m/s 时，可采用砂或砾石在水中筑岛[图 3-30(a)]，筑岛周围用草袋围护；若水深或流速加大，可采用围堰防护筑岛［图 3-30(b)］方法；当水深较大（通常小于 15m）或流速较大时，宜采用钢板桩围堰筑岛［图 3-30(c)］。根据场地水位变化情况，岛面应高出最高施工水位 0.5m 以上，砂岛地基强度应符合要求，围堰筑岛时，围堰与井壁外缘距离 $b \geqslant H\tan(45° - \varphi/2)$，且 $\geqslant 2$m（H 为筑岛高度，φ 为砂在水中的内摩擦角）。其余施工方法与旱地沉井施工相同。

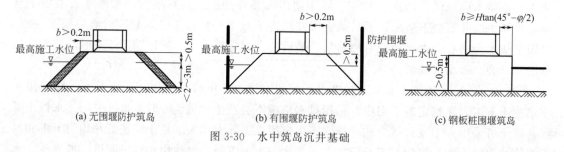

(a) 无围堰防护筑岛　　　　(b) 有围堰防护筑岛　　　　(c) 钢板桩围堰筑岛

图 3-30　水中筑岛沉井基础

② 浮运沉井施工。若水深较大（如大于 10m），人工筑岛困难或不经济时，可采用浮运法进行沉井施工。即将沉井在岸边做成空体结构，或采用其他措施（如绑扎钢气筒等）使沉井浮于水上，利用在岸边铺成的滑道滑入水中（图 3-31），然后用绳索牵引至设计位置。在悬浮状态下，逐步将水或混凝土注入空体中，使沉井徐徐下沉至河底。若沉井较高，需分段制造，在悬浮状态下逐节接长下沉至河底，但整个过程应保证沉井本身稳定。当刃脚切入河床一定深度后，即可按一般沉井下沉方法施工。

（3）泥浆润滑套与壁后压气沉井施工法

① 泥浆润滑套法。采用泥浆润滑套是减小井壁与地层间摩阻力的一种施工方法，通过把配置的泥浆灌注在沉井井壁周围，使井壁与泥浆接触，以达到减小下沉摩阻力的目的。

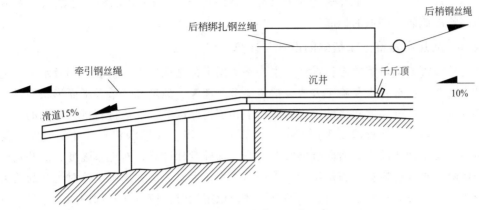

图 3-31　浮运沉井制作、下水示意

选用的泥浆配合比应使泥浆性能具有良好的固壁性、触变性和胶体稳定性。一般采用的泥浆配合比（质量比）为黏土 35%～45%，水 55%～65%，分散剂碳酸钠 0.4%～0.6%。其中，黏土或粉质黏土要求塑性指数不小于 15，含砂率小于 6%（泥浆的性能指标以及检测方法可参见有关施工技术手册）。一般黏性土对井壁摩阻力为 25～50kPa，通过泥浆对沉井壁的润滑作用，可以大大降低井壁摩阻力（井壁所受摩阻力可减小到 3～5kPa）。泥浆润滑套法的优点是可以提高沉井下沉的施工效率，减少井壁的坏土数量，加大沉井的下沉深度，施工中沉井稳定性好等。在卵石、砾石层中采用泥浆润滑套效果一般差。

泥浆润滑套的构造主要包括射口挡板、地表围圈及压浆管。

沉井下沉过程中要勤补浆，勤观测，发现倾斜、漏浆等问题要及时纠正。当沉井沉到设计标高时，若基底为一般土质，因井壁摩阻力较小，会形成边清基边下沉的现象。为此，应压入水泥砂浆置换泥浆，以增大井壁的摩阻力，使沉井保持在正常工作状态。

② 壁后压气沉井法。壁后压气沉井法也是减少下沉时井壁摩阻力的方法之一。它是通过对沿井壁内预埋的气管中喷射高压气流，气流沿喷气孔射出再沿沉井外壁与土层间空隙上升，形成一圈压气层（又称空气幕），使井壁周围土松动，减少井壁摩阻力，达到沉井顺利下沉目的。

壁后压气沉井法施工时压气管分层设置在井壁内，竖直管可用塑料管或钢管，水平环管采用直径 25mm 的硬质聚氯乙烯管，沿井壁外缘埋设。每层水平环管可分区布设，以便分别压气调整沉井倾斜。压气沉井所需的气压可取静水压力的 2.5 倍。

壁后压气沉井法优点是停气后就可恢复土对井壁的摩阻力，下沉量易于控制，且所需施工设备简单，可以水下施工，经济性好。一般条件下壁后压气沉井法比泥浆润滑套法施工更为方便，并且适用于细、粉砂类土的黏性土中。

3.7.4　沉井设计与计算

沉井是深基础，施工过程中及结束后沉井发挥着不同的作用。施工结束后，沉井是结构物的基础，施工过程中沉井又是挡土、挡水的结构物，因此其设计计算包括沉井作为整体深基础的计算和在施工过程中的计算两方面。

与其他结构物的设计类似，沉井设计、计算前必须掌握如下有关资料：上部结构尺寸要求；沉井基础设计荷载；水文和地质资料（如设计水位、施工水位、冲刷线或地下水位标高、土的物理力学性质、沉井通过的土层有无障碍物等）；拟采用的施工方法（排水或不排水下沉、筑岛或防水围堰的标高等）。

3.7.4.1 沉井作为整体深基础的设计与计算

作为整体深基础对沉井进行设计，主要是根据上部结构特点、荷载大小及水文和地质情况，结合沉井的构造要求及施工方法，拟定出沉井埋深、高度和分节及平面形状和尺寸，井孔大小及布置，井壁厚度和尺寸，封底混凝土和顶板厚度等，然后进行沉井基础的计算。

根据沉井基础的埋置深度不同有两种计算方法。当沉井埋深在最大冲刷线以下仅数米时，可不考虑基础侧面土的横向抗力影响，按浅基础设计计算，对地基强度、沉井基础的稳定性、沉降量等进行检算，满足设计要求；当埋深较大时，沉井周围土体对沉井的约束作用不可忽视，此时在验算地基应力、变形及沉井的稳定性时，应考虑基础侧面土体弹性抗力的影响。

沉井基础由于其结构构造特点，本身刚度很大。假定沉井基础在横向外力作用下只发生转动，没有挠曲变形，对于埋深较大的沉井基础，可按刚性桩（m 法中 $\alpha h < 2.5$，m 法计算原理参考《建筑桩基技术规范》的附录 C.0.2）计算内力和土抗力。

一般要求沉井基础下沉到坚实的土层或岩层上，其作为地下结构物，荷载较小，地基的强度和变形通常不会存在问题。一般要求地基强度应满足

$$F + G \leqslant R_j + R_f \tag{3-67}$$

式中　F——沉井顶面处作用的荷载，kN；

G——沉井的自重，kN；

R_j——沉井底部地基土的总反力，kN；

R_f——沉井侧面的总摩阻力，kN。

沉井底部地基土的总反力等于该处土的承载力设计值 f 与支承面积 A 的乘积，即

$$R_j = fA \tag{3-68}$$

可假定井侧摩阻力沿深度呈梯形分布，距地面 5m 范围内按三角形分布，5m 以下为常数，如图 3-32 所示，总摩阻力为

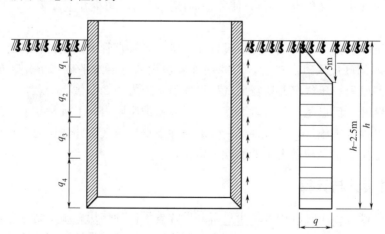

图 3-32　井侧摩阻力分布假定

$$R_f = U(h - 2.5)q \tag{3-69}$$
$$q = \sum q_i h_i / \sum h_i$$

式中　U——沉井的周长，m；

$\quad h$——沉井的入土深度，m；

$\quad q$——单位面积摩阻力加权平均值，kPa；

$\quad h_i$——各土层厚度，m；

$\quad q_i$——i 土层井壁单位面积摩阻力，根据实际资料或查表 3-18 选用。

表 3-18　土与井壁摩阻力经验值

土的名称	土与井壁的摩阻力 q/kPa
砂卵石	18～30
砂砾石	15～20
粉土	12～25
流塑黏性土、粉土	10～12
软塑及可塑黏性土、粉土	12～25
硬塑黏性土、粉土	25～50
泥浆套	3～5

注：本表适用于深度不超过 30m 的沉井。

考虑沉井侧壁土体弹性抗力时，在计算中常做如下基本假定：

① 地基土为弹性变形介质，水平向地基系数随深度成正比例增加（即 m 法）；

② 不考虑基础与土之间的黏着力和摩阻力；

③ 沉井刚度与土的刚度之比视为无限大，横向力作用下只能发生转动而无挠曲变形。

根据基础底面的地基土层地质情况，可分为以下两种情况讨论。

(1) 非岩石地基上沉井基础的计算

对沉井基础受到水平力 H 及偏心竖向力 N 作用情况（图 3-33），为了说明方便，把外力等效转变为中心荷载和水平力的共同作用，转变后的水平力 H 距离基底的作用高度 λ 为

$$\lambda = \frac{Ne + Hl}{H} = \frac{\sum M}{H} \tag{3-70}$$

首先来看沉井在水平力 H 作用下的情况。由于水平力的作用，沉井将围绕位于地面下 z_0 深度处的 A 点转动 ω 角（图 3-34），地面下深度 z 处沉井基础产生的水平位移 Δx 和土的横向抗力 σ_{zx} 分别为

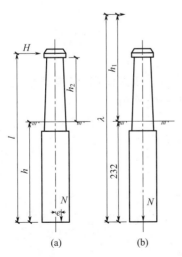

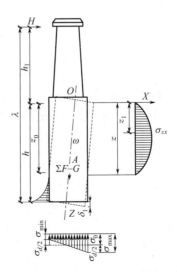

图 3-33　荷载作用示意　　　　图 3-34　非岩石地基上沉井计算示意

$$\Delta x = (z_0 - z)\tan\omega \tag{3-71}$$

$$\sigma_{zx} = \Delta x C_z = C_z(z_0 - z)\tan\omega \tag{3-72}$$

式中　z_0——转动中心 A 离地面的距离；

　　　C_z——深度 z 处水平向的地基系数，kN/m^3，$C_z = mz$，m 为地基比例。

将 C_z 值代入下式

$$\sigma_{zx} = mz(z_0 - z)\tan\omega \tag{3-73}$$

从式中可见，土的横向抗力沿深度为二次抛物线变化。

基础底面处的压力，考虑到该水平面上的竖向地基系数 C_0 不变，故其压应力图形与基础竖向位移图相似。故

$$\sigma_{\frac{d}{2}} = C_0\delta_1 = C_0\frac{d}{2}\tan\omega \tag{3-74}$$

式中　C_0——系数，不得小于 10m；

　　　d——基底宽度或直径。

上述三个公式中，有两个未知数 z_0 和 ω，要求解其值，可建立两个平衡方程式，即

$$\sum x = 0$$

$$H - \int_0^h \sigma_{zx}b_1\mathrm{d}z = H - b_1 m\tan\omega\int_0^h z(z_0 - z)\mathrm{d}z = 0 \tag{3-75}$$

$$\sum M = 0$$

$$Hh_1 - \int_0^h \sigma_{zx}b_1 z\mathrm{d}z - \sigma_{\frac{d}{2}}W = 0 \tag{3-76}$$

式中　b_1——基础计算宽度，按《建筑桩基技术规范》中 m 法计算；

　　　W——基底的截面模量。

对上二式进行联立，解可得

$$z_0 = \frac{\beta b_1 h^2(4\lambda - h) + 6dW}{2\beta b_1 h(3\lambda - h)} \tag{3-77}$$

$$\tan\omega = \frac{12\beta H(2h + 3h_1)}{mh(\beta b_1 h^3 + 18Wd)} \tag{3-78}$$

$$\tan\omega = \frac{6H}{Amh} \tag{3-79}$$

$$\beta = \frac{C_h}{C_0} = \frac{mh}{C_0}$$

式中　β——深度 h 处沉井侧面的水平向地基系数与沉井底面的竖向地基系数的比值，其中，m、m_0 按桩基础部分有关地基系数规定采用。

$$A = \frac{\beta b_1 h^3 + 18Wd}{2\beta(3\lambda - h)}, \lambda = h + h_1$$

可得到

$$\sigma_{zx} = \frac{6H}{Ah}z(z_0 - z) \tag{3-80}$$

$$\sigma_{\frac{d}{2}} = \frac{3Hd}{A\beta} \tag{3-81}$$

当竖向荷载 N 及水平力 H 同时作用时，则基底边缘处的压应力为：

$$\sigma_{\min}^{\max} = \frac{N}{A_0} \pm \frac{3Hd}{A\beta} \tag{3-82}$$

式中 A_0——基底底面积。

离地面或最大冲刷线以下 z 深度处基础截面上的弯矩为：

$$M_z = H(\lambda - h + z) - \int_0^z \sigma_{zx} b_1 (z - z_1) \mathrm{d}z_1 = H(\lambda - h + z) - \frac{Hb_1 z^3}{2hA}(2z_0 - z) \tag{3-83}$$

(2) 基底嵌入基岩内的计算方法

若基底嵌入基岩内，在水平力和竖直偏心荷载作用下，一般认为基底不产生水平位移，则基础的旋转中心 A 与基底中心相吻合，即 $z_0 = h$ 为一已知值（图 3-35）。这样，在基底嵌入处存在一水平阻力 P，由于 P 对基底中心轴的力臂很小，一般可忽略 P 对 A 点的力矩。当基础有水平力 H 作用时，地面下 z 深度处产生的水平位移 Δx 和土的横向抗力 σ_{zx} 分别为：

$$\Delta x = (h - z) \tan\omega \tag{3-84}$$

$$\sigma_{zx} = mz\Delta x = mz(h - z)\tan\omega \tag{3-85}$$

基底边缘处的竖向应力为：

$$\sigma_{\frac{d}{2}} = C_0 \frac{d}{2}\tan\omega = \frac{mhd}{2\beta}\tan\omega \tag{3-86}$$

式中 C_0——岩石地基的抗力系数，可参见桩基础部分有关地基系数的确定。

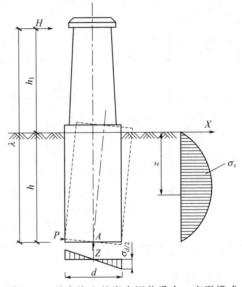

上述公式中只有一个未知数 ω，故只需建立一个弯矩平衡方程便可解出 ω 值。

$$\sum M_A = 0$$

$$H(h + h_1) - \int_0^h \sigma_{zx} b_1(h - z)\mathrm{d}z - \sigma_{\frac{d}{2}}W = 0$$

解上式得

$$\tan\omega = \frac{H}{mhD} \tag{3-87}$$

$$D = \frac{b_1\beta h^3 + 6Wd}{12\lambda\beta}$$

图 3-35 基底嵌入基岩内沉井受力、变形模式

将 $\tan\omega$ 代入得

$$\sigma_{zx} = (h - z)z\frac{H}{Dh} \tag{3-88}$$

$$\sigma_{\frac{d}{2}} = \frac{Hd}{2\beta D} \tag{3-89}$$

基底边缘处的应力为

$$\sigma_{\min}^{\max} = \frac{N}{A_0} \pm \frac{Hd}{2\beta D} \tag{3-90}$$

根据 $\sum x = 0$，可以求出嵌入处未知的水平阻力 P 为

$$P = \int_0^h b_1\sigma_{zx}\mathrm{d}z - H = H\left(\frac{b_1 h^2}{6D} - 1\right) \tag{3-91}$$

地面以下 z 深度处基础截面上的弯矩为

$$M_z = H(\lambda - h + z) - \frac{b_1 H z^3}{12Dh}(2h - z) \tag{3-92}$$

(3) 墩台顶面的水平位移

基础在水平力和力矩作用下，墩台顶面会产生水平位移 σ，它由地面处的水平位移 $z_0 \tan\omega$，地面到墩台顶 h_2 范围内墩台身弹性挠曲变形以及墩台顶水平位移 δ_0 三部分组成。

$$\delta = (z_0 + h_2)\tan\omega + \delta_0 \tag{3-93}$$

通常在实际工程中，基础的实际刚度并非无穷大，对墩顶的水平位移必有影响。故通常采用系数 K_1 和 K_2 来反映实际刚度对地面处水平位移及转角的影响，其值可按表 3-19 查用。由于转角一般较小，取 $\tan\omega = \omega$，引起的误差可以满足使用要求。因此支承在岩石地基上的墩台顶面水平位移为

$$\delta = (z_0 K_1 + h_2 K_2)\omega + \delta_0 \tag{3-94}$$

表 3-19   墩顶水平位移修正系数

α_h	系数	λ/h				
		1	2	3	4	∞
1.6	K_1	1.0	1.0	1.0	1.0	1.0
	K_2	1.0	1.1	1.1	1.1	1.1
1.8	K_1	1.0	1.0	1.0	1.0	1.0
	K_2	1.1	1.2	1.2	1.2	1.2
2.0	K_1	1.0	1.0	1.1	1.1	1.1
	K_2	1.2	1.3	1.4	1.4	1.4
2.2	K_1	1.0	1.2	1.2	1.2	1.2
	K_2	1.2	1.5	1.6	1.6	1.7
2.4	K_1	1.1	1.2	1.3	1.3	1.3
	K_2	1.3	1.8	1.9	1.9	1.0
2.6	K_1	1.2	1.3	1.4	1.4	1.4
	K_2	1.4	1.9	1.2	1.2	1.3

注：如 $\alpha_h < 1.6$ 时，$K_1 = K_2 = 1.0$。

(4) 验算

① 基底应力验算。要求计算所得的最大压应力不应超过沉井底面处土的承载力设计值，即

$$\sigma_{max} \leqslant [\sigma]_h \tag{3-95}$$

② 横向抗力验算。用相关公式计算的横向抗力 σ_{zx} 值应小于沉井周围土的极限抗拉值，否则不能计入井周土体侧向抗力。计算时可认为基础在外力作用下产生位移时，深度 z 处基础一侧产生主动土压力 P_a，而被挤压侧受到被动土压力 P_p 作用，因此其极限抗力为：

$$\sigma_{zx} \leqslant P_p - P_a \tag{3-96}$$

由朗肯土压力理论可知：

$$P_p = \gamma z \tan^2\left(45° + \frac{\varphi}{2}\right) + 2\cot\left(45° + \frac{\varphi}{2}\right)$$

$$P_a = \gamma z \tan^2\left(45° - \frac{\varphi}{2}\right) + 2\cot\left(45° - \frac{\varphi}{2}\right)$$

代入得

$$\sigma_{zx} \leqslant \frac{4}{\cos\varphi}(\gamma z \tan\varphi + c) \tag{3-97}$$

式中 γ——土的重度；

φ、c——土的内摩擦角和黏聚力。

一般计算时考虑到桥梁结构性质和荷载情况，结合实际工程试验可知最大横向抗力大致在 $z = \frac{h}{3}$ 和 $z = h$ 处，将这些值代入公式可得到下列不等式

$$\sigma_{\frac{h}{3}x} \leqslant \eta_1\eta_2\frac{4}{\cos\varphi}\left(\frac{\gamma h}{3}\tan\varphi + c\right) \tag{3-98}$$

$$\sigma_{hx} \leqslant \eta_1\eta_2\frac{4}{\cos\varphi}(\gamma h \tan\varphi + c) \tag{3-99}$$

式中 $\sigma_{\frac{h}{3}x}$——相应于 $z = \frac{h}{3}$ 深度处的土横向抗力，h 为基础的埋置深度；

σ_{hx}——相应于 $z = h$ 深度处的土横向抗力；

η_1——取决于上部结构形式的系数，一般取 $\eta_1 = 1$，对于拱桥 $\eta_1 = 0.7$；

η_2——考虑恒载对基础重心所产生的弯矩 M_g 在总弯矩 M 中所占百分比的系数，即

$$\eta_2 = 1 - 0.8\frac{M_g}{M}。$$

③ 墩台顶面水平位移验算。桥梁墩台设计除应考虑基础沉降外，还需验算因地基变形和墩身弹性水平变形所引起的墩顶水平位移。现行规范规定墩顶水平位移 δ 应满足

$$\delta \leqslant 0.5\sqrt{L}$$

式中 L——相邻跨中最小跨的跨度，当跨度 $L < 25\text{m}$ 时按 25m 计算，m。

3.7.4.2 沉井施工过程中的结构强度计算

沉井作为一种基础形式，其受力随着施工、营运过程有所变化，因此在进行沉井各部分设计时，必须了解和确定处在不同阶段时各自最不利受力状态，选择合理的计算图式，然后计算截面应力，进行必要的配筋，保证沉井结构在施工、运营各阶段中的强度和稳定。

沉井结构在施工过程中主要进行下列运算。

(1) 沉井自重下沉验算

为了使沉井能在自重下顺利下沉，沉井重力（不排水下沉者应扣除浮力）应大于对井壁的摩阻力，将两者之比称为下沉系数

$$K = \frac{Q}{T} > 1.15 \sim 1.25$$

式中 K——下沉系数，应根据土类别及施工条件取大于 1 的数值；

Q——沉井自重，kN；

T——土对井壁的总摩阻力，$T = \sum f_i h_i u_i$，其中，h_i、u_i 为沉井穿过第 i 层土的厚度和该段沉井的周长，f_i 为第 i 层土对井壁单位面积的摩阻力，其值应根据试验确定。

当不能满足上式要求时，可选择相应措施尽量满足要求：加大井壁厚度或调整取土井尺

寸；如为不排水下沉者，则下沉到一定深度后可采用排水下沉；增加附加荷载或射水助沉；采用泥浆润滑套或壁厚压气法等措施。

（2）底节沉井的竖向挠曲验算

底节沉井浇筑完毕，达到设计要求的强度后，即可采用抽垫、除土方法下沉，下沉过程采用的施工方法不同，刃脚下支承往往不同，沉井自重将导致井壁产生较大的竖向挠曲应力。因此应根据刃脚处不同的支承情况，验算井壁强度是否满足要求。根据计算来确定是否增加底节沉井高度或在井壁内设置水平向钢筋，防止井壁开裂。根据施工方法的不同，通常对形成的不同支承情况做如下处理：

① 排水挖土下沉。一般人工挖土时，比较方便控制挖土及支承土，此时将沉井视为支承于四个固定支点上的梁，假定支点控制在最有利位置处，即支点和跨中所产生的弯矩大致相等。对矩形和圆端形沉井，若沉井长宽比大于 1.5，支点可设在长边［如图 3-36（a）所示］；圆形沉井的四个支点可布置在两相互垂直线上的端点处。

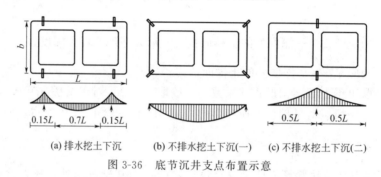

(a) 排水挖土下沉　　(b) 不排水挖土下沉(一)　　(c) 不排水挖土下沉(二)

图 3-36　底节沉井支点布置示意

② 不排水挖土下沉。当采用机械挖土时，刃脚下支点控制难度较大，沉井下沉过程中可能出现最不利支承情况。对矩形和圆端形沉井，最不利支承为挖土不均引起沉井四角支承［图 3-36（b）］，此时井壁成为一简支梁，跨中弯矩最大，沉井下部可能产生竖向拉裂，也可能因孤石等障碍物使沉井支承于壁中［图 3-36（c）］形成悬臂梁式受力结构，支点处沉井顶部产生竖向拉裂；圆形沉井可能出现支承于直径上的两个支点。

对尺寸比较大的沉井，沉井隔墙跨度一般较大，此时需验算隔墙的抗拉强度。其最不利受力情况是下部土已挖空，上节沉井刚浇筑而未凝固，此时隔墙成为两端支承在井壁上的梁，承受两节沉井隔墙和模板等的重量，容易在底部产生拉裂破坏。若底节隔墙强度不够，可布置水平向钢筋，或在隔墙下夯填粗砂以承受荷载。

（3）沉井刃脚受力计算

沉井在下沉过程中，随着刃脚入土深度变化，其受力也在变化，为安全起见，需进行刃脚受力验算，一般采用简化方法，按竖向和水平向分别计算刃脚受力。竖向分析时，近似地将刃脚看作固定于刃脚根部井壁处的悬臂梁，根据刃脚内外侧作用力的不同进行向外或向内挠曲计算；进行水平分析时，把刃脚视为一封闭框架，在水、土压力作用下在水平面内发生弯曲变形。刃脚受力计算时，一般根据悬臂及水平框架两者的变位关系及其相应的假定先求得刃脚悬臂分配系数 α 和水平框架分配系数 β。

刃脚悬臂作用的分配系数为：

$$\alpha = \frac{0.1L_1^4}{h_k^4 + 0.05L_1^4} \quad (\alpha \leqslant 1.0) \tag{3-100}$$

刃脚框架作用的分配系数为：

$$\beta = \frac{0.1h_k^4}{h_k^4 + 0.05L_2^4} \tag{3-101}$$

式中 L_1——支承于隔墙间的井壁最大计算跨度；

L_2——支承于隔墙间的井壁最小计算跨度；

h_k——刃脚斜面部分的高度。

外力经上述分配后，即可将刃脚受力情况分别按竖、横两个方向计算。

① 刃脚竖向受力分析。刃脚竖向受力情况一般截取单位宽度井壁来分析，把刃脚视为固定在井壁上的悬臂梁，梁的跨度即为刃脚高度。内力分析时分向内和向外挠曲两种情况。

a. 刃脚向外挠曲的内力计算。通常挖土引起沉井下沉，当下沉过程中刃脚切入土中一定深度（约 1.0m），上节沉井浇筑完毕，且沉井上部露出地面或水面约一节沉井高度时处于最不利位置。此时，沉井因自重将导致刃脚斜面土体抵抗刃脚而向外挠曲，如图 3-37 所示，作用在刃脚高度范围内的外力有：

作用在刃脚外侧单位宽度上的土压力及水压力的合力为：

$$p_{e+w} = \frac{1}{2}(p_{e_2+w_2} + p_{e_3+w_3})h_k \tag{3-102}$$

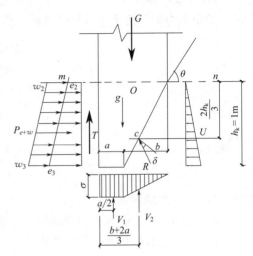

图 3-37 刃脚向外挠曲受力示意

式中 $p_{e_2+w_2}$——作用在刃脚根部处的土压力及水压力强度之和；

$P_{e_3+w_3}$——刃脚底面处的土压力及水压力强度之和；

h_k——刃脚高度。

p_{e+w} 的作用点离刃脚根部的距离 t 为：

$$t = \frac{h_k}{3} \times \frac{2p_{e_3+w_3} + p_{e_2+w_2}}{p_{e_3+w_3} + p_{e_2+w_2}}$$

地面下深度 h_i 处刃脚承受的土压力 e_i 可按朗肯主动土压力公式计算，即

$$e_i = \gamma_i h_i \tan^2\left(45 - \frac{\varphi}{2}\right)$$

式中 γ_i——h_i 高度范围内土的平均重度，在水位以下应考虑浮力；

h_i——计算位置至地面的距离。

水压力 ω_i 的计算式为 $\omega_i = \gamma_w h_{wi}$，其中，$\gamma_w$ 为水的重度，h_{wi} 为计算位置至水面的距离。

作用在刃脚外侧单位宽度上的摩阻力 T_i 可按下列二式计算，并取其较小者：

$$T_i = \tau h_k \tag{3-103}$$

或 $$T_i = 0.5E \tag{3-104}$$

式中 τ——土与井壁间单位面积上的摩阻力；

h_k——刃脚高度；

E——刃脚外侧总的主动土压力，$E=\dfrac{1}{2}h_k(e_3+e_2)$。

为偏于安全，使刃脚下土反力最大，井壁摩阻力应取上两式中较小值。

刃脚下竖向反力 R（取单位宽度）可按下式计算：

$$R=G-T'$$

式中　G——沿井壁周长单位宽度上沉井的自重，在水下部分应考虑水的浮力；

　　　T'——沉井入土部分单位宽度上的摩阻力。

若将 R 分解为作用在踏面下土的竖向反力 v_1 和刃脚斜面下土的竖向反力 v_2，且假定 v_1 为均匀分布，其强度为 σ，v_2（最大强度为 σ）和水平反力 H 呈三角形分布，如图 3-37 所示，则根据力的平衡条件可导得各反力值为：

$$R=v_1+v_2$$

$$v_1=a\sigma=a\,\frac{R}{a+\dfrac{b}{2}}=\frac{2a}{2a+b}R \tag{3-105}$$

同理：

$$v_2=\frac{b}{2a+b}R \tag{3-106}$$

$$H=v_2\tan(\theta-\delta) \tag{3-107}$$

式中　a——刃脚踏面宽度；

　　　b——切入土中部分刃脚斜面的水平投影长度；

　　　δ——土与刃脚斜面间的外摩擦角，一般 $\delta=\varphi$。

δ 一般可取为 $30°$，刃脚斜面上水平反力 H 作用点离刃脚底面 $\dfrac{1}{3}$ m。

刃脚（单位宽度）自重 g 为：

$$g=\frac{\lambda+a}{2}h_k\gamma_k \tag{3-108}$$

式中　λ——井壁厚度；

　　　γ_k——钢筋混凝土刃脚的重度，不排水施工时应扣除浮力。

刃脚自重 g 的作用点至刃脚根部中心轴的距离为：

$$x=\frac{\lambda+a\lambda-2a^2}{6(\lambda+a)}$$

求出以上各力的数值、方向及作用点后，再算出各力对刃脚根部中心轴的弯矩总和 M_0、竖向力 N_0 及剪力 Q，其算式为：

$$M_0=M_R+M_H+M_{e+w}+M_T+M_g \tag{3-109}$$

$$N_0=R+T_1+g \tag{3-110}$$

$$Q=P_{e+w}+H \tag{3-111}$$

式中，M_R、M_{e+w}、M_H、M_T、M_g、分别为反力 R、土水压力合力 P_{e+w}、横向力 H、刃脚底部的外侧摩阻力 T_1、刃脚自重 g 对刃脚根部中心轴的弯矩。其中，作用在刃脚部分的各水平力均应按规定考虑分配系数 α。上述各数值的正负号视具体情况而定。

根据 M_0、N_0 及 Q 值就可验算刃脚根部应力并计算出刃脚内侧所需的竖向钢筋用量。一般刃脚钢筋截面积不宜小于刃脚根部截面积的 0.1%。刃脚的竖直钢筋应伸入根部以上 $0.5L_1$（L_1 为支撑于隔墙间的井壁最大计算跨度）。

b. 刃脚向内挠曲的内力计算。计算刃脚向内挠曲的最不利情况是沉井已下沉至设计标高，刃脚下的土已挖空而尚未浇筑封底混凝土，这时，将刃脚作为根部固定在井壁的悬臂梁，计算最大的向内弯矩。

沉井在挖土下沉过程中，作用在刃脚上的力有刃脚外侧的土压力、水压力、摩阻力以及刃脚本身的重力（图 3-38）。各力的计算方法同前。但水压力计算应注意实际施工情况，为偏于安全，一般井壁外侧水压力以 100% 计算，井内水压力取 50%；若排水下沉时，不透水土取静水压力的 70%，透水性土按 100% 计算。计算所得各水平外力同样应考虑分配系数 α。再由外力计算出对刃脚根部中心轴的弯矩、竖向力及剪力，以此求得刃脚外壁钢筋用量。其配筋构造要求与向外挠曲相同。

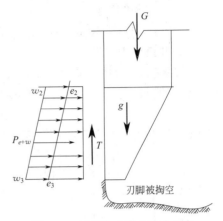

图 3-38　刃脚向内挠曲受力示意

② 刃脚水平钢筋计算。刃脚水平向受力最不利的情况是沉井已下沉至设计标高，刃脚下的土已挖空，尚未浇筑封底混凝土的时候。此时可将刃脚视为水平框架（图 3-39）。由于刃脚有悬臂作用及水平闭合框架的作用，故当刃脚作为悬臂梁考虑时，刃脚所受水平力乘以 α，而作用于框架的水平力应乘以分配系数 β 后，其值作为水平框架上的外力，由此求出框架的弯矩及轴向力，再计算框架所需的水平钢筋用量。

根据常用沉井水平框架的平面形式，列出部分结构形式的内力计算式，以供设计时参考。对单孔矩形框架

A 点处的弯矩

$$M_A = \frac{1}{24}(-K^2 + 2K + 1)pb^2 \quad (3\text{-}112)$$

B 点处的弯矩

$$M_B = -\frac{1}{12}(K^2 - K + 1)pb^2 \quad (3\text{-}113)$$

C 点处的弯矩

$$M_C = -\frac{1}{24}(K^2 + K - 1)pb^2 \quad (3\text{-}114)$$

轴向力　　$$N_1 = \frac{1}{2}pa \quad (3\text{-}115)$$

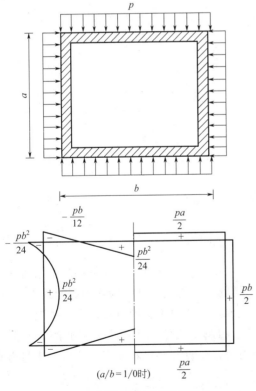

图 3-39　沉井单孔矩形框架受力

$$N_2 = \frac{1}{2}pb \tag{3-116}$$

$$K = a/b$$

式中 a——短边长度；

b——长边长度。

对单孔圆端形、双孔矩形、双孔圆端形、圆形沉井，有关内力计算可参考相关资料。

（4）井壁受力计算

① 井壁竖向拉应力验算。沉井在下沉过程中，刃脚下的土已被挖空，但沉井上部被摩擦力较大的土体夹住（这一般在下部土层比上部土层软的情况下出现），这时下部沉井呈悬挂状态，井壁就有在自重作用下被拉断的可能，因而应验算井壁的竖向拉应力。拉应力的大小与井壁摩擦阻力分布图有关，在判断可能夹住沉井的土层不明显时，可近似假定沿沉井高度呈倒三角形分布（图3-40）。在地面处摩阻力最大，而刃脚底面处为零。

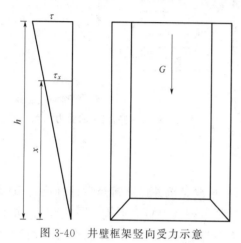

图 3-40 井壁框架竖向受力示意

该沉井自重为 G，h 为沉井的入土深度，U 为井壁的周长，τ 为地面处井壁上的摩阻力，τ_x 为距刃脚底 x 处的摩阻力。

由于

$$G = \frac{1}{2}\tau h U$$

$$\tau = \frac{2G}{hU}$$

$$\tau_x = \frac{\tau}{h}x = \frac{2Gx}{h^2 U}$$

离刃脚底 x 处井壁的拉力为 S_x，其值为：

$$S_x = \frac{Gx}{h} - \frac{\tau_x}{2}xU = \frac{Gx}{h} - \frac{Gx^2}{h^2} \tag{3-117}$$

为求得最大拉应力，令 $\dfrac{\mathrm{d}S_x}{\mathrm{d}x} = 0$

$$\frac{\mathrm{d}S_x}{\mathrm{d}x} = \frac{G}{h} - \frac{2Gx}{h^2} = 0, x = \frac{1}{2}h$$

$$S_{\max} = \frac{G}{h} \times \frac{h}{2} - \frac{G}{h^2}\left(\frac{h}{2}\right)^2 = \frac{1}{4}G \tag{3-118}$$

若沉井很高，各节沉井接缝处混凝土的拉应力可由接缝钢筋承受，并按接缝钢筋所在位置发生的拉应力设置。钢筋的应力应小于 0.75 倍钢筋标准强度，并须验算钢筋的锚固长度。采用泥浆下沉的沉井，在泥浆套内不会出现箍住现象，井壁也不会因自重而产生拉应力。

② 井壁横向受力计算。当沉井沉至设计标高，刃脚下土已挖空而尚未封底时，井壁承受的水、土压力为最大，此时应按水平框架分析内力，验算井壁材料强度，计算方法与刃脚框架计算相同。

刃脚根部以上高度等于井壁厚度的一段井壁（图3-41），除承受作用于该段的土、水压力外，还承受由刃脚悬臂作用传来的水平剪力（即刃脚内挠时受到的水平外力乘以分配系数）。此外，还应验算每节沉井最下端处单位高度井壁作为水平框架的强度，并以此控制该节沉井的设计，但作用于井壁框架上的水平外力，仅考虑土压力和水压力，且不需乘以分配系数 β。

采用泥浆套下沉的沉井，若台阶以上泥浆压力（即泥浆相对密度乘以泥浆高度）大于上述土、水压力之和，则井壁压力应按泥浆压力计算。

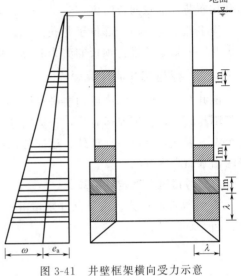

图 3-41　井壁框架横向受力示意

(5) 混凝土封底及顶盖的计算

① 封底混凝土计算。封底混凝土厚度取决于基底承受的反力。作用于封底混凝土的竖向反力有两种：封底后封底混凝土需承受基底水和地基土的向上反力；空心沉井使用阶段封底混凝土需承受沉井基础所有最不利荷载组合引起的基底反力，若井孔内填砂或有水时可扣除其重量。

封底混凝土厚度一般比较大，可按下述方法计算并取其控制者。

a. 按受弯计算。将封底混凝土视为支承在凹槽或隔墙底面和刃脚上的底板，按周边支承的双向板（矩形或圆端形沉井）或圆板（圆形沉井）计算，底板与井壁的连接一般按简支考虑，当连接可靠（由井壁内预留钢筋连接等）时，也可按弹性固定考虑。要求计算所得的弯曲拉应力应小于混凝土的弯曲抗拉设计强度，具体计算可参考有关设计手册。

$$h_t = \sqrt{\frac{\sigma \gamma_{si} \gamma_m M_m}{b R_w^j}}$$

式中　h_t——封底混凝土的厚度，m；

M_m——在最大均布反力作用下的最大计算弯矩，按支承条件考虑的荷载系数可由结构设计手册查取，kN·m；

R_w^j——混凝土弯曲抗拉极限强度，N/mm^2；

γ_{si}——荷载安全系数，此处 $\gamma_{si}=1.1$；

γ_m——材料安全系数，此处 $\gamma_m=2.31$；

b——计算宽度，此处取 1m。

有时为简单初步估计水下封底混凝土厚度，也可按下式计算：

$$h_t = \sqrt{\frac{5.72M}{b f_t} + h_u}$$

式中　M——每米宽度最大弯矩设计值，N·mm；

b——计算宽度，取 1000mm；

f_t——混凝土抗拉强度设计值，N/mm^2；

h_u——附加厚度，可取 300mm。

b. 按受剪计算。即计算封底混凝土承受基底反力后是否存在沿井孔周边剪断的可能性。若剪应力超过其抗剪强度则应加大封底混凝土的抗剪面积。

第3章

② 钢筋混凝土盖板的计算。空心或井孔内填以砾砂石的沉井，井顶必须浇筑钢筋混凝土顶板，用以支承上部结构荷载。顶板厚度一般预先拟定再进行配筋计算，计算时按承受最不利均布荷载的双向板考虑。

当上部结构平面全部位于井孔内时，还应验算顶板的剪应力和井壁支承压力；若部分支承于井壁上则不需进行顶板的剪力验算，但需进行井壁的压应力验算。

3.7.4.3　浮运沉井的计算要点

沉井在岸边制作完成后，要进行浮运。沉井在浮运过程中要有一定的吃水深度，使重心低而不易倾覆，保证浮运时稳定；同时还必须具有足够的高出水面高度，使沉井不因风浪等而沉没。因此，除前述计算外，还应考虑沉井浮运过程中的受力情况，进行浮体稳定性和井壁露出水面高度等的验算。

（1）浮运沉井稳定性验算

① 计算浮心位置。由于沉井重量等于沉井排开水的重量，则沉井吃水深 h_0（从底板算起，图 3-42）为：

$$h_0 = \frac{V_0}{A_0} \tag{3-119}$$

式中　V_0——沉井底板以上部分排水体积；

　　　A_0——沉井吃水的截面积，对圆端形沉井，$A_0 = 0.7854d^2 + Ld$；

　　　d——圆端形直径或沉井的宽度；

　　　L——沉井矩形部分的长度。

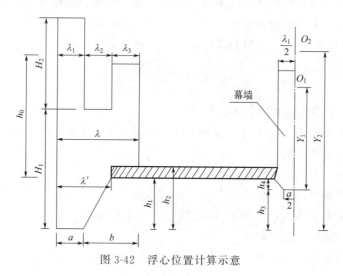

图 3-42　浮心位置计算示意

浮心的位置，以刃脚底面起算为 $h_3 + Y_1$ 时，Y_1 可由下式求得：

$$Y_1 = \frac{M_1}{V} - h_3 \tag{3-120}$$

式中　M_1——各排水体积（沉井底板以上部分排水体积 V_0、刃脚体积 V_1、底板下隔墙体积 V_2）对其中心到刃脚底板的力矩。

如各部分的乘积分别以 M_0、M_2、M_3 表示，则

$$M_1 = M_0 + M_2 + M_3 \tag{3-121}$$

$$M_0 = V_0 \left(h_1 + \frac{h_0}{2} \right)$$

$$M_2 = V_1 \frac{h_1}{3} \frac{2\lambda' + a}{\lambda' + a}$$

$$M_3 = V_2 \left(\frac{h_4}{3} \frac{2\lambda_1 + a_1}{\lambda_1 + a_1} + h_3 \right)$$

式中　h_1——底板至刃脚底面的距离；

　　　h_3——隔墙底距刃脚踏面的距离；

　　　h_4——底板下的隔墙高度；

　　　λ'——底板下井壁的厚度；

　　　λ_1——隔墙厚度；

　　　a——刃脚踏面的宽度；

　　　a_1——隔墙底面的宽度。

② 重心位置的计算。设重心位置 O_2 离刃脚底面的距离为 Y_2，则

$$Y_2 = \frac{M_{\text{II}}}{V} \tag{3-122}$$

式中　M_{II}——沉井各部分体积对其中心到刃脚底面距离的乘积，并假定了沉井圬工单位重相同。

令重心与浮心的高差为 Y，则

$$Y = Y_2 - (h_3 + Y_1) \tag{3-123}$$

③ 定倾半径的计算。定倾半径为定倾中心到浮心的距离，由下式计算：

$$\rho = \frac{I_{x-x}}{V_0} \tag{3-124}$$

圆端形沉井　　　　　　　　$$I_{x-x} = 0.049d^4 + \frac{1}{12}Ld^3$$

式中　I_{x-x}——吃水截面积的惯性矩。

对带气筒的浮运沉井，应根据气筒布置、各阶段气筒的使用、连通情况分别确定定倾半径。

浮运沉井的稳定性应满足重心到浮心的距离小于定倾中心到浮心的距离，即

$$\rho - Y > 0 \tag{3-125}$$

(2) 浮运沉井露出水面最小高度的验算

沉井在浮运过程中受到外力（牵引力、风力、流水冲力等）会产生一定的倾斜，为保证浮运过程中沉井不致倾斜进水发生沉入水中的事故，通常要求沉井顶面高出水面不小于 1.0m。

牵引力及风力等对浮心产生弯矩 M，因而使沉井旋转角度 θ，其值为：

$$\theta = \arctan \frac{M}{\gamma_{\text{w}} V_{(\rho - Y)}} \leqslant 6° \tag{3-126}$$

式中　γ_{w}——水的重度，取 10kN/m^3。

在一般情况下不允许 θ 大于 $6°$，沉井浮运时露出水面的最小高度 h 按下式计算：

$$h = H - h_0 - h_1 - d\tan\theta \geqslant f \tag{3-127}$$

式中　H——浮运时沉井的高度；

　　　f——浮运沉井发生最大倾斜时，顶面露出水面的安全距离，其值为 0.5～1.0m。

上式主要是考虑浮运沉井倾斜边水面存在波浪，波峰高于无波水面条件下，弯矩作用使沉井没入水中的深度（$d\tan\theta$）为计算值$\left(\dfrac{d}{2}\tan\theta\right)$的两倍。其中，$d$ 为圆端形的直径。

3.7.5　地下连续墙简介

地下连续墙（简称地下墙）是利用一定的设备和机具（如液压抓斗），在稳定液（泥浆或无固相钻井液）护壁的条件下，沿已构筑好的导墙钻挖一段深槽，然后吊放钢筋笼入槽，浇筑混凝土，筑成一段混凝土墙，再将每个墙段连接起来而形成一种连续的地下基础构筑物。地下连续墙主要起挡土、挡水（防渗）和承重作用。

地下连续墙的成槽方法主要有：冲击法、冲击-回转法、抓斗直接成槽法、冲抓法、多头钻成槽法、双轮铣成槽法等。

3.7.5.1　地下连续墙发展

地下连续墙起源于欧洲，意大利于 1938 年首次进行了在泥浆护壁的深槽中建造地下连续墙的试验，施工后进行墙身取样试验和使用中的长期观测，试验结果表明技术上其性能和精度均符合要求，经济上与其他方法相比节省了大量费用。1950 年地下连续墙技术首次用作防渗，此后，地下连续墙施工技术被法国、德国、墨西哥、加拿大、日本等国所采用，其施工技术得到不断改进和发展。

1958 年我国引进了此项技术修建了水坝防渗墙（青岛月子口水库建成的桩排式防渗墙），此后，此项技术应用广泛。20 世纪 70 年代中期，这项技术开始推广应用到建筑、煤矿、市政等部门。在初期阶段，基本上都是用作防渗墙或临时挡土墙。通过开发使用许多新技术、新设备和新材料，已经越来越多地用作结构物的一部分或用作主体结构，甚至被用于大型的深基坑工程中。目前，地下连续墙施工技术已经成为我国基础工程施工技术中的一种重要类型，主要应用于地铁、地下停车场、高层建筑、立交桥工程以及水利水电、交通工程。地下连续墙的成槽深度由使用要求决定，大都在 50m 以内，墙宽与墙体的深度与受力情况有关，目前常用 60cm 及 80cm 两种，亦有 20cm 薄型防渗墙及 120cm 厚型地下连续墙。

经过几十年的发展，地下连续墙技术已经相当成熟，目前地下连续墙的最大开挖深度达到 140m，最薄的地下连续墙厚度为 20cm。

3.7.5.2　地下连续墙分类

地下连续墙形式较多，可以按照不同的标准分类：

① 按墙的用途可分为：防渗墙；临时挡土墙；永久挡土（承重）墙；作为基础用的地下连续墙。

② 按墙体材料可分为：

a. 刚性混凝土墙。刚性混凝土指普通混凝土（或钢筋混凝土）、黏土混凝土和粉煤灰混凝土等。该类混凝土抗压强度高（5～35MPa），弹性模量大（15000～32000MPa），适合用作防渗、挡土和承重等共同作用的地下墙体。

b. 塑性混凝土墙。塑性混凝土是用黏土、膨润土等混合材料取代普通混凝土中大部分水泥而形成的一种柔性的墙体材料。塑性混凝土抗压强度的设计值一般不大于 5MPa，其弹性模量一般不超过 2000MPa。

c. 自凝灰浆墙。自凝灰浆墙体材料是用水泥、膨润土、缓凝剂和水配制而成的一种浆液，在地下连续墙开挖过程中，它起护壁泥浆的作用，槽孔开挖完成后，浆液自行凝结成低强度柔性墙体。

d. 固化灰浆墙。固化灰浆是在槽段造孔完毕后，向泥浆中加入水泥等固化材料，砂子、粉煤灰等掺合料，水玻璃等外加剂，经机械搅拌或压缩空气搅拌后形成的防渗固结体。固化灰浆具有凝结时间可控性好，固结体防渗性能和抗侵蚀性能较好，抗压强度和弹性模量适宜，与地基变形协调能力强，对环境无污染，材料来源广，现场配制方便，不受成槽时间限制，能充分利用槽孔内废泥浆，成本低，适用范围广等性能特点。

另外，还有预制墙、泥浆槽墙（回填砾石、黏土和水泥三合土）、后张预应力地下连续墙、钢制地下连续墙等形式。

③ 按成墙方式可分为：

a. 桩排式地下墙。桩排式地下墙是利用挖掘工具成孔，下入钢筋笼，浇筑混凝土成单桩，再将相邻单桩依次连接，形成的一道连续墙体。目前桩排式地下墙主要用于临时挡土墙或防渗墙，施工深度 10～25m 之间。桩排式地下墙是最早出现的地下墙形式之一，但由于这种墙体的整体性和防渗性不好，垂直精度不高，后来逐渐被槽板式地下墙所取代。

桩排式地下墙按墙体材料可分成灌注桩式和预制桩式两种。灌注桩式按施工方法又分成：用机械钻挖成孔之后，插入钢筋笼，用导管浇筑混凝土成型；用螺旋钻成孔之后，在提钻具时，由钻杆底端注入水泥砂浆，然后插入钢筋或 H 型钢成型；把特殊钻头安装在空心钻杆底端，一面从底端注入水泥砂浆，一面旋转钻杆向下钻进，当提升钻杆时注入水泥砂浆，最后插入钢筋或 H 型钢成型。预制桩式地下墙分为：压入法、振动打桩法、射水沉桩法、先钻孔后打桩法和中心掏孔法等形式。

b. 槽板式地下墙。槽板式地下墙也称为壁板式地下连续墙，它是向地下钻掘一段狭长深槽，吊放钢筋笼入槽，在稳定液护壁的条件下用导管进行水下混凝土浇筑，形成一段单元墙体，然后将多个单元墙体连接起来，形成的一道完整地下墙。槽板式地下墙施工示意图如图 3-43 所示。

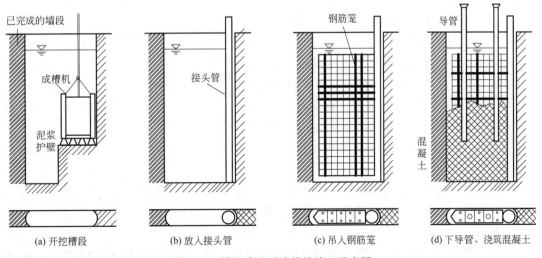

图 3-43 槽板式地下连续墙施工示意图

c. 组合式地下墙。该地下墙是一种将槽板式和桩排式结合起来施工而建成的组合墙，或者是由预制拼装芯板和胶凝泥浆固结而成的组合墙。

④ 按开挖情况可分为：地下连续墙（开挖）和地下防渗墙（不开挖）。

3.7.5.3 地下连续墙适用范围

地下连续墙施工振动小、噪声低，墙体刚度大，防渗性能好，对周围地基无扰动，可以组成具有很大承载力的任意多边形连续墙代替桩基础、沉井基础或沉箱基础。对土壤的适应范围很广，在软弱的冲积层、中硬地层、密实的砂砾以及岩石的地基中都可施工。初期用于坝体防渗，水库地下截流，后发展为挡土墙、地下结构的一部分或全部。房屋的深层地下室、地下停车场、地下街道、地下铁道、地下仓库、矿井等均可应用。

目前地下连续墙主要在以下几个方面得到大量应用：

① 地下挡土墙，如高层超高层建筑地下室外墙、地铁和地下街道的外墙、盾构和顶管等工程的工作竖井、码头和河港的驳岸和护岸、干船坞的围墙等。

一般地，当工程建设存在以下情况时，可采用地下连续墙作为挡土墙：a. 基坑深度大于 10m；b. 软土地基；c. 在密集的建筑群中施工基坑，对周围地面沉降、建筑物的沉降要求须严格限制时；d. 围护结构与主体结构相结合，用作主体结构的一部分，对抗渗有较严格要求时；e. 采用逆作法施工，内衬与护壁形成复合结构的工程。

② 地下承重结构物，如各种基础构造、墙及支承桩等。

③ 水利水电工程防渗墙、地下污水处理厂和净水池、泵房的外墙、城市市政管道及各种管形渠、地下储存槽等。

3.7.5.4 地下连续墙优缺点

① 优点。地下连续墙在工程建设中得到广泛的应用和其具有的优点是分不开的，地下连续墙具有以下一些优点：

a. 施工时振动小、噪声低，非常适合在城市施工；

b. 墙体刚度大，用于基坑开挖时，可承受很大的土压力，极少发生地基沉降或塌方事故，已经成为深基坑支护工程中必不可少的挡土结构；

c. 防渗性能好，墙体接头形式和施工方法的改进，使地下连续墙几乎不透水；

d. 可以紧贴原有建筑物建造地下连续墙；

e. 可用于逆作法施工，地下连续墙刚度大，易于设置埋设件，很适合于逆作法施工；

f. 适用于多种地基条件，地下连续墙对地基的适用范围很广，从软弱的冲积地层到中硬的地层、密实的砂砾层，各种软岩和硬层等地基内都可以建造地下连续墙；

g. 可用作刚性基础，目前地下连续墙不再单纯作为防渗防水、深基坑围护墙，而且越来越多地代替桩基础、沉井或沉箱基础，承受更大荷载；

h. 用地下连续墙作为土坝、尾矿坝和水闸等水工建筑物的垂直防渗结构，是非常安全和经济的；

i. 占地少，可以充分利用建筑红线以内有限的地面和空间，充分发挥投资效益；

j. 工效高、工期短、质量可靠、经济效益高。

② 缺点。

a. 在一些特殊的地质条件下（如很软的淤泥质土、含漂石的冲积层和超硬岩石等），施工难度很大；

b. 如果施工方法不当或施工地质条件特殊，可能出现相邻墙段不能对齐和漏水的问题；

c. 地下连续墙如果用作临时的挡土结构，比其他方法所用的费用要高些；

d. 在城市施工时，废泥浆的处理比较麻烦。

3.7.5.5　地下连续墙施工工艺

地下连续墙施工工艺要求相对比较高，它是建造深基础工程和地下构筑物的一项新技术。地下连续墙施工工艺主要采用一种挖槽机械开挖基槽，在挖基槽前先做保护基槽上口的导墙，在泥浆护壁的条件下，开挖出一条狭长的深槽，清槽后在槽内吊放安装钢筋笼，紧接着用导管灌注水下混凝土，筑成一个单元槽段，如此逐段进行，以特殊接头方式，在地下筑成一道连续的钢筋混凝土墙壁，作为挡土、截水、防渗、承重结构。

① 导墙。导墙通常为就地灌注的钢筋混凝土结构。主要作用是：保证地下连续墙设计的几何尺寸和形状；容蓄部分泥浆，保证成槽施工时液面稳定；承受挖槽机械的荷载，保护槽口土壁不破坏，并作为安装钢筋骨架的基准。导墙深度一般为 1.2～1.5m。墙顶高出地面 10～15m，以防地表水流入而影响泥浆质量。导墙底不能设在松散的土层或地下水位波动的部位。

② 泥浆护壁。通过泥浆对槽壁施加压力以保护开挖的深槽形状不变，灌注混凝土把泥浆置换出来。泥浆材料通常由膨润土、水、化学处理剂和一些惰性物质组成。泥浆的作用是在槽壁上形成不透水的泥皮，从而使泥浆的静水压力有效地作用在槽壁上，防止地下水的渗水和槽壁的剥落，保持壁面的稳定，同时泥浆还有悬浮土渣和土渣携带出基槽的功能。

在砂砾层中成槽，必要时可采用木屑、蛭石等挤塞剂防止漏浆。泥浆使用方法分为静止式和循环式两种。泥浆在循环式使用时，应用振动筛、旋流器等净化装置。在指标恶化后要考虑采用化学方法处理或废弃旧浆，换用新浆。

③ 成槽施工。目前国内使用的成槽专用机械有：旋转切削多头钻、导板抓斗、冲击钻等。施工时应视地质条件和筑墙深度选用。一般土质较软，深度在 15m 左右时，可选用普通导板抓斗；对密实的砂层或含砾土层可选用多头钻或加重型液压导板抓斗；在含有大颗粒卵砾石或岩基中成槽，以选用冲击钻为宜。槽段的单元长度一般为 6～8m，通常结合土质情况、钢筋骨架重量及结构尺寸、划分段落等决定。成槽后需静置 4h，并使槽内泥浆相对密度小于 1.3。

④ 水下灌注混凝土。采用导管法按水下混凝土灌注法进行，但在用导管开始灌注混凝土前为防止泥浆混入混凝土，可在导管内吊放一管塞，依靠灌入的混凝土压力将管内泥浆挤出。混凝土要连续灌注并测量混凝土灌注量及上升高度，所溢出的泥浆送回泥浆沉淀池。

⑤ 墙段接头处理。地下连续墙由许多墙段拼组而成，为保持墙段之间连续施工，接头采用锁口管工艺，即在灌注槽段混凝土前，在槽段的端部预插一根直径和槽宽相等的钢管，即锁口管，待混凝土初凝后将钢管徐徐拔出，使端部形成半凹榫状接头。也有根据墙体结构受力需要而设置刚性接头的，以使先后两个墙段连成整体。

3.7.5.6　地下连续墙检测

地下连续墙作为一种常用的基础形式，目前在工程中得到广泛使用，但是由于地下连续墙施工结束后埋在地下，因此保证其工程质量就显得非常重要。目前常用的地下连续墙质量检测方法有：声波透射法、钻孔取芯法、探地雷达法。超声波地下连续墙检测是目前常用的方法之一。

超声波地下连续墙检测仪利用超声探测方法，将超声波传感器侵入钻孔中的泥浆里，可以很方便地对钻孔四个方向同时进行孔壁状态监测，实时监测连续墙槽宽、钻孔直径、孔壁或墙壁的垂直度、孔壁或墙壁坍塌状况；帮助改善钻孔质量、减少工作时间、降低工程费用；输出清晰的孔以及槽壁图像。

目前，国内超声波钻孔检测仪无论从成图清晰度、检测数据的准确性，还是机械性能等方面已经完全可以取代进口设备，而且检测图像更直观、清晰，对泥浆的适应能力更高。

3.8 桩基础设计案例

高层框架结构（二级建筑）的某柱截面尺寸为 1250mm×850mm，该柱传递至基础顶面的荷载为：$F=9200kN$，$M=410kN \cdot m$，$H=300kN$，采用 6~8 根 $\phi800mm$ 的水下钻孔灌注桩组成柱下独立桩基础，设地面标高为 ±0.00m，承台底标高控制在 −2.00m，地面以下各土层分布及设计参数见表 3-20，试设计该柱下独立桩基础。

设计计算内容：

（1）确定桩端持力层，计算单桩极限承载力标准值 Q_{uk}。

（2）确定桩中心间距及承台平面尺寸。

（3）计算复合基桩竖向承载力特征值 R 及各桩顶荷载设计值 N，验算基桩竖向承载力；计算基桩水平承载力 R_{ha} 并验算。

（4）确定单桩配筋量。

（5）承台设计计算。

表 3-20 设计参数

项目	湿重度 γ /(kN/m³)	孔隙比 e	液性指数 I_L	压缩模量 E_s /MPa	承载力特征值 f_{ak} /kPa	层厚 /m	极限侧阻力标准值 q_{sik} /kPa	极限端阻力标准值 q_{pk} /kPa	地基土水平抗力系数的比例系数 m /(MN/m⁴)
层①粉土	19.0	0.902		6.0	80	4.3	23		6
层②粉细砂	19.6	0.900		6.5	105	3.8	20		9
层③细砂	19.8	0.860		7.8	125	2.8	28		13
层④粉土	19.6	0.810		10.5	140	2.3	40		15
层⑤₁粉细砂	19.7	0.85		7.0	115	4.4	28		12
层⑤₂粉细砂	19.7	0.770		16.0	170	3.0	48	850	28
层⑥粉质黏土	19.8	0.683	0.25	8.5	160	2.5	66		25
层⑦粉土	19.8	0.750		13.7	170	2.9	58		25
层⑧粉质黏土	19.9	0.716	0.46	6.1	145	5.7	60		14
层⑧₁粉砂	20.0	0.770		14.0	190	0.8	52	820	37
层⑧₂粉质黏土	19.9	0.716	0.46	6.1	145	4.5	60	710	14
层⑨粉土	20.4	0.700		13.0	195	3.5	62		36
层⑩粉质黏土	19.9	0.706	0.27	8.2	170	4.8	68		28
层⑪细砂	20.2	0.690		22.0	220	17.7	70	1500	45

【解】（1）确定桩端持力层，计算单桩极限承载力标准值 Q_{uk}

① 确定桩端持力层及桩长。根据设计要求可知，桩的直径 $d=800\text{mm}$。

根据土层分布资料，选择层厚为 4.5m 的层⑧粉质黏土为桩端持力层。根据《建筑桩基技术规范》的规定，桩端全断面进入持力层的深度对黏性土、粉土不宜小于 $2d$。因此初步确定桩端进入持力层的深度为 2m。则桩长 l 为：

$$l=4.3+3.8+2.8+2.3+4.4+3.0+2.5+2.9+5.7+0.8+2-2=32.5(\text{m})$$

② 计算单桩极限承载力标准值。因为直径 800mm 的桩属于大直径桩，所以可根据《建筑桩基技术规范》中的经验公式计算单桩极限承载力标准值 Q_{uk}：

$$Q_{uk}=Q_{sk}+Q_{pk}=u\sum\psi_{si}q_{sik}l_i+\psi_p q_{pk}A_p$$

其中桩的周长 $u=\pi d=2.513\text{m}$；桩端面积 $A_p=\pi d^2/4=0.503\text{m}^2$；$\psi_{si}$、$\psi_p$ 分别为大直径桩侧阻、端阻尺寸效应系数，$\psi_{si}=(0.8/d)^{1/5}=1$，$\psi_p=(0.8/D)^{1/5}=1$。

根据所给土层及参数，计算 Q_{uk}：

$$\begin{aligned}Q_{uk}=&2.513\times1\times[23\times(4.3-2)+20\times3.8+28\times2.8+40\times2.3+28\times4.4+48\times3.0+\\&66\times2.5+58\times2.9+60\times5.7+52\times0.8+60\times2]+1\times710\times0.503=3883.6(\text{kN})\end{aligned}$$

确定单桩极限承载力标准值 Q_{uk} 后，再按下式计算单桩竖向承载力特征值：

$$R_a=\frac{1}{K}Q_{uk}$$

式中，K 为安全系数，取 $K=2$。

则 $R_a=3883.6\div2=1941.8$ （kN）。

（2）确定桩中心间距及承台平面尺寸

桩数 $n=F/R_a=9200\div1941.8=4.7$，所以暂取桩数为 6。

根据《建筑桩基技术规范》的规定，非挤土灌注桩的最小中心距为 $3d$，边桩中心至承台边缘的距离不应小于桩的直径或边长，且桩的外边缘至承台边缘的距离不应小于 150mm。取桩中心距 S_a 为 2.5m，边桩中心距承台边缘的距离取为 0.8m。

则承台长度 $L_c=2\times(2.5+0.8)=6.6(\text{m})$，承台宽度 $B_c=2\times0.8+2.5=4.1(\text{m})$。

承台平面示意如图 3-44。

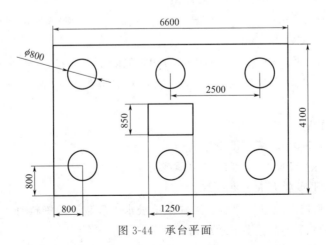

图 3-44　承台平面

（3）计算复合基桩竖向承载力特征值 R 及各桩顶荷载设计值 N，验算基桩竖向承载力；计算基桩水平承载力 R_{ha} 并验算

① 确定复合基桩竖向承载力特征值。根据《建筑桩基技术规范》中介绍的方法，对于此类情况，应按下式确定其复合基桩的竖向承载力特征值：

$$R = R_a + \eta_c f_{ak} A_c$$

式中，η_c 为承台效应系数，可根据 S_a/d、B_c/l 等参数查表得到。当计算桩为非正方形排列时，$S_a = \sqrt{A/n}$，A 为承台计算域面积，n 为桩数。

$S_a = \sqrt{6.6 \times 4.1 \div 6} = 2.124$，$S_a/d = 2.124 \div 0.8 = 2.655$，$B_c/l = 4.1/32.5 = 0.126$，通过查表，可取 η_c 为 0.06。

f_{ak} 为承台下 1/2 承台宽度且不超过 5m 深度范围内地基承载力特征值的厚度加权平均值，由资料可得，f_{ak} 为 80kPa。

A_c 为计算基桩所对应的承台底净面积，$A_c = (A - nA_{ps})/n$，A_{ps} 为桩身截面面积。则 $A_c = (6.6 \times 4.1 - 6 \times 0.503)/6 = 4.007 (\text{m}^2)$。

复合基桩的竖向承载力特征值：

$$R = R_a + \eta_c f_{ak} A_c = 1941.8 + 0.06 \times 80 \times 4.007 = 1961.0 (\text{kN})$$

② 确定各桩顶荷载设计值 N，验算基桩竖向承载力。根据《建筑桩基技术规范》中介绍的方法，各桩顶荷载设计值可由下式计算：

$$N_{ik} = \frac{F_k + G_k}{n} \pm \frac{M_{xk} y_i}{\sum y_j^2} \pm \frac{M_{yk} x_i}{\sum x_j^2}$$

式中　　　　F_k——荷载效应标准组合下，作用于承台顶面的竖向力；

　　　　　　G_k——桩基承台和承台上土自重标准值，对稳定的地下水位以下部分应扣除水的浮力，此处承台上土的重度取为 10kN/m^3；

　　M_{xk}、M_{yk}——分别为荷载效应标准组合下，作用于承台底面，绕通过桩群形心的 x、y 主轴的力矩；

x_i、x_j、y_i、y_j——分别为第 i、j 基桩或复合基桩至 y、x 轴的距离。

暂取承台高度为 1.8m，M 与长边方向（x 轴方向）一致。桩按从左到右、从上到下的顺序分别记为 1~6 号桩。各桩顶荷载设计值如下：

$N_{1k} = N_{4k} = (9200 + 2 \times 6.6 \times 4.1 \times 10) \div 6 + [(410 + 300 \times 1.8) \times 2.5] \div (4 \times 2.5 \times 2.5)$
$\qquad = 1718.5 (\text{kN})$

$N_{2k} = N_{5k} = (9200 + 2 \times 6.6 \times 4.1 \times 10) \div 6 = 1623.5 (\text{kN})$

$N_{3k} = N_{6k} = (9200 + 2 \times 6.6 \times 4.1 \times 10) \div 6 - [(410 + 300 \times 1.8) \times 2.5] \div (4 \times 2.5 \times 2.5)$
$\qquad = 1528.5 (\text{kN})$

由计算结果可得：

$N_{kmin} = 1528.5\text{kN} > 0$，基桩不受上拔力。

$N_{kmax} = 1718.5\text{kN} < 1.2R$，基桩竖向承载力满足要求。

③ 计算基桩水平承载力 R_{ha} 并验算。

根据《建筑桩基技术规范》规定，当缺少单桩水平静载试验资料时，可按下式估算桩身配筋率小于 0.65% 的灌注单桩水平承载力特征值：

$$R_{ha} = \frac{0.75 \alpha \gamma_m f_t W_0}{\nu_m} (1.25 + 22\rho_g) \left(1 + \frac{\zeta_N N}{\gamma_m f_t A_n}\right)$$

式中　α——桩的水平变形系数，根据公式 $\alpha = \sqrt[5]{\dfrac{mb_0}{EI}}$ 进行计算，参数的选取与计算参考

《建筑桩基技术规程》（JGJ 94—2008）中的 5.7.2、5.7.5；

γ_m——桩截面模量塑性系数，圆形截面 $\gamma_m = 2$；

f_t——桩身混凝土抗拉强度设计值；

ν_m——桩身最大弯矩系数；

ζ_N——桩顶竖向力影响系数，竖向压力取 0.5；

W_0——桩身换算截面受拉边缘的截面模量，圆形截面为：

$$W_0 = \frac{\pi d}{32}\left[d^2 + 2(\alpha_E - 1)\rho_g d_0^2\right]$$

方形截面为：

$$W_0 = \frac{b}{6}\left[b^2 + 2(\alpha_E - 1)\rho_g b_0^2\right]$$

其中 d 为桩直径，d_0 为扣除保护层厚度的桩直径，b 为方形截面边长，b_0 为扣除保护层厚度的桩截面宽度，α_E 为钢筋弹性模量与混凝土弹性模量的比值；

ρ_g——桩身配筋率；

A_n——桩身换算截面积，圆形截面 $A_n = \dfrac{\pi d^2}{4}\left[1 + (\alpha_E - 1)\rho_g\right]$；

N——在荷载效应标准组合下桩顶的竖向力。

$$m = [(4.3 - 2) \times 6 + 3.8 \times 9 + 2.8 \times 13 + 2.3 \times 15 + 4.4 \times 12 + 3 \times 28 +$$

$$2.5 \times 25 + 2.9 \times 25 + 5.7 \times 14 + 0.8 \times 37 + 2 \times 14]/32.5 = 16.25\,\text{MN/m}^4$$

$$b_0 = 0.9 \times (1.5 \times 0.8 + 0.5) = 1.53\,\text{m}$$

若桩身采用 C30 的混凝土，其弹性模量 E_c 为 $3 \times 10^4\,\text{N/mm}^2$，混凝土保护层的厚度取为 60mm，采用 HRB335 规格的钢筋，其弹性模量 E_s 为 $2 \times 10^5\,\text{N/mm}^2$。

$$d_0 = 800 - 2 \times 60 = 680\,(\text{mm})$$

$$\alpha_E = (2 \times 10^5) \div (3 \times 10^4) = 6.67$$

当桩径为 $300 \sim 2000\,\text{mm}$ 时，桩身正截面的配筋率可取 $0.65\% \sim 0.2\%$，暂取桩身配筋率 ρ_g 为 0.58%。

$$W_0 = \frac{1}{32}\pi \times 0.8 \times [0.8^2 + 2 \times (6.67 - 1) \times 0.58\% \times 0.68^2] = 0.053\,(\text{m}^3)$$

$$I_0 = 0.5 \times 0.053 \times 0.68 = 0.01802\,(\text{m}^4)$$

$$EI = 0.85 \times 3 \times 10^4 \times 0.01802 = 4.5951 \times 10^5\,(\text{kN} \cdot \text{m}^2)$$

$$\alpha = \sqrt[5]{\frac{16250 \times 1.53}{459510}} = 0.558\,(\text{m}^{-1})$$

C30 混凝土的抗拉强度设计值 f_t 为 1.43MPa。桩身最大弯矩系数 ν_m 可查表获得，ν_m 为 0.926。

$$A_n = 0.25\pi \times 0.8^2 \times (1 + 5.67 \times 0.58\%) = 0.519\,(\text{m}^2)$$

所以基桩水平承载力 R_{ha} 为：

$$R_h = \frac{0.75 \times 0.558 \times 2 \times 1.43 \times 0.053}{0.926} \times (1.25 + 22 \times 0.58\%) \times \left(1 + \frac{0.5 \times 1623}{2 \times 1.43 \times 0.519}\right)$$

$$= 51.69(kN)$$

群桩基础的基桩水平承载力特征值应考虑由承台、桩群、土相互作用产生的群桩效应，可按下列公式确定：

$$R_h = \eta_h R_{ha}$$

$$\eta_h = \eta_i \eta_r + \eta_l + \eta_b$$

$$\eta_b = \frac{\mu P_c}{n_1 n_2 R_h}$$

$$\eta_i = \frac{\frac{S_a}{d}^{0.015n_2+0.45}}{0.15n_1 + 0.10n_2 + 1.9}$$

$$P_c = \eta_c f_{ak}(A - n A_{ps})$$

式中　η_h——群桩效应综合系数；

　　　η_i——桩的相互影响效应系数；

　　　η_r——桩顶约束效应系数；

　　　η_l——承台侧向土水平抗力效应系数（承台外围回填土为松散状态时取 $\eta_l = 0$）；

　　　η_b——承台底摩阻效应系数；

　S_a/d——沿水平荷载方向的距径比；

n_1、n_2——分别为沿水平荷载方向与垂直水平荷载方向每排桩中的桩数；

　　　μ——承台底与地基土间的摩擦系数；

　　　P_c——承台底地基土分担的竖向总荷载标准值。

沿水平荷载方向的距径比 $S_a/d = 2.5 \div 0.8 = 3.125$。

沿水平荷载方向每排桩中的桩数 $n_1 = 3$，垂直水平荷载方向每排桩中的桩数 $n_2 = 2$。

桩的相互影响效应系数 $\eta_i = \frac{3.125^{0.015 \times 2 + 0.45}}{0.15 \times 3 + 0.1 \times 2 + 1.9} = 0.678$。

通过查表可得，$\eta_r = 2.05$。

承台侧向土水平抗力效应系数 $\eta_l = 0$。

$$P_c = 0.06 \times 80 \times (6.6 \times 4.1 - 6 \times 0.503) = 115.4(kN)$$

通过查表，可取承台底与地基土间的摩擦系数 μ 为 0.3。

$$\eta_b = (0.3 \times 115.4) \div (3 \times 2 \times 51.69) = 0.112$$

$$\eta_h = 0.678 \times 2.05 + 0 + 0.112 = 1.502$$

由此可得，群桩基础的基桩水平承载力特征值为

$$R_h = 1.502 \times 51.69 = 77.6(kN)$$

基桩水平力设计值 $H_k = \frac{H}{n} = \frac{300}{6} = 50(kN) < 77.6(kN)$，所以基桩水平承载力满足要求。

（4）确定单桩配筋量

由配筋率 $\rho_g = 0.58\%$ 可得，单桩中纵向钢筋的截面面积为：

$$A_s = \rho_g \frac{1}{4} \pi d^2 = 0.58\% \times \frac{1}{4} \pi \times 0.8^2 = 2915(mm^2)$$

根据灌注桩的配筋要求，选用 8 根 $\phi 22\text{mm}$ 的 HRB335 钢筋，其截面面积为 3041mm^2，满足要求。

桩顶纵向主筋应锚入承台内，锚入长度取为 800mm。

根据《混凝土结构设计规范》规定，柱及其他受压构件中的周边箍筋应做成封闭式；其间距在绑扎骨架中不应大于 15d（d 为纵筋最小直径），且不应大于 400mm，也不大于构件横截面的短边尺寸。箍筋直径不应小于 d/4（d 为纵筋最大直径），且不应小于 6mm。

根据箍筋的配置要求，箍筋选用 $\phi 8\text{mm}$ 的 HPB235 级钢筋，采用间距为 200mm 的螺旋式箍筋。

（5）承台设计计算

① 承台构造。根据《建筑桩基技术规范》要求，桩嵌入承台内的长度对中等直径桩不宜小于 50mm，对大直径桩不宜小于 100mm。承台底面钢筋的混凝土保护层厚度，当有混凝土垫层时，不应小于 50mm，无垫层时，不应小于 70mm，并不小于桩头嵌入承台内的长度。

取承台高度为 1.8m，桩头嵌入承台内的长度为 100mm，承台底面钢筋的混凝土保护层厚度取为 120mm。

② 抗剪切计算。按照《建筑桩基技术规范》规定，柱下独立桩基承台斜截面受剪承载力应按下列规定计算：

$$V \leqslant \beta_{\text{hs}} \alpha f_{\text{t}} b_0 h_0$$

$$\alpha = \frac{1.75}{\lambda + 1}$$

$$\beta_{\text{hs}} = \left(\frac{800}{h_0}\right)^{1/4}$$

式中　V——不计承台及其上土自重，在荷载效应基本组合下，斜截面的最大剪应力设计值；

f_{t}——混凝土轴心抗拉强度设计值；

b_0——承台计算截面处的计算宽度；

h_0——承台计算截面处的有效高度；

α——承台剪切系数；

λ——计算截面的剪跨比，$\lambda_x = a_x/h_0$，$\lambda_y = a_y/h_0$，此处，a_x、a_y 为柱边（墙边）或承台台阶处至 y、x 方向计算一排桩的桩边的水平距离；

β_{hs}——受剪切承载力截面高度影响系数。

计算示意见图 3-45。

有效高度 $h_0 = 1800 - 120 = 1680(\text{mm})$。

$$\beta_{\text{hs}} = \left(\frac{800}{1680}\right)^{1/4} = 0.831$$

根据《建筑桩基技术规范》规定，对于圆柱及圆桩，计算时应将其截面换算成方柱及方桩，换算桩截面边长 $b_{\text{p}} = 0.8d = 0.8 \times 0.8 = 0.64(\text{m})$。

计算柱边至 y、x 方向一排桩的桩边的水平距离：

$$a_x = 2500 - \frac{1250}{2} - \frac{640}{2} = 1555(\text{mm}), a_y = \frac{2500 - 850 - 640}{2} = 505(\text{mm})$$

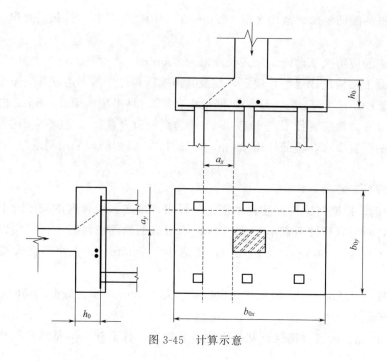

图 3-45　计算示意

计算截面的剪跨比：

$$\lambda_x = \frac{1555}{1680} = 0.926, \quad \lambda_y = \frac{505}{1680} = 0.301$$

承台剪切系数：

$$\alpha_x = \frac{1.75}{\lambda_x + 1} = \frac{1.75}{0.926 + 1} = 0.909, \quad \alpha_y = \frac{1.75}{\lambda_y + 1} = \frac{1.75}{0.301 + 1} = 1.345$$

桩按从左到右、从上到下的顺序分别记为 1～6 号桩。

对于 Ⅰ—Ⅰ 截面：

$b_{0x} = 6.6 \mathrm{m}$

$V_1 = N_{1k} + N_{2k} + N_{3k} = 1718.5 + 1623.5 + 1528.5 = 4870.5 (\mathrm{kN})$

$\beta_{hs} \alpha_y f_t b_{0x} h_0 = 0.831 \times 1.345 \times 1430 \times 6.6 \times 1.68 = 17722 (\mathrm{kN}) > 4870.5 (\mathrm{kN})$，所以满足要求。

对于 Ⅱ—Ⅱ 截面：

$b_{0y} = 4.1 \mathrm{m}$

$V_2 = N_{1k} + N_{4k} = 1718.5 + 1718.5 = 3437.0 (\mathrm{kN})$

$\beta_{hs} \alpha_x f_t b_{0y} h_0 = 0.831 \times 0.909 \times 1430 \times 4.1 \times 1.68 = 7440 (\mathrm{kN}) > 3437.0 (\mathrm{kN})$，所以满足要求。

③ 抗冲切计算。按照《建筑桩基技术规范》规定，冲切破坏锥体应采用自柱（墙）边或承台变阶处至相应桩顶边缘连线所构成的锥体，锥体斜面与承台底面之夹角不应小于 45°。

锥体斜面与承台底面之夹角 $\alpha = \arctan \dfrac{h_0}{a_x} = \arctan \dfrac{1680}{1555} = 47.2 (°)$，所以夹角满足要求。

承台受柱冲切的承载力计算：

对于柱下矩形独立承台受柱冲切的承载力可按下列公式计算：

$$F_1 \leqslant 2[\beta_{0x}(b_c + a_{0y}) + \beta_{0y}(h_c + a_{0x})]\beta_{hp}f_t h_0$$

$$F_1 = F - \sum Q_i$$

$$\beta_0 = \frac{0.84}{\lambda + 0.2}$$

式中　F_1——不计承台及其上土重，在荷载效应基本组合下作用于冲切破坏锥体上的冲切力设计值；

f_t——承台混凝土抗拉强度设计值；

β_{hp}——承台受冲切承载力截面高度影响系数，当 $h \leqslant 800\text{mm}$ 时，β_{hp} 取 1.0，当 $h \geqslant 2000\text{mm}$ 时，β_{hp} 取 0.9，其间按线性内插法取值；

h_c、b_c——分别为 x、y 方向柱截面的边长；

β_0——柱（墙）冲切系数；

λ——冲垮比，$\lambda = a_0/h_0$，a_0 为柱边或承台变阶处到桩边水平距离，当 $\lambda < 0.25$ 时，取 $\lambda = 0.25$，当 $\lambda > 1.0$ 时，取 $\lambda = 1.0$；

F——不计承台及其上土重，在荷载效应基本组合下柱（墙）底的竖向荷载设计值；

$\sum Q_i$——不计承台及其上土重，在荷载效应基本组合下冲切破坏锥体内各基桩或复合基桩的反力设计值之和。

$$\beta_{0x} = \frac{0.84}{\lambda_x + 0.2} = \frac{0.84}{0.926 + 0.2} = 0.746, \beta_{0y} = \frac{0.84}{\lambda_y + 0.2} = \frac{0.84}{0.301 + 0.2} = 1.677$$

根据线性插值法计算得到，$\beta_{hp} = 0.917$。

因为冲切破坏锥体内无基桩，所以 $\sum Q_i = 0$。

冲切力设计值为：

$$F_1 = F - \sum Q_i = 9200 - 0 = 9200(\text{kN})$$

承台受柱冲切的承载力为：

$$2[\beta_{0x}(b_c + a_{0y}) + \beta_{0y}(h_c + a_{0x})]\beta_{hp}f_t h_0$$
$$= 2 \times [0.746 \times (850 + 505) + 1.677 \times (1250 + 1555)] \times 0.917 \times 1.43 \times 1680$$
$$= 25179(\text{kN}) > F_1$$

因此，承台受柱冲切的承载力满足要求。

承台受基桩冲切的承载力计算。根据《建筑桩基技术规范》规定，四桩以上（含四桩）承台受角桩冲切的承载力可按下列公式计算：

$$N_1 \leqslant [\beta_{1x}(c_2 + a_{1y}/2) + \beta_{1y}(c_1 + a_{1x}/2)]\beta_{hp}f_t h_0$$

$$\beta_{1x} = \frac{0.56}{\lambda_{1x} + 0.2}$$

$$\beta_{1y} = \frac{0.56}{\lambda_{1y} + 0.2}$$

式中　N_1——不计承台及其上土重，在荷载效应基本组合作用下角桩（含复合基桩）反力设计值；

β_{1x}、β_{1y}——角桩冲切系数；

a_{1x}、a_{1y}——从承台底角桩顶内边缘引 45°冲切线与承台顶面相交点至角桩内边缘的水平距离，当柱（墙）边或承台变阶处位于该 45°线以内时，则取由柱（墙）边或承台变阶处与桩内边缘连线为冲切锥体的锥线；

c_1、c_2——角桩内边缘到承台外边缘距离；

h_0——承台外边缘的有效高度；

λ_{1x}、λ_{1y}——角桩冲跨比，$\lambda_{1x}=a_{1x}/h_0$，$\lambda_{1y}=a_{1y}/h_0$，其值均应满足 $0.25\sim1.0$ 的要求。

$$a_{1x}=a_{0x}=1555\text{mm}，a_{1y}=a_{0y}=505\text{mm}$$
$$\lambda_{1x}=\lambda_x=0.926，\lambda_{1y}=\lambda_y=0.301$$

则角桩冲切系数：

$$\beta_{1x}=\frac{0.56}{\lambda_{1x}+0.2}=\frac{0.56}{0.926+0.2}=0.497$$

$$\beta_{1y}=\frac{0.56}{\lambda_{1y}+0.2}=\frac{0.56}{0.301+0.2}=1.118$$

$$c_1=c_2=800+\frac{640}{2}=1120(\text{mm})$$

不计承台及其上土重，在荷载效应基本组合作用下角桩反力设计值最大值为：

$$N_{1\max}=\frac{F}{n}+\frac{(M+Hh)x_{\max}}{\sum x_i^2}=\frac{9200}{6}+\frac{(410+300\times1.8)\times2.5}{4\times2.5^2}=1628.3(\text{kN})$$

承台受基桩冲切的承载力为：

$$\left[\beta_{1x}(c_2+a_{1y}/2)+\beta_{1y}(c_1+a_{1x}/2)\right]\beta_{\text{hp}}f_th_0$$
$$=\left[0.497\times\left(1120+\frac{505}{2}\right)+1.118\times\left(1120+\frac{1555}{2}\right)\right]\times0.917\times1.43\times1680$$
$$=6176(\text{kN})>N_{1\max}$$

因此，承台受基桩冲切的承载力满足要求。

④ 抗弯计算。桩基承台应进行正截面受弯承载力计算。按照《建筑桩基技术规范》规定，多桩矩形承台弯矩计算截面取在柱边和承台变阶处，可按下列公式计算：

$$M_x=\sum N_iy_i$$
$$M_y=\sum N_ix_i$$

式中　M_x、M_y——分别为绕 x 轴、绕 y 轴方向计算截面处的弯矩设计值；

x_i、y_i——垂直 y 轴和 x 轴方向自桩轴线到相应计算截面的距离；

N_i——不计承台及其上土重，在荷载效应基本组合下的第 i 基桩或复合基桩竖向反力设计值。

根据《建筑桩基技术规范》的要求，承台纵向受力钢筋直径不应小于 12mm，间距不应大于 200mm。柱下独立桩基承台的最小配筋率不应小于 0.15%。

对于 y 轴方向：

$$M_y=1718.5\times2\times\left(2.5-\frac{1.25}{2}\right)=6444.4(\text{kN}\cdot\text{m})$$

若选用 HRB335 级的钢筋，其抗拉强度设计值 $f_y=300\text{N/mm}^2$。

沿 x 轴方向布置钢筋的面积为：

$$A_{sy}=\frac{M_x}{0.9h_0f_y}=\frac{6444.4\times10^6}{0.9\times1680\times300}=14207(\text{mm}^2)$$

按照规定，可选用 30 根 ϕ25mm 的钢筋，间距 130mm，其截面面积为 14715mm^2。采用上下两层布置钢筋，配筋率 $\rho=\frac{14715\times2}{4100\times1680}=0.42\%>0.15\%$，符合要求。

对于 x 轴方向：
$$M_x = (1718.5 + 1623.5 + 1528.5) \times (2500 - 850) \div 2 = 4018.2(\text{kN} \cdot \text{m})$$

沿 y 轴方向布置钢筋的面积为：
$$A_{sy} = \frac{M_x}{0.9h_0 f_y} = \frac{4018.2 \times 10^6}{0.9 \times 1680 \times 300} = 8858(\text{mm}^2)$$

可选用 36 根 $\phi 18$mm 的钢筋，间距 170mm，其截面面积为 9162mm^2。采用上下两层布置钢筋，配筋率 $\rho = \dfrac{9162 \times 2}{6600 \times 1680} = 0.17\% > 0.15\%$，符合要求。

思考题

1. 什么是群桩基础？什么是基桩？什么是群桩效应？
2. 群桩中的基桩和单桩在承载力和沉降方面有何差别？
3. 对哪些建筑物桩基应进行沉降验算？
4. 桩基础设计原则和设计的主要步骤是什么？
5. 什么是高承台桩？什么是低承台桩？各自的适用条件是什么？
6. 轴向荷载下的竖直单桩，按荷载传递方式不同可分为几类？
7. 什么是桩侧负摩阻力？其产生条件是什么？
8. 桩身中性点深度的影响因素是什么？
9. 决定单桩竖向承载力的因素是什么？

习题

1.【基础题】某工程钢筋混凝土柱（350mm×350mm），作用在桩基承台顶面荷载标高 -0.30m，$F_k = 2000$kN，$M_k = 250$kN·m，地基表层为杂填土，厚 1.5m；第二层为软塑黏土，厚 9m，$q_{sa} = 16.6$kPa；第三层为可塑粉质黏土，厚 5m，$q_{sa} = 35$kPa，$q_p = 870$kPa。若选取承台埋深 $d = 1.5$m，承台厚 1.5m，承台底面积取 2.5m×3.5m。试确定钢筋混凝土预制桩的截面尺寸、桩长及桩数，并确定单桩竖向承载力特征值。

2.【基础题】某建筑物其中一柱下桩基承台顶面荷载（标高 -0.30m）$F_k = 2000$kN，$M_k = 300$kN·m，地基表层为杂填土，厚 1.8m；第二层为软黏土，厚 7.5m，$q_{sa} = 14$kPa；第三层为粉质黏土，厚度较大，$q_{sa} = 30$kPa，$q_p = 800$kPa。若选取承台埋深 $d = 1.8$m，承台厚 1.5m，承台底面积取 2.4m×3.0m。选用截面为 300mm×300mm 的钢筋混凝土预制桩，试确定桩长及桩数，并进行桩位布置和群桩中单桩受

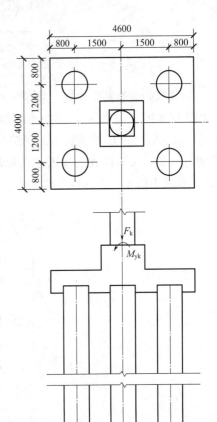

图 3-46　某柱下桩基础

力验算。

3. 【基础题】某柱下桩基础如图 3-46 所示，采用五根相同的基桩，桩径 $d = 800\text{mm}$，地震作用效应和荷载效应标准组合下，柱作用在承台顶面处的竖向力 $F_k = 10000\text{kN}$，弯矩设计值 $M_{yk} = 480\text{kN} \cdot \text{m}$，承台与土自重标准值 $G_k = 500\text{kN}$，按《建筑桩基技术规范》计算，基桩竖向承载力特征值至少要达到多少，该柱下桩基才能满足载力要求。

4. 【基础题】如图 3-47 所示，某 5 桩承台桩基，桩径 0.5m，采用混凝土预制桩，桩长 12m，承台埋深 1.2m。土层分布：0~3m 新填土，$q_{sik} = 24\text{kPa}$，$f_{ak} = 100\text{kPa}$；3~7m，可塑黏土，$q_{sik} = 66\text{kPa}$；7m 以下为中砂，$q_{sik} = 64\text{kPa}$，$q_{pk} = 5700\text{kPa}$。作用于承台顶轴心竖向荷载标准组合值 $F_k = 5400\text{kN}$，$M_k = 1200\text{kN} \cdot \text{m}$，试验算复合基桩竖向承载力。

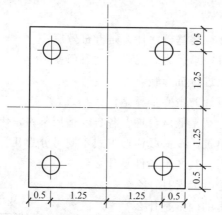

图 3-47 某 5 桩承台桩基（单位：m）

5. 【基础题】某甲类建筑物拟采用干作业钻孔桩基础，桩径 0.8m，桩长 50.0m，拟建场地土层如图 3-48 所示，其中土层②、③层为湿陷性黄土状粉土，这两层土自重湿陷量 $\Delta z_s = 440\text{mm}$，④层粉质黏土无湿陷性，桩基设计参数如表 3-21 所示。根据《建筑桩基技术规范》和《湿陷性黄土地区建筑标准》规定，单桩所能承受的竖向力 N_k 最大值为多少（黄土粉状土的中性点深度比取 $l_n / l_0 = 0.5$）。

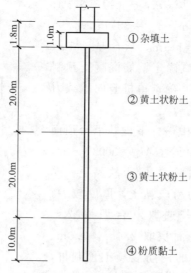

图 3-48 拟建场地土层

表 3-21 桩基设计参数

地层编号	地层名称	天然重度/(kN/m³)	干作业钻孔灌注桩	
			桩的极限侧阻力标准值 q_{sik}/kPa	桩的极限端阻力标准值 q_{pk}/kPa
②	黄土状粉土	18.7	31	
③	黄土状粉土	19.2	42	
④	粉质黏土	19.3	100	2200

6.【提高题】某工程地质条件如图 3-49 所示,柱子截面边长为 600mm×400mm,上部结构传至柱底的荷载为 $F_k=2700$kN,$M_k=260$kN·m(沿柱长边方向作用),$H_k=150$kN,试设计柱下独立群桩基础(承台采用 C25 混凝土,$f_t=1270$kPa,配置 HRB335 级钢筋,$f_y=300$N/mm²,$R_{ha}=70$kPa)。

7.【提高题】某场地地基土剖面及土性指标从上到下依次为:①粉质黏土,$\gamma=18.4$kN/m³,$w=30.6\%$,$w_L=35\%$,$w_p=18\%$,$f_{ak}=100$kPa,厚 2m;②粉土,$\gamma=18.9$kN/m³,$w=24.5\%$,$w_L=25\%$,$w_p=16.5\%$,$e=0.78$,$f_{ak}=150$kPa,厚 2m;③中砂,$\gamma=19.2$kN/m³,$N=20$,中密,$f_{ak}=350$kPa,未揭穿。根据上部结构和荷载性质,该工程采用桩基础,承台底面埋深 1m,采用钢筋混凝土预制方桩,边长 300mm,设计桩长 9m。试确定单桩承载力特征值。桩的极限侧阻力标准值见表 3-22,桩的极限端阻力标准值见表 3-23。

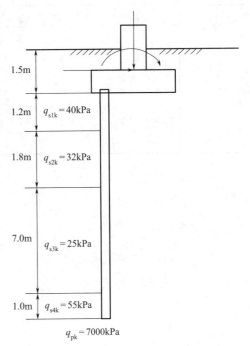

图 3-49 某工程地质条件

图中标注:
1.5m
1.2m $q_{s1k}=40$kPa
1.8m $q_{s2k}=32$kPa
7.0m $q_{s3k}=25$kPa
1.0m $q_{s4k}=55$kPa
$q_{pk}=7000$kPa

表 3-22 桩的极限侧阻力标准值 q_{sik} 单位:kPa

土的名称	土的状态		混凝土预制桩	泥浆护壁钻(冲)孔桩	干作业钻孔桩
黏性土	流塑	$I_L>1$	24~40	21~38	21~38
	软塑	$0.75<I_L\leqslant1$	40~55	38~53	38~53
	可塑	$0.50<I_L\leqslant0.75$	55~70	53~68	53~66
	硬可塑	$0.25<I_L\leqslant0.50$	70~86	68~84	66~82
	硬塑	$0<I_L\leqslant0.25$	86~98	84~96	82~94
	坚硬	$I_L\leqslant0$	98~105	96~102	94~104
粉土	稍密	$e>0.9$	26~46	24~42	24~42
	中密	$0.75\leqslant e\leqslant0.9$	46~66	42~62	42~62
	密实	$e<0.75$	66~88	62~82	62~82
中砂	中密	$15<N\leqslant30$	54~74	53~72	53~72
	密实	$N>30$	74~95	72~94	72~94

表 3-23　桩的极限端阻力标准值 q_{pk}　　　　　　　　　单位：kPa

土名称	土的状态	桩型	混凝土预制桩桩长 l/m			
			$l \leqslant 9$	$9 < l \leqslant 16$	$16 < l \leqslant 30$	$l > 30$
黏性土	软塑	$0.75 < I_L \leqslant 1$	210~850	650~1400	1200~1800	1300~1900
	可塑	$0.50 < I_L \leqslant 0.75$	850~1700	1400~2200	1900~2800	2300~3600
	硬可塑	$0.25 < I_L \leqslant 0.50$	1500~2300	2300~3300	2700~3600	3600~4400
	硬塑	$0 < I_L \leqslant 0.25$	2500~3800	3800~5500	5500~6000	6000~6800
粉土	中密	$0.75 \leqslant e \leqslant 0.9$	950~1700	1400~2100	1900~2700	2500~3400
	密实	$e < 0.75$	1500~2600	2100~3000	2700~3600	3600~4400
粉砂	稍密	$10 < N \leqslant 15$	1000~1600	1500~2300	1900~2700	2100~3000
	中密、密实	$N > 15$	1400~2200	2100~3000	3000~4500	3800~5500
细砂	中密、密实	$N > 15$	2500~4000	3600~5000	4400~6000	5300~7000
中砂			4000~6000	5500~7000	6500~8000	7500~9000
粗砂			5700~7500	7500~8500	8500~10000	9500~11000

第4章
区域性地基及其他

案例导读

　　历史上青藏高原因为交通落后，制约了当地经济的发展，所以将铁路修到青藏高原上，是中国延续了百余年的宏愿。在青藏高原上修建铁路极为困难，除了恶劣的气候和脆弱的环境，最难解决的技术难题就是高原多年冻土。青藏铁路通过多年冻土区约550km，分布面积约2.45万平方公里，海拔大部分在4400m以上，属于中纬度多年冻土，具有地温高、厚度薄等特点，其复杂性和独特性举世无双。如果让青藏铁路的路基稳定，就必须保持冻土的热稳定性，而冻土的热稳定性有一个温度阈值，超过这个温度，冻土就会融化。因此，解决冻土热稳定性的最好办法就是给路基降温，将温度保持在融化温度阈值之下。

　　经过近半个世纪艰辛探索，中国的冻土专家终于找到了解决高原冻土筑路问题的办法，即：守护天路的"被动措施"，其原理就是充分利用热能的辐射、对流和传导等方式。具体分为以下几种：选择合理的路基高度、路基铺设隔热层、片石路基结构、热棒路基结构、通风管路基结构、遮阳棚以及以桥代路等。在上述措施里面，热棒路基结构无疑是最令人瞩目的一种。想想看，将一排排钢棒斜插在铁路路基两侧，无论春夏秋冬，都能让路基下面的永久冻土层在火车通行之下保持冷冻状态，是不是非常神奇？

　　本章将讨论区域性地基。本部分内容与土力学、工程地质学、工程岩土学、岩土工程勘察以及建筑施工理论关系密切。区域性地基及基础的设计和处理方法，可为区域性特殊土作为建筑场地、地基及建筑环境时，提供相应的理论研究依据及治理措施参考，避免工程事故。

学习目标

1. 掌握区域性特殊土的主要工程地质特性，能够对地基的工程性质做出正确评价。
2. 熟悉区域性地基及基础的设计和处理方法。

4.1　概述

　　土是地球表面尚未固结成岩的松散堆积物，是自然历史时期经过各种地质作用形成的地质体。土位于地壳的表层，主要是第四纪的产物，是人类工程经济活动的主要地质环境。土是连续的、坚固的岩石在风化作用下形成的大小悬殊的颗粒，在原地残留或经过不同的搬运方式，在各种自然环境中形成的堆积物。我国幅员辽阔，地质条件复杂，分布土类繁多，工程性质各异，有些土类由于地理环境、地质成因、物质成分及次生变化等原因而具有与一般土类显著不同的特殊土工程性质，当其作为建筑场地、地基及建筑环境时，如果不注意这些特点，并采取相应的治理措施，有可能会造成工程事故。

特殊土是指在一定分布区域或工程意义上具有特殊成分、状态或结构特征的土。在我国，特殊土一般包括湿陷性黄土、膨胀土、红黏土、软土、冻土和盐渍土等。

区域性地基包括湿陷性黄土地基、膨胀土地基、山区地基及地震区地基等。这类地基土由于所处地理环境、气候条件和各自地质成因等不同，而与一般土的工程性质有显著区别，并带有一定的区域性。

我国广大的山区、丘陵地带，广泛分布着工程地质、水文地质条件复杂的山区地基，经常出现多种不良地质现象，如滑坡、泥石流、崩塌、岩溶和土洞等，给工程建设造成直接或潜在的威胁。因此必须正确认识山区建设的特性，合理利用、正确处理山区地基。

我国是一个多地震的国家，地震时，在岩土中传播的地震波引起地基土体的振动，当地基土强度经受不住地基振动变形所产生的内力时，就会失去支撑建筑物的能力，导致地基失效，严重时可产生地裂、坍塌、液化、震陷等灾害。地震中地基的稳定性和变形以及抗震、防震措施是地震区地基基础设计必须主要考虑的。

4.2　湿陷性黄土地基

4.2.1　黄土的特征和分布

黄土是一种产生于第四纪地质历史时期干旱条件下的沉积物，主要分布在中纬度干旱或半干旱的大陆性气候地区，它的内部物质成分和外部形态特征都不同于同时期的其他沉积物。一般认为不具层理的风成黄土为原生黄土，原生黄土经过流水冲刷、搬运和重新沉积而形成的黄土称为次生黄土，它常具有层理和砾石夹层。

黄土是指在干燥气候条件下形成的多孔性、具有柱状节理的黄色粉性土。黄土含有大量可溶盐类，往往具有肉眼可见的大孔隙，孔隙比大多在 1.0～1.1 之间。

在一定压力下受水浸湿，土结构迅速破坏，并发生显著附加下沉的黄土称湿陷性黄土，它主要为属于晚更新世（Q_3）的马兰黄土以及属于全新世（Q_4）的黄土状土。这类土为形成年代较晚的新黄土，土质均匀或较为均匀，结构疏松，大孔发育，有较强烈的湿陷性。在一定压力下受水浸湿，土结构不破坏，并无显著附加下沉的黄土称非湿陷性黄土，一般属于中更新世（Q_2）的离石黄土和属于早更新世（Q_1）的午城黄土。这类形成年代久远的老黄土土质密实，颗粒均匀，无大孔或略具大孔结构，一般不具有湿陷性或轻微湿陷性。非湿陷性黄土地基的设计和施工与一般黏性土地基无甚差异。后面讨论的均为与工程建设关系密切的湿陷性黄土。

湿陷性黄土又分为自重湿陷性黄土和非自重湿陷性黄土两种。在上覆土的自重应力下受水浸湿发生显著附加下沉的湿陷性黄土称自重湿陷性黄土；在上覆土的自重压力下受水浸湿不发生显著附加下沉的湿陷性黄土称非自重湿陷性黄土。

黄土在全世界分布面积达 1300 万平方千米，约占陆地总面积的 9.3%，主要分布于中纬度干旱、半干旱地区。我国黄土分布非常广泛，面积约 64 万平方千米，其中湿陷性黄土约占 3/4。以黄河中游地区最为发育，多分布于甘肃、陕西、山西地区，青海、宁夏、河南也有部分分布，其他如河北、山东、辽宁、黑龙江、内蒙古和新疆等省（自治区）也有零星分布。地理位置属于干旱与半干旱气候地带。其物质主要来源于沙漠与戈壁。由于各地的地理、地质和气候条件的差别，湿陷性黄土的组成成分、分布地带、沉积厚度、湿陷特征和物理力学性质也因地而异，其湿陷性由西北向东南逐渐减弱，厚度变薄。详见《湿陷性黄土地区建筑标准》（GB 50025—2018）中我国湿陷性黄土工程地质分区图及其附表。

4.2.2 黄土湿陷发生的原因和影响因素

(1) 黄土湿陷原因

黄土的湿陷现象是一个复杂的地质、物理、化学过程，对其湿陷的原因和机理，国内外学者有多种假说，如毛细管假说、溶盐假说、胶体不足假说、水膜楔入假说、欠压密理论和结构学说等。但至今尚未获得一种大家公认的理论能够充分地解释所有的湿陷现象和本质。以下介绍被公认为能比较合理解释湿陷现象的欠压密理论、溶盐假说和结构学说。

① 欠压密理论认为，在干旱、少雨气候下，黄土沉积过程中水分不断蒸发，土粒间的盐类析出，胶体凝固，形成固化黏聚力，从而阻止了上面的土对下面土的压密作用而成为欠压密状态，时间长了，堆积的欠压密土层越来越厚，因而形成高孔隙比、低湿度的湿陷性黄土。一旦水浸入较深，固化黏聚力消失，就产生了湿陷。

② 溶盐假说认为，黄土湿陷是由于黄土中存在大量的易溶盐。当黄土中含水量较低时，易溶盐处于微晶状态，附在颗粒表面，起着胶结作用。当受水浸湿后，易溶盐溶解，胶结作用丧失，产生湿陷。但溶盐假说并不能解释所有的湿陷现象，例如我国湿陷性黄土中易溶盐含量就较少。

③ 结构学说认为，黄土湿陷是由湿陷性黄土所具有的特殊结构体系所造成的。这种结构体系是由集粒和碎屑组成的骨架颗粒相互连接形成的一种粒状架空结构体系，它含有大量架空孔隙。颗粒间的连接强度是在干旱、半干旱条件下形成的，来源于上覆土重的压密、少量的水在粒间接触处形成的毛细管压力、粒间分子引力、粒间摩擦及少量胶凝物质的固化黏聚等。该结构体系在水和外荷载共同作用下，必然导致连接强度降低、连接点破坏，使整个结构体系失去稳定。

尽管解释黄土湿陷原因的观点各异，但从上面归纳起来可以分为外因和内因两方面。黄土受水浸湿和压力作用是湿陷发生的外因，黄土的结构特征（图 4-1）及物质组成是产生湿陷性的内在原因。

(2) 影响黄土湿陷性的因素

影响黄土湿陷性的因素来自黄土的物质成分和其特殊结构。根据对黄土的微结构研究，黄土中骨架颗粒的大小、含量和胶结物的聚集形式，对于黄土湿陷性的强弱具有重要影响。骨架颗粒愈多，彼此接触，则粒间孔隙大，胶结物含量较少，胶结物呈薄膜状包围颗粒，粒间联结脆弱，因而湿陷性愈强。相反，骨架颗粒较细，胶结物丰富，颗粒被完全胶结，则粒间联结牢固，结构致密，湿陷性弱或无湿陷性。黄土中黏土粒的含量越大，并均匀分布于骨架颗粒之间，则具有较大的胶结作用，土的湿陷性越弱。另外，黄土中盐类及其存在状态对湿陷性有直接影响，黄土中的盐类，如以较难

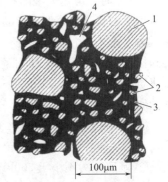

图 4-1 黄土结构示意
1—砂粒；2—粗粉粒；
3—胶结物；4—大孔隙

溶解的碳酸钙为主而具有胶结作用时，湿陷性减弱，而石膏及易溶盐含量愈大，土的湿陷性愈强。

黄土的湿陷性与天然孔隙比和天然含水量大小有关。当其他条件相同时，黄土的天然孔隙比愈大，则湿陷性愈强。如孔隙比 $e<0.9$（西安地区黄土），则一般不具湿陷性或湿陷性很小；如孔隙比 $e<0.86$（兰州地区黄土），则湿陷性一般不明显。黄土的湿陷性随其天然含水量的增加而减弱。

黄土的湿陷性还与外加压力有关，外加压力增大，湿陷量也显著增加，但当压力超过某一数值时，再增加压力，湿陷量反而减少。

4.2.3 黄土地基的湿陷性评价及勘察要求

4.2.3.1 湿陷性评价

正确评价黄土地基的湿陷性具有很重要的工程意义，它主要包括：查明黄土在一定压力下浸水后是否具有湿陷性；判别场地的湿陷类型，属于自重湿陷性黄土还是非自重湿陷性黄土；判定湿陷黄土地基的湿陷等级，即强弱程度。

关于黄土地基湿陷性的评价标准，各国不尽相同，以下介绍我国《湿陷性黄土地区建筑标准》（GB 50025—2018）的规定。

(1) 湿陷系数、湿陷起始压力及黄土湿陷性的判别

湿陷系数是指天然土样单位厚度的湿陷量。测定湿陷系数的方法有室内压缩试验、现场静载荷试验、双线法等。

黄土的湿陷量与所受的压力大小有关，黄土的湿陷性应利用现场采集的不扰动土试样，按室内压缩试验在一定压力下测定的湿陷系数 δ_s 来判定，其计算式为：

$$\delta_s = \frac{h_p - h_p'}{h_0} \tag{4-1}$$

式中 h_p——保持天然的湿度和结构的土样加压至一定压力时，下沉稳定后的高度，mm；

h_p'——上述加压稳定后的土样，在浸水（饱和）作用下，附加下沉稳定后的高度，mm；

h_0——土样的原始高度，mm。

工程中主要利用 δ_s 来判别黄土的湿陷性，当 $\delta_s<0.015$ 时，应定为非湿陷性黄土；当 $\delta_s \geqslant 0.015$ 时，应定为湿陷性黄土。试验中，测定湿陷系数的压力 p，用地基中黄土的实际压力虽然比较合理，但在初勘阶段，建筑物的平面位置、基础尺寸和埋深等尚未确定，故实际压力大小难以预估。鉴于一般工业与民用建筑基底下 10m 内的附加应力与土的自重应力之和接近 200kPa，10m 以下附加应力很小，主要是上覆土的饱和自重应力。《湿陷性黄土地区建筑标准》规定：测定湿陷系数的试验压力，应按土样深度和基底压力确定。土样深度自基础底面算起，基底标高不确定时，自地面下 1.5m 算起；试验压力应按下列条件取值：

① 基底压力小于 300kPa 时，基底下 10m 以内的土层应用 200kPa，10m 以下至非湿陷性黄土层顶面，应用其上覆土的饱和自重压力；

② 基底压力不小于 300kPa 时，宜用实际基底压力，当上覆土的饱和自重压力大于实际基底压力时，应用其上覆土的饱和自重压力；

③ 对压缩性较高的新近堆积黄土，基底下 5m 以内的土层宜用 100~150kPa 压力，5~10m 和 10m 以下至非湿陷性黄土层顶面，应分别用 200kPa 和上覆土的饱和自重压力。

用上述方法只能测出在某一个规定压力下的湿陷系数。有时工程上需要确定湿陷起始压力 p_{sh}（kPa）。它是一个压力界限值，当黄土受到的压力低于这个数值，即使浸了水也只产生压缩变形，而不会出现湿陷现象，因此 p_{sh} 是一个很有实用价值的指标。《湿陷性黄土地区建筑标准》中给出下列方法确定：

① 按现场载荷试验确定时，应在压力-浸水下沉量曲线上，取其转折点所对应的压力作为湿陷起始压力值。当曲线上的转折点不明显时，可取浸水下沉量与承压板宽度之比小于 0.017 所对应的压力作为湿陷起始压力值。

② 按室内压缩试验即单、双线法确定时，在 p-δ_s 曲线上宜取 $\delta_s=0.015$ 所对应的压力作为湿陷起始压力值。采用单线法时，应在同一个取土点的同一深度处，至少以环刀取 5 个试样，各试样均在天然湿度下分级加载，分别加至不同的规定压力，下沉稳定后测 h。再浸水，至湿陷稳定为止，测试样高度（图 4-2）。按式（4-1），绘制 p-δ_s 曲线，确定 p_{sh}。

采用双线法时，应在同一个取土点的同一深度处，以环刀取 2 个试样，一个在天然湿度下分级加载，另一个在天然湿度下加第一级荷载，下沉稳定后浸水，至湿陷稳定，再分级加载。分别测定这两个试样在各级压力下，下沉稳定后的试样高度 h 和浸水下沉稳定后的试样高度 h'，就可以绘制出不浸水试样的 p-h 曲线和浸水试样的 p-h' 曲线，如图 4-2，然后按式（4-1），绘制 p-δ_s 曲线，确定 p_{sh}。

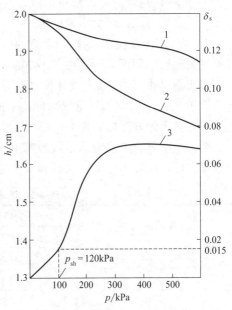

图 4-2　双线法压缩试验曲线
1—不浸水试样的 p-h 曲线；
2—浸水试样的 p-h' 曲线；
3—p-δ_s 曲线

（2）湿陷类型的划分

工程实践表明，自重湿陷性黄土在没有外荷载的作用下，浸水后也会迅速发生剧烈的湿陷，产生的湿陷事故比非自重湿陷性黄土场地多，对两种类型的湿陷性黄土地基，所采取的设计和施工措施有所区别。因此，必须正确划分场地的湿陷类型。

黄土的湿陷类型可按室内压缩试验在土饱和自重压力下测定的自重系数来判定。自重湿陷系数（δ_{zs}）计算方法同 δ_s。$\delta_{zs}=(h_z-h_z')/h_0$，其中，$h_z$ 是加压至该土样上覆土的饱和自重应力时下沉稳定后的高度；h_z' 是上述加压稳定后的土样，在浸水作用下，附加下沉稳定后的高度。当 $\delta_{zs}<0.15$ 时，定为非自重湿陷性黄土；当 $\delta_{zs}\geqslant0.15$ 时，定为自重湿陷性黄土。

建筑场地的湿陷类型，应按实测自重湿陷量 Δ_{zs}' 或按室内压缩试验累计的计算自重湿陷量 Δ_{zs}' 判定。实测自重湿陷量 Δ_{zs}' 应根据现场试坑浸水试验确定，该试验方法比较可靠，但费水费时，有时受各种条件限制，往往不易做到。因此，规范规定，除在新建区，对甲、乙类建筑物宜采用现场试坑浸水试验外，对一般建筑物可按计算自重湿陷量划分场地类型。

计算自重湿陷量按下式进行：

$$\Delta_{zs} = \beta_0 \sum_{i=1}^{n} \delta_{zsi} h_i \tag{4-2}$$

式中　δ_{zsi}——第 i 层土在上覆土的饱和自重应力作用下的湿陷系数；

　　　　h_i——第 i 层土的厚度，cm；

　　　　n——总计算土层内湿陷土层的数目，总计算厚度应从天然地面算起（当挖、填方厚度及面积较大时，自设计地面算起）至其下全部湿陷性黄土层的底面为止（$\delta_s < 0.015$ 的土层不计）；

　　　　β_0——地区而异的修正系数，对陇西地区可取 1.5，对陇东、陕北、晋西地区可取 1.2，对关中地区可取 0.9，对其他地区可取 0.5。

Δ_{zs} 应自天然地面（当挖、填方的厚度和面积较大时，应自设计地面）算起，至其下非湿陷性黄土层的顶面上，其中 $\Delta_{zs} < 0.015$ 的土层不累计。

当实测自重湿陷量 Δ_{zs}' 或计算自重湿陷量 Δ_{zs}' 小于 7cm 时，应定为非自重湿陷性黄土地区；大于 7cm 时，定为自重湿陷性黄土地区。

（3）黄土地基湿陷等级

由若干个具有不同湿陷系数的黄土层所组成的湿陷黄土地基，其湿陷程度是由这些土层被水浸湿后可能发生湿陷量的总和来衡量（表 4-1）。

表 4-1　湿陷性黄土地基的湿陷等级

总湿陷量 Δ_s	非自重湿陷性场地	自重湿陷性场地		
	$\Delta_{zs} \leqslant 7cm$	$7cm < \Delta_{zs} \leqslant 35cm$	$\Delta_{zs} > 35cm$	
$\Delta_s \leqslant 30cm$	Ⅰ（轻微）	Ⅱ（中等）	—	
$30cm < \Delta_s \leqslant 70cm$	Ⅱ（中等）	Ⅱ（中等）或Ⅲ（严重）[①]	Ⅲ（严重）	
$\Delta_s > 70cm$	Ⅱ（中等）	Ⅲ（严重）	Ⅳ（很严重）	

① 当湿陷量的计算值 $\Delta_s > 60cm$、自重湿陷量的计算值 $\Delta_{zs} > 30cm$ 时可判为Ⅲ级，其他情况可判为Ⅱ级。

总湿陷量计算可按下式进行：

$$\Delta_s = \sum_{i=1}^{n} \beta \delta_{si} h_i \tag{4-3}$$

式中　δ_{si}——第 i 层土的湿陷系数。

　　　　h_i——第 i 层土的厚度，cm。

　　　　β——考虑地基土的受水浸湿可能性和侧向挤出等因素的修正系数，基底下 5m（压缩层）深度内可取 1.5；5～10m 取 1.0；10m 以下至非湿陷性黄土层顶面，在自重湿陷性黄土场地可取工程所在地区的 β_0 值。

总湿陷量愈大，湿陷等级愈高，地基浸水后建筑物和地面的变形愈严重，对建筑物的危害也愈大。因此，对不同的湿陷等级，应采取相应不同的设计措施。而要确定湿陷等级，则首先要解决可能被水浸陷和产生湿陷的湿陷性黄土层的厚度以及湿陷等级界限值的合理确定。

应该指出，总湿陷量是假定建筑物地基在规定的压力作用下充分浸水时的湿陷变形，它没有考虑地基与建筑物的共同作用。建筑物地基可能发生的湿陷变形取决于很多因素，如浸水概率、浸水方式、浸水时间、浸入地基的水量、基础面积、基础形式和基底压力大小等，所以总湿陷量只是近似地反映了地基土的湿陷程度，而并非建筑物地基的实际可能湿陷量。

【例 4-1】 陇西地区某场地详细勘察资料如下表所示，计算确定该场地黄土地基的湿陷等级（$\beta_0 = 1.50$）。

层号	层厚/m	自重湿陷系数 δ_{zs}	湿陷系数 δ_s
1	7	0.019	0.028
2	8	0.015	0.018
3	3	0.010	0.016
4	5	0.004	0.014
5	11	0.001	0.004

【解】（1）自重湿陷量计算

自重湿陷系数值小于 0.015 的土层不累计，且陇西地区 $\beta_0 = 1.50$。

$$\Delta_{zs} = 1.50 \times (7 \times 0.019 + 8 \times 0.015) \times 10^3 = 379.5 (\text{mm})$$

（2）湿陷量的计算值

$$\Delta_s = \sum_{i=1}^{n} \beta \delta_{si} h_i = 1.5 \times 0.028 \times 5000 + 1.0 \times (0.028 \times 500 + 0.018 \times 4500)$$

$$+ 1.5 \times 0.015 \times 3500 = 383.75 (\text{mm})$$

$\Delta_{zs} > 350\text{mm}$，且 $300\text{mm} \leqslant \Delta_s \leqslant 700\text{mm}$，该土为 Ⅲ 级土。

4.2.3.2 黄土地基勘察要求

对湿陷性黄土地区进行地基勘察时，依照《湿陷性黄土地区建筑标准》和《岩土工程勘察规范》进行。

① 黄土地基的勘察工作应着重查明地层时代、成因、湿陷性土层的厚度、湿陷系数随深度的变化，湿陷类型和湿陷等级的平面分布，地下水位变化幅度和其他工程地质条件。

② 划分不同的地貌单元，查明湿陷凹地、黄土溶洞、滑坡、崩塌、冲沟和泥石流等不良地质现象的分布地段、规模和发展趋势及其对建设的影响。

③ 了解场地内有无地下坑穴，如墓、井、坑、地道、砂井和砂巷等。

④ 采取原状土样，必须保持其天然湿度和结构（Ⅰ级土试样），探井中取样竖向间距一般为 1m，土样直径不小于 10cm。钻孔中取样，必须注意钻进工艺。取土勘探点中应有一定数量的探井。在 Ⅲ、Ⅳ 级自重湿陷性黄土场地上，探井数量不得少于取土勘探点的 1/3。场地内应有一定数量的取土勘探点穿透湿陷性黄土层。

⑤ 湿陷性黄土地基的承载力按《湿陷性黄土地区建筑标准》确定。

4.2.4 湿陷性黄土地基的工程措施

在湿陷性黄土地区进行建设，地基应满足承载力、湿陷变形、压缩变形和稳定性的要求。针对黄土地基湿陷性这个特点和工程要求，采取以地基处理为主的综合措施，以防止地基湿陷，保证建筑物安全和正常使用，这些措施有：

① 地基处理措施。消除地基的全部或部分湿陷量，常采用垫层法、夯实法、挤密法、预浸水法、单液硅化或碱液加固法等处理方法，或采用桩基础穿透全部湿陷性黄土层，或将基础设置在非湿陷性黄土层上。

② 防水措施。一是基本防水措施。在建筑物布置、场地排水、屋面排水、地面防水、

散水、排水沟、管道敷设、管道材料和接口等方面，应采取措施防止雨水或生产、生活用水的渗漏。二是检漏防水措施。在基本防水措施的基础上，对防护范围内的地下管道，应增设检漏管沟和检漏井。三是严格防水措施。在检漏防水措施的基础上，应提高防水地面、排水沟、检漏管沟和检漏井等设施的材料标准，如增设可靠的防水层、采用钢筋混凝土排水沟等。

③ 结构措施。减小或调整建筑物的不均匀沉降，或使结构适应地基的变形。

《湿陷性黄土地区建筑标准》根据建筑物的重要性及地基受水浸湿可能性的大小和在使用上对不均匀沉降限制的严格程度，将建筑物分为甲、乙、丙、丁四类（表 4-2）。对甲类建筑和乙类中的重要建筑，应在设计文件中注明沉降观测点的位置和观测要求，并应注明在施工和使用期间进行沉降观测。

表 4-2　黄土地区建筑物分类

建筑物类别	划分标准
甲类	高度大于 60m 和 14 层及 14 层以上体形复杂的建筑 高度大于 50m 且地基受水浸湿可能性大或较大的构筑物 高度大于 100m 的高耸结构 特别重要的建筑 地基受水浸湿可能性大的重要建筑 对不均匀沉降有严格限制的建筑
乙类	高度为 24～60m 建筑 高度为 30～50m 且地基受水浸湿可能性大或较大的构筑物 高度为 50～100m 的高耸结构 地基受水浸湿可能性较大的重要建筑 地基受水浸湿可能性大的一般建筑
丙类	除甲类、乙类、丁类以外的一般建筑和构筑物
丁类	长高比不大于 2.5 且总高度不大于 5m，地基受水浸湿可能性小的单层辅助建筑，次要建筑

4.3　膨胀土地基

4.3.1　膨胀土的特征

（1）地形、地貌特征

膨胀土多分布于Ⅱ级以上的河谷阶地或山前丘陵地区，个别处于Ⅰ级阶地。在微地貌方面有如下共同特征：

① 呈垄岗式低丘，浅而宽的沟谷。地形坡度平缓，无明显的自然陡坎。

② 人工地貌，如沟渠、坟墓、土坑等很快被夷平，或出现剥落、"鸡爪冲沟"，在池塘、库岸、河溪边坡地段常有大量坍塌或小滑坡发生。

③ 旱季地表出现地裂，长数米至数百米、宽数厘米至数十厘米，深数米。特点是多沿地形等高线延伸，雨季闭合。

（2）土质特征

① 颜色呈黄、黄褐、灰白、花斑（杂色）和棕红等色。

② 多由高分散的黏土颗粒组成，常有铁锰质及钙质结核等零星包含物，结构致密细腻。一般呈坚硬-硬塑状态，但雨天浸水剧烈变软。

③ 近地表部位常有不规则的网状裂隙。裂隙面光滑，呈蜡状或油脂光泽，时有擦痕或水迹，并有灰白色黏土（主要为蒙脱石或伊利石矿物）充填，在地表部位常因失水而张开，雨季又会因浸水而重新闭合。

（3）膨胀土的物理、力学指标

① 黏粒含量多达 $35\%\sim85\%$。其中粒径 $<0.002mm$ 的胶粒含量一般在 $30\%\sim40\%$ 范围，液限一般为 $40\%\sim50\%$，塑性指数多在 $22\sim35$ 之间。

② 天然含水量接近或略小于塑限，不同季节变化幅度为 $3\%\sim6\%$，故一般呈坚硬或硬塑状态。

③ 天然孔隙比小，变化范围常在 $0.50\sim0.80$ 之间。云南的较大，为 $0.7\sim1.2$。同时，其天然孔隙比随土体湿度的增减而变化，即土体增湿膨胀，孔隙比变大，土体失水收缩，孔隙比变小。

（4）膨胀土指标试验结果

各地膨胀土的膨胀率、膨胀力和收缩率等指标的试验结果差异很大。例如就膨胀力而言，同一地点同一层土的膨胀力在河南平顶山为 $6\sim550kPa$，一般值也在 $30\sim250kPa$，云南蒙自为 $10\sim220kPa$，一般值在 $10\sim80kPa$。同样，收缩率值平顶山为 $2.7\%\sim8\%$，蒙自为 $4\%\sim15\%$。这是因为这些试验是在天然含水量的条件下进行的，而同一地区土的天然含水量随季节及其环境条件而变化。试验证明，当膨胀土的天然含水量小于其最佳含水量（或塑限）之后，每减少 $3\%\sim5\%$，其膨胀力可增大数倍，收缩率则大为减小。

（5）关于膨胀土的强度和压缩性

膨胀土在天然条件下一般处于硬塑或坚硬状态，强度较高，压缩性较低。

4.3.2　影响膨胀土胀缩变形的主要因素

（1）影响膨胀土胀缩变形的主要内在因素

① 矿物成分。膨胀土主要由蒙脱石、伊利石等强亲水性矿物组成。蒙脱石矿物亲水性强，具有既易吸水又易失水的强烈活动性。伊利石亲水性比蒙脱石低，但也有较高的活动性。蒙脱石矿物吸附外来的阳离子的类型对土的胀缩性也有影响，如吸附钠离子（钠蒙脱石）就具有特别强烈的胀缩性。

② 黏粒含量。由于黏土颗粒细小，比表面积大，因而具有很大的表面能，对水分子和水中阳离子的吸附能力强。因此，土中黏粒含量愈多则土的胀缩性愈强。

③ 土的初始密度和含水量。土的胀缩表现于土的体积变化。对于含有一定数量的蒙脱石和伊利石的黏土来说，当其在同样的天然含水量条件下浸水，天然孔隙比愈小，土的膨胀愈大，而收缩愈小。反之，天然孔隙比愈大，收缩愈大。因此，在一定条件下，土的天然孔隙比（密实状态）是影响胀缩变形的一个重要因素。此外，土中原有的含水量与土体膨胀所需的含水量相差愈大时，则遇水后土的膨胀愈大，而失水后土的收缩愈小。

④ 土的结构强度。结构强度愈大，土体抵制胀缩变形的能力也愈大。当土的结构受到破坏以后，土的胀缩性随之增强。

（2）影响膨胀土胀缩变形的主要外在因素

① 气候条件。气候条件是首要因素。从现有的资料分析，膨胀土分布地区旱季较长，如建筑场地潜水位较低，则表层膨胀土受大气影响，土中水分处于剧烈的变动之中。在雨季，土中水分增加，在旱季则减少。房屋建造后，室外土层受季节性气候影响较大，因此，

第 4 章

基础的室内外两侧土的胀缩变形有明显差别，有时甚至外缩内胀，致使建筑物受到反复的不均匀变形影响，从而导致建筑物的开裂。野外实测资料表明，季节性气候变化对地基土中水分的影响随深度的增加而递减。因此，确定建筑物所在地区的大气影响程度对防止膨胀土的危害具有实际意义。

② 地形地貌条件。不同地形和高程地段地基上的初始状态及其受水蒸发条件不同，因此，地基土产生胀缩变形的程度也各不相同。凡建在高旷地段膨胀土层上的单层浅基建筑物裂缝最多，而建在低洼处、附近有水田水塘的单层房屋裂缝就少。这是由于高旷地带蒸发条件好，地基土容易干缩，而低洼地带土中水分不易散失，且补给有源，湿度较能保持相对稳定。

③ 日照、通风影响。例如一 U 形房屋建造在成都黏土（膨胀土）层上，前纵墙出现裂缝，而后纵墙完好无损，分析其原因，前纵墙通风条件较后纵墙好，地基土水分易于蒸发，土体收缩，从而引起砖墙裂缝。

④ 建筑物周围的阔叶树。在炎热和干旱地区，建筑物周围的阔叶树（特别是不落叶的桉树）对建筑物的胀缩变形造成不利影响。在旱季，当无地下水或地表水补给时，树根的吸水作用会使土中的含水量减少，更加剧了地基上的干缩变形，从而导致房屋产生裂缝。

⑤ 局部渗水。对于天然湿度较低的膨胀土，当建筑物内、外有局部水源补给（如水管漏水、雨水和施工用水未及时排除）时，必然会增大地基胀缩变形的差异。

另外，在膨胀土地基上建造冷库或高温构筑物如无隔热措施，也会因不均匀胀缩变形而开裂。

4.3.3　膨胀土的胀缩性指标及地基评价

（1）膨胀土的胀缩性指标

① 自由膨胀率 δ_{ef}。将人工制备的磨细烘干土样，经无颈漏斗注入量杯，量其体积，然后倒入盛水的量筒中，经充分吸水膨胀稳定后，再测其体积。增加的体积与原体积的比值 δ_{ef} 称为自由膨胀率。

$$\delta_{ef} = \frac{\nu_w - \nu_0}{\nu_0} \tag{4-4}$$

式中　ν_0——干土样原有体积，即量杯体积，mL；

　　　ν_w——土样在水中膨胀稳定后的体积，由量筒刻度量出，mL。

② 膨胀率 δ_{ep} 与膨胀力 P_e。膨胀率表示原状土在侧限压缩仪中，一定压力下，浸水膨胀稳定后，土样增加的高度与原高度之比，表示为：

$$\delta_{ep} = \frac{h_w - h_0}{h_0} \tag{4-5}$$

式中　h_w——土样浸水膨胀稳定后的高度，mm；

　　　h_0——土样的原始高度，mm。

以各级压力下的膨胀率 δ_{ep} 为纵坐标，压力 p 为横坐标，将试验结果绘制成 p-δ_{ep} 关系曲线，该曲线与横坐标的交点 P_e 称为试样的膨胀力，膨胀力表示原状土样在体积不变时，由于浸水膨胀产生的最大内应力。

③ 线缩率 δ_{sr} 与收缩系数 λ_s。膨胀土失水收缩，其收缩性可用线缩率与收缩系数表示。

线缩率 δ_{sr} 是指土的竖向收缩变形与原状土样高度之比，表示为：

$$\delta_{sr} = \frac{h_0 - h_i}{h_0} \times 100\%$$ (4-6)

式中　h_0——土样的原始高度，mm；

　　　h_i——某含水量 w_i 时的土样高度，mm。

利用收缩曲线直线收缩段可求得收缩系数 λ_s，其定义为：原状土样在直线收缩阶段内，含水量每减少 1% 时所对应的线缩率的改变值，即

$$\lambda_s = \frac{\Delta \delta_{sr}}{\Delta w}$$ (4-7)

式中　Δw——收缩过程中，直线变化阶段内，两点含水量之差，%；

　　　$\Delta \delta_{sr}$——两点含水量之差对应的竖向线缩率之差，%。

（2）膨胀土的判别

《膨胀土地区建筑技术规范》（GB 50112）中规定，凡具有下列工程地质特征的场地，且自由膨胀率 $\delta_{ef} \geqslant 40\%$ 的土应判定为膨胀土。

① 土的裂隙发育，常有光滑面和擦痕，有的裂隙中充填有灰白、灰绿等杂色黏土。自然条件下呈坚硬或硬塑状态。

② 多出露于二级或二级以上的阶地、山前和盆地边缘的丘陵地带。地形较平缓，无明显自然陡坎。

③ 常见有浅层滑坡、地裂。新开挖坑（槽）壁易发生坍塌等现象。

④ 建筑物多呈"倒八字""X"或水平裂缝，裂缝随气候变化而张开和闭合。

（3）膨胀土地基评价

《膨胀土地区建筑技术规范》规定以 50kPa 压力下测定的土的膨胀率计算地基分级变形量，以地基分级变形量作为划分胀缩等级的标准，表 4-3 给出了膨胀土地基的胀缩等级。

表 4-3　膨胀土地基的胀缩等级

地基分级变形量 s_c/mm	级别	破坏程度
$15 \leqslant s_c < 35$	Ⅰ	轻微
$35 \leqslant s_c < 70$	Ⅱ	中等
$s_c \geqslant 70$	Ⅲ	严重

4.3.4　膨胀土地基计算和工程措施

按建筑场地的地形地貌条件，膨胀土地基的设计分为两种情况：①位于平坦场地的建筑物地基；②位于坡地场地上的建筑物地基。

（1）膨胀土地基计算

膨胀土胀缩变形在不同的情况下可表现为不同变形形态，大致可分为：

① 上升型。当离地表 1m 处地基土的天然含水量等于或接近最小值时，或地面有覆盖且无蒸发可能时，以及建筑物在使用期间经常有水浸湿的地基，地基土主要为膨胀变形，按膨胀变形量计算。

② 下降型。当离地表 1m 处地基土的天然含水量大于 1.2 倍塑限含水量时，或直接受高温作用的地基，属于下降型变形，按收缩变形量计算。

③ 波动型。其他情况属于波动型变形，按胀缩变形量计算。

地基土的膨胀变形量计算基本与一般地基变形计算方法相同，采用分层总和法。

$$s_e = \psi_e \sum_{i=1}^{n} \delta_{epi} h_i \qquad (4-8)$$

式中　ψ_e——经验系数，由当地经验确定。无资料时，三层及以下建筑物可取 0.6。

δ_{epi}——第 i 层土在压力 p_i（即该层土平均自重应力与平均附加应力之和）作用下的膨胀率。

h_i——第 i 层土的计算深度，一般取小于 0.4 倍基地宽度。

n——自基地至计算深度内的土层数。

地基收缩变形量计算：

$$s_s = \psi_s \sum_{i=1}^{n} \lambda_{si} \Delta w_i h_i \qquad (4-9)$$

式中　ψ_s——经验系数，由当地经验确定。无资料时，三层及其以下建筑物可取 0.8。

λ_{si}——第 i 层土的收缩系数。

Δw_i——地基收缩过程中，第 i 层土可能产生的含水量变化的平均值。

地基总胀缩变形量：

$$s = \psi \sum_{i=1}^{n} (\delta_{epi} + \lambda_{si} \Delta w_i) h_i \qquad (4-10)$$

式中　ψ——经验系数，可取 0.7。

膨胀土地基承载力可按载荷试验法、计算法和经验法确定，具体参见《膨胀土地区建筑技术规范》。位于膨胀土坡地场地上的建筑物还需进行地基稳定性验算。

（2）工程措施

在膨胀土地基上进行工程建设，应根据当地的气候条件、地基胀缩等级、场地工程地质和水文地质条件，结合当地建筑施工经验，因地制宜采取综合措施：

① 设计措施。建筑场地应尽量选在地形条件比较简单、土质比较均匀、胀缩性较弱并便于排水且地面坡度小于 14°的地段；应尽量避开地裂、可能发生浅层滑坡以及地下水位变化剧烈等地段。常用的地基处理方法有换土、土性改良、预浸水、桩基等，具体选用应根据地基的胀缩等级、地方材料、施工条件、建筑经验等通过综合技术经济比较后确定。

② 施工措施。在施工中应尽量减少地基中含水量的变化。进行开挖工程时，应快速作业，避免基坑岩土体受暴晒或泡水。雨季施工应采取防水措施。基坑施工完毕后，应回填土夯实。

由于膨胀土坡地具有多向失水性及不稳定性，坡地上的建筑破坏比平坦场地上严重，应尽量避免在坡坎上建筑。如无法避开，则应采取排水措施，设置支挡和护坡来治坡，整治环境，再开始兴建。

4.4　山区地基及红黏土地基

山区地基覆盖层厚薄不均，下卧基岩面起伏较大，土岩组合地基在山区较为普遍。当地基下卧岩层为可溶性岩层时，易出现岩溶发育，而土洞又是岩溶作用的产物，凡具备土洞发育条件的岩溶地区，一般均有土洞发育。红黏土也常分布在岩溶地区，成为基岩的覆盖层。由于地表水和地下水的运动会引起冲蚀和潜蚀作用，红黏土中常有土洞存在。因此，红黏土与岩溶、土洞关系密切。

4.4.1　土岩组合地基

当建筑地基的主要受力层范围内，遇到下列情况之一者，属于土岩组合地基：下卧基岩表面坡度较大；石芽密布并有出露的地基；大块孤石地基。

(1) 土岩组合地基的工程特性

① 下卧基岩表面坡度较大。由于基岩表面倾斜，基底下土层厚薄不均，地基的承载力和压缩性相差很大而引起建筑物不均匀沉降，上覆土层也有可能沿倾斜基岩表面滑动造成失稳。基岩面与倾斜情况见图 4-3。

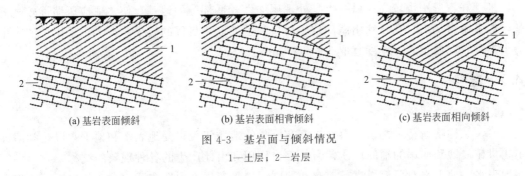

(a) 基岩表面倾斜　　　　(b) 基岩表面相背倾斜　　　　(c) 基岩表面相向倾斜

图 4-3　基岩面与倾斜情况

1—土层；2—岩层

② 石芽密布并有出露的地基。这类地基一般是在岩溶地区出现，如我国贵州、广西和云南等省。其特点是基岩表面起伏较大，石芽间多被红黏土所填充。即使采用很密集的勘探点，也不易查清岩面起伏变化的全貌。石芽密布地基见图 4-4。

③ 大块孤石地基。地基中夹杂着大块孤石，多出现在山前洪积层中或冰碛层中。这类地基类似于岩层表面相背倾斜和个别石芽出露地基，其变形条件最为不利，建筑物极易开裂。夹大块孤石地基见图 4-5。

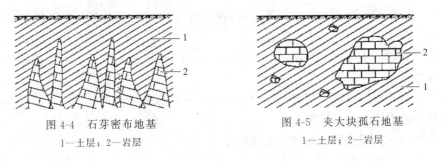

图 4-4　石芽密布地基

1—土层；2—岩层

图 4-5　夹大块孤石地基

1—土层；2—岩层

(2) 土岩组合地基的处理

土岩组合地基设计中最主要的问题是岩石与土变形模量的较大差异使地基变形不均匀，土质部分的下沉常引起建筑物的破坏。

对这类地基的处理一般遵循下列原则：

① 充分利用上覆土层，尤其在上覆土层土质较好的情况下，尽量采用浅埋基础。

② 采取地基处理和结构措施相结合的方法来解决不均匀地基的变形问题，充分考虑地基、基础和上部结构的共同作用。

③ 必须从整个建筑物的全局出发，使各部位变形相互协调。

根据上述原则，对这类地基的处理可分为结构措施和地基处理两个方面。

① 结构措施。结构措施主要是在地基压缩性相差较大的部位，结合建筑物平面形状、荷载条件合理地设置沉降缝（沉降缝宽度宜取 30～50mm，特殊情况下可适当加宽），减少不均匀沉降造成的危害，并且要注意加强上部结构的刚度，如适当加密墙体间距，避免在结构单元的端部布置大房间、增设圈梁，选择能较好地适应地基不均匀变形的结构形式等。但结构措施的效果是有限的，当地基的变形差异超过一定的限度后，建筑物仍然会产生裂缝。因此，有时还应同时处理地基以控制不均匀沉降。

② 地基处理。地基处理可分为两大类。一类是处理压缩性较高部分的地基，使之适应压缩性较低的地基，如采用桩基础，局部深挖，换填或用梁、板、拱跨越等方法。这类处理方法效果较好，费用也较高。另一类是处理压缩性较低部分的地基，使之适应压缩性较高的地基，如采用褥垫法，在石芽出露部位做褥垫，也能取得良好的效果。褥垫可采用炉渣、中砂、土夹石或黏性土等，厚度宜取 300～500mm。

4.4.2 岩溶

(1) 概述

岩溶，又称喀斯特，是指可溶性岩石在漫长的地质年代里受地表水和地下水以化学溶蚀为主，机械侵蚀和崩塌为辅的地质营力的综合作用和由此产生的各种现象的统称。

地表水、地下水对可溶岩进行溶解和冲刷，结果在岩石内造成了空洞，使岩石结构发生变化和破坏，形成了一系列独特的地貌景观以及特殊的地下水类型，降低了原有岩石的强度，导致了较复杂的地质问题。

岩溶在我国分布广泛，岩溶主要分布在我国西南、中南地区，有的岩溶发育在岩盐类岩石（如岩盐、钾盐）中，有的发育在硫酸盐类岩石（如石膏、硬石膏）中，但以碳酸盐类岩石中发育的岩溶现象最为普遍，如石灰岩、白云岩等在我国西南各省几乎到处可见。

(2) 岩溶的发育条件和规律

岩溶的形成条件主要与可溶性岩石、岩石的裂隙性、水的溶蚀能力、岩溶水的运动与循环有关。

岩溶水随深度的不同，有不同的运动特征，分别为季节循环带、垂直循环带、深部循环带、水平循环带。

在岩溶发育地区，各种岩溶形态在空间的分布和排列是有一定规律的，它们主要受岩层产状、地质构造和地壳运动的控制。

(3) 岩溶地区工程地质问题及防治措施

岩溶对结构物的影响很大，易出现地基不均匀、崩塌和陷落。概括起来，与岩溶有关的工程地质问题有：

① 可溶岩石强度的降低对地基稳定性的影响，可溶性岩石均匀性溶蚀及非均匀性溶蚀对地基的影响问题。

② 地表岩溶现象，如溶洞、溶槽、石芽、溶蚀漏斗等对地基稳定性的影响。

③ 地下岩溶如溶洞、溶蚀裂隙、暗河等对地基稳定性的影响；在岩溶地区开采矿产或修建地下工程建筑物，突然发生岩溶水涌水，淹没坑道，危及人们生命财产等。

④ 在岩溶地区修建水利工程设施（如水库、水渠以及其他工程等）中坝基的稳定性及可能的渗漏问题。

⑤ 岩溶地区地下水一般较丰富，若在岩溶区开采利用地下水资源会造成地下水位大面积下降，由此引起地表塌陷，影响和危害各种建筑物的安全。

总之，和岩溶有关的工程地质问题是多方面的，而且影响因素较为复杂，往往受各种因素的综合影响。具体措施归纳起来有：

① 换填。挖除岩溶形态中的软弱充填物或凿出局部的岩石露头，回填碎石、混凝土和各种可压缩性材料，以达到改良地基的目的。

② 跨盖。采用梁式基础或拱形结构等跨越溶洞、沟槽等，或用刚性大的平板基础覆盖沟槽、溶洞等。

③ 灌注。对于埋深大、体积也大的溶洞，采用换填、跨盖处理不经济时，则可用灌注方法处理，通过钻孔向洞内灌入水泥砂浆或混凝土以堵塞洞穴。

④ 排导。水的活动常常对岩溶地基中的胶结物或充填物进行溶蚀和冲刷，促使岩溶中的裂隙扩大，引起溶洞顶板坍塌，故必须对岩溶水进行排导处理。在处理前，首先应查明水的来源情况、实地的地形、生产条件和场地情况，然后采用不同的排导方法，如：对降雨、生产废水则采用排水沟、截水盲沟排水；对地下水可采用排水洞、排水管等排除，使水流改道疏干建筑地段；对洞穴或裂隙涌水或用黏土、浆砌片石或其他止水材料堵塞等。

4.4.3　土洞地基

土洞即发育在可溶岩上覆土层中的空洞，其形成需有易被潜蚀的土层，其下有排泄、储存潜蚀物的岩溶通道。当地下水位在岩土交界面附近做频繁升降时，常产生水对土层的潜蚀而形成土洞。

土洞多位于黏性土层中，砂土和碎石土中少见。在黏性土中，土洞的形成取决于黏土颗粒成分、黏聚力、水理性稳定情况等条件。凡颗粒细、黏性大、胶结好、水理性稳定的土层，不易形成土洞。在溶槽处，经常有软黏土分布，其抗冲蚀能力弱，且处于地下水流首先作用的场所，是土洞发育的有利部位。

土洞和地表塌陷密集的地段属于工程地质条件不良或不稳定地段。当建筑场地处于具备土洞发育条件的地区时，应查明土洞发育程度和分布规律，查明土洞和塌陷的位置、埋深、大小及形成条件，认真进行处理。常用的措施如下：

① 处理地表水和地下水。做好地表水截流、防渗和堵漏等，杜绝地表水渗入。对于地表水形成的土洞，必须做好此项处理措施，防止土洞进一步发育和新土洞的产生。对形成土洞的地下水，当地质条件许可时，可采用截流、改道方法，防止土洞和地表塌陷的发展。

② 挖填处理。对地表水形成的浅层土洞和塌陷，先挖除软土，然后用块石或片石混凝土回填。对地下水形成的土洞和塌陷，可采用挖除软土和抛填块石后做反滤层，面层用黏土夯实。挖填处理一般适用于浅层土洞。

③ 强夯处理。对于埋藏浅的土洞，若挖除工程量太大，而且场地和周围环境符合强夯条件，可采用强夯法将土洞夯塌，然后用碎石土回填并逐层夯实。强夯的有效加固深度与单击夯击能和土洞顶板土体性质有关，一般为 4～9m。

④ 灌填处理。该方法适用于埋藏深、洞径大的土洞。施工时，在洞体范围内的顶板上打两个或多个孔，用水冲法将砂、砾石灌进洞内。

⑤ 梁、板跨越。对直径较小、危害较小的土洞，当土层稳定性较好时，可不处理洞体，只在洞顶上部用钢筋混凝土梁板跨越。

4.4.4　红黏土地基

（1）红黏土的特征、分布

红黏土是指在亚热带湿热气候条件下，碳酸盐类岩石及其间所夹的其他岩石，经红土化作用形成的高塑性黏土。红黏土一般呈褐红、棕红等颜色，液限大于 50%，经流水再搬运后仍保留其基本特征。液限大于 45% 的坡、洪积黏土，称为次生红黏土，在相同物理指标情况下，其力学性能低于红黏土。

红黏土及次生红黏土广泛分布于我国的云贵高原、四川东部、广西、粤北及鄂西、湘西等地区的低山、丘陵地带顶部和山间盆地、洼地、缓坡及坡脚地段。黔、桂、滇等地古溶蚀地面上堆积的红黏土层，由于基岩起伏变化及风化深度的不同，其厚度变化极不均匀，常见为 5~8m，最薄为 0.5m，最厚为 20m。在水平方向常见咫尺之隔，厚度相差达 10m 之巨。

（2）红黏土的工程特征

① 红黏土的组成成分。由于红黏土系碳酸盐类及其他类岩石的风化后期产物，母岩中的较活动性的成分 SO_4^{2-}、Ca^{2+}、Na^+、K^+ 经长期风化淋滤作用相继流失，SiO_4^{2-} 部分流失，此时地表则多集聚含水铁铝氧化物及硅酸盐矿物，并继而脱水变为氧化铁铝，使土染成褐红至砖红色。因此，红黏土的矿物成分除仍含有一定数量的石英颗粒外，大量的黏土颗粒则主要由多水高岭石、水云母类、胶体二氧化硅及赤铁矿、三水铝土矿等组成，不含或极少含有机质。其中，多水高岭石的性质与高岭石基本相同，它具有不活动的结晶格架，当被浸湿时，晶格间距极少改变，故与水结合能力很弱。而三水铝土矿、赤铁矿、石英及胶体二氧化硅等铝、铁、硅氧化物，也都是不溶于水的矿物，它们的性质比多水高岭石更稳定。红黏土颗粒周围的吸附阳离子成分也以水化程度很弱的三价铁、铝为主。红黏土的粒度较均匀，呈高分散性，黏粒含量一般为 60%~70%，最大达 80%。

② 物理力学性质。红黏土具有以下特点：a. 天然含水量高，一般为 40%~60%，有的高达 90%。b. 密度小，天然孔隙比一般为 1.4~1.7，最高 2.0，具有大孔性。c. 高塑性。液限一般为 60%~80%，有的高达 110%；塑限一般为 40%~60%，有的高达 90%；塑性指数一般为 20~50。d. 由于塑限很高，所以尽管天然含水量高，一般仍处于坚硬或硬可塑状态，液性指数一般小于 0.25。其饱和度一般在 90% 以上，甚至坚硬黏土也处于饱水状态。e. 一般呈现较高的强度和较低的压缩性。f. 不具有湿陷性。红黏土虽然天然含水量高，孔隙比很大，却具有较高的力学强度和较低的压缩性。由于红黏土各种指标变化幅度很大，具有高分散性。

（3）红黏土地基评价与地基处理

① 工程建设中，应充分利用红黏土上硬下软分布的特征，基础尽量浅埋。对三级建筑物，当满足持力层承载力时，即可认为已满足下卧层承载力的要求。

② 地基处理。红黏土的厚度随下卧基岩面起伏而变化，常引起不均匀沉降。对不均匀地基宜做地基处理。宜采用改变基宽，调整相邻地段基底压力，增减基础埋深，使基底下可压缩土层厚相对均匀。对外露石芽，用可压缩材料做褥垫进行处理，对土层厚度、状态不均匀的地段可用低压缩材料做置换处理。基坑开挖时宜采取保温保湿措施，防止失水干缩。对基岩面起伏大、岩质坚硬的地基，可采用大直径嵌岩桩或墩基。

4.5 冻土地基

4.5.1 冻土地基概述

在寒冷季节温度低于 0℃时，土中水冻结成冰，此时土称为冻土。冻土根据其冻融情况分为季节性冻土、隔年冻土和多年冻土。季节性冻土是指冬季冻结，夏季全部融化的冻土。若冬季冻结，一两年内不融化的土称为隔年冻土。凡冻结状态持续三年或以上的土称为多年冻土。多年冻土的表土层，有时夏季融化，冬季再结冰，也属于季节性冻土。

我国多年冻土主要分布在青藏高原，天山、阿尔泰山地区和东北大小兴安岭等纬度或海拔较高的严寒地区，东部和西部的一些高山顶部也有分布。

随着土中水的冻结，土体产生体积膨胀，即冻胀现象。土发生冻胀的原因是冻结时土中水分向冻结区迁移和积聚。冻胀会使地基土隆起，使建造在其上的建（构）筑物被抬起，引起开裂、倾斜甚至倒塌，使得地面鼓包、开裂、错缝或折断等。对工程危害最大的是季节性冻土，当土层解冻融化后，土层软化，强度大大降低，这种冻融现象又使得房屋、桥梁和涵管等发生大量沉降和不均匀沉降，道路出现翻浆冒泥等危害。因此，冻土的冻融必须引起注意，并采取必要的防治措施。

4.5.2 冻土的物理和力学性能

4.5.2.1 冻土的物理性质

（1）总含水量

冻土的总含水量 w_n 是指冻土中所有的冰的质量与土骨架质量之比和未冻水的质量与土骨架质量之比的和。

$$w_n = w_i + w_w' \tag{4-11}$$

式中　w_i——土中冰的质量与土骨架质量之比，%；

　　　w_w'——土中未冻水的质量与土骨架质量之比，%。

冻土在负温条件下，仍有一部分水不冻结，称为未冻水。未冻水的含量与土的性质和负温度有关。可按下式计算：

$$w_w' = K_w' w_p \tag{4-12}$$

式中　w_p——塑限，%；

　　　K_w'——与塑性指数和温度有关的系数，见表 4-4。

表 4-4　不同土的 K_w'

土的名称	塑性指数	土负温时的 K_w'					
		−0.3℃	−0.5℃	−1.0℃	−2.0℃	−4.0℃	−10.0℃
砂类土	$I_P < 1$	0	0	0	0	0	0
粉砂	$1 < I_P \leqslant 2$	0	0	0	0	0	0
或砂质粉土	$2 < I_P \leqslant 7$	0.60	0.50	0.40	0.35	0.30	0.25
粉质黏土	$7 < I_P \leqslant 13$	0.70	0.65	0.60	0.50	0.45	0.40
或黏质粉土	$13 < I_P \leqslant 17$	*	0.75	0.65	0.55	0.50	0.45

第 4 章

续表

土的名称	塑性指数	土负温时的 K_w'					
		$-0.3℃$	$-0.5℃$	$-1.0℃$	$-2.0℃$	$-4.0℃$	$-10.0℃$
黏土	$I_p \geqslant 17$	*	0.95	0.90	0.65	0.60	0.55

注：* 处所有土孔隙中的水处于未冻结状态（即 $K_w'=1$）。

（2）冻土的含冰量

因为冻土中含有未冻水，所以冻土的含冰量不等于融化时的含水量。衡量冻土中含冰量的指标有相对含冰量、质量含冰量和体积含冰量。

① 相对含冰量（i_0）。冻土中冰的质量 g_i 与全部水的质量 g_w（包括冰的质量 g_i 和未冻水质量 g_w'）之比。

$$i_0 = \frac{g_i}{g_w} \times 100\% = \frac{g_i}{g_i + g_w'} \times 100\% \tag{4-13}$$

② 质量含冰量（i_g）。冻土中冰的质量 g_i 与冻土中骨架质量 g_s 之比。$i_g = w_i$，即

$$i_g = \frac{g_i}{g_s} \times 100\% \tag{4-14}$$

③ 体积含冰量（i_v）。冻土中冰的体积 V_i 与冻土总体积 V 之比。

$$i_v = \frac{V_i}{V} \times 100\% \tag{4-15}$$

4.5.2.2　冻土的力学性质

土的冻胀作用常以冻胀量、冻胀强度（冻胀率）、冻胀力和冻结力等指标来衡量。

（1）冻胀量

天然地基的冻胀有两种情况：无地下水源和有地下水源补给。对于无地下水源补给的情况，冻胀量等于在冻结深度 H 范围内的自由水在冻结时的体积，冻胀量（h_n）可按下式计算：

$$h_n = 1.09 \frac{\rho_s}{\rho_w} (w - w_p) H \tag{4-16}$$

式中　w、w_p——土的含水量和土的塑限，%；

　　　ρ_s、ρ_w——土粒和水的密度，g/cm³。

对于有地下水源补给的情况，冻胀量与冻胀时间有关，应该根据现场测试确定。

（2）冻胀强度（冻胀率 η）

单位冻结深度的冻胀量称为冻胀强度或平均冻胀率：

$$\eta = \frac{\Delta_z}{h' - \Delta_z} \times 100\% \tag{4-17}$$

式中　Δ_z——地表冻胀量；

　　　h'——冻层厚度。

（3）冻胀力

土在冻结时由于体积膨胀对基础产生的作用力称为土的冻胀力。冻胀力按其作用方向可分为在基础底面的法向冻胀力和作用在侧面的切向冻胀力。冻胀力的大小除了与土质、土

温、水文地质条件和冻结速度有密切关系外，还与基础埋深、材料和侧面的粗糙程度有关。在无水源补给的封闭系统，冻胀力一般不大；如为有水源补给的敞开系统，冻胀力就可能成倍增加。

法向冻胀力一般都很大，非建筑物自重能克服的，所以一般要求基础埋置在冻结深度以下，或采取消除的措施。切向冻胀力可在建筑物使用条件下通过现场或室内试验求得。

（4）冻结力

冻土与基础表面通过冰晶胶结在一起，这种胶结力称为冻结力。冻结力的作用方向总是与外荷载的总作用方向相反，在冻土的融化层回冻期间，冻结力起着抗冻胀的锚固作用；而当季节融化层融化时，位于多年冻土中的基础侧面则相应产生方向向上的冻结力，它又起到了抗基础下沉的承载作用。影响冻结力的因素很多，除了温度与含水量外，还与基础材料表面的粗糙度有关。基础表面粗糙度越大，冻结力也越大，所以在多年冻土地基设计中，应考虑冻结力 S_d 的作用，其数值可查表 4-5 确定。基础侧面总的长期冻结力 Q_d 按下式计算：

$$Q_d = \sum_{i=1}^{n} S_{di} F_{di} \tag{4-18}$$

式中　Q_d——基础侧面总的长期冻结力，kN；

F_{di}——第 i 层冻土与基础侧面的接触面积，m^2；

n——冻土与基础侧面接触的土层数；

S_{di}——第 i 层冻土的冻结力，kPa。

表 4-5　冻土与混凝土、木质基础表面的长期冻结力 S_d　　　单位：kPa

土的名称 ＼ 土的平均温度/℃	−0.5	−1.0	−1.5	−2.0	−2.5	−3.0	−4.0
黏性土及粉土	60	90	120	150	180	210	280
碎石土	70	110	150	190	230	270	350
砂土	80	130	170	210	250	290	380

4.5.2.3　冻土的融陷下沉与融化压缩

（1）融陷下沉

冻土在融化过程中，在无外荷载条件下产生的沉降，称为融陷或融化下沉。融陷的大小常用融陷系数 A_0 表示：

$$A_0 = \frac{\Delta h}{h} \times 100\% \tag{4-19}$$

式中　Δh——融陷量，mm；

h——融化层厚度，mm。

（2）融化压缩系数 a_0

冻土融化后，在外荷载作用下产生的压缩变形称为融化压缩，其压缩特性采用融化压缩系数 a_0 表示：

$$a_0 = \frac{\frac{s_2 - s_1}{h}}{p_2 - p_1} \tag{4-20}$$

式中　p_2、p_1——分级荷载，MPa；

　　　　s_1、s_2——相应于 p_1、p_2 荷载下的稳定下沉量，mm；

　　　　h——试样高度，mm。

融陷系数 A_0 和融化压缩系数 a_0 在无试验资料时可参考表 4-6 和表 4-7 中的数值。

表 4-6　冻结黏性土融陷系数 A_0 和融化压缩系数 a_0 的参考值

冻土总含水量 w/%	$\leqslant w_p$	$w_p\sim w_p+7$	$w_p+7\sim w_p+15$	$w_p+15\sim50$	50～60	60～80	80～100
A_0/%	<2	2～5	5～10	10～20	20～30	30～40	>40
a_0/MPa^{-1}	<0.1	0.1～0.2	0.2～0.3	0.3～0.4	0.4～0.5	0.5～0.6	0.6～0.7

表 4-7　冻结砂类土、碎石类土融陷系数 A_0 和融化压缩系数 a_0 的参考值

冻土总含水量 w/%	<10	10～15	15～20	20～25	25～30	30～35	>35
A_0/%	0	0～3	3～6	6～10	10～15	15～20	>20
a_0/MPa^{-1}	0	<0.1	0.1	0.2	0.3	0.4	0.5

（3）冻结深度或融化层厚度

冻结深度或融化层厚度，一般应通过勘探和实测地温方法进行直接判定。在均质土层中，可先在 5～8 月份实测至少两个不同时间的融化深度，然后根据融化界面随时间的变化，用直线外推到 8 月底，并加 0.3m，即为冻结深度或融化层厚度。

由于土的冻胀和冻融将危害建筑物的正常和安全使用，因此一般设计中，均要求将基础底面置于当地冻结深度以下，以防止冻害的影响。土的冻结深度不仅和当地气候有关，而且也和土的类别、温度以及地面覆盖情况（如植被、积雪、覆盖土层等）有关，在工程实践中，把地表无积雪和草坡等条件下，多年实测最大冻结深度的平均值称为标准冻结深度。

（4）融陷性评价

我国多年冻土地区，建筑物基底融化深度为 3m 左右，所以将多年冻土融陷性分级评价也按 3m 考虑。根据计算融陷量及融陷系数 A_0 将冻土的融陷性分成 5 级，见表 4-8，表中 Ⅰ～Ⅴ级地基土的工程特性如下：

Ⅰ——少冰冻土（不融陷土）：基岩以外最好的地基土，一般建筑物可不考虑冻融问题。

Ⅱ——多冰冻土（弱融陷土）：多年冻土中较良好的地基土，一般可直接作为建筑物的地基，当最大融化深度控制在 3m 以内时，建筑物均未遭受明显破坏。

Ⅲ——富冰冻土（中融陷土）：不但有较大的融陷量和压缩量，而且在冬天回冻时有较大的冻胀性。作为地基，一般应采取专门措施，如深基、保温、防止基底融化等。

Ⅳ——饱冰冻土（强融陷土）：作为天然地基，由于融陷量大，常造成建筑物的严重破坏。这类土作为建筑地基，原则上不允许发生融化，宜采用保持冻结原则设计，或采用桩基、架空基础等。

Ⅴ——含土冰层（极融陷土）：含有大量的冰，当直接作为地基时，若发生融化，将产生严重融陷，造成建筑物极大破坏。这类土如受长期荷载将产生流变作用，所以作为地基应专门处理。

表 4-8　多年冻土按融陷量的划分

融陷性分级	I	II	III	IV	V
融陷系数 A_0	<1	1～5	5～10	10～25	>25
按 3m 计算的融陷量/mm	<30	30～150	150～300	300～750	>750

4.5.3　冻土地基基础设计与处理

冻土地基基础设计应满足《冻土地区建筑地基基础设计规范》(JGJ 118—2011) 有关规定。

季节性冻土地基对不冻胀土的基础可不考虑冻深的影响；对冻胀土，基础面可放在有效冻深之内的任一位置，但其埋深必须按规范规定进行冻胀力作用下基础的稳定性计算。若不满足应重新调整基础尺寸和埋置深度，或采取减小或消除冻胀力的措施。

采用强夯法处理可消除土的部分冻胀性。多年冻土地基基础最小埋置深度应比季节设计融深大 1～2m，视建筑物等级而定。季节性冻土地基常采用浅基础、桩基础。多年冻土地基常采用通风基础、热泵基础，也可采用桩基础，视具体情况而定。关于这些基础的设计可参阅有关规范和文献。

4.6　盐渍土地基

4.6.1　盐渍土地基概述

当土中含盐量超过 0.3%，这种土就叫盐渍土。盐渍土中盐的来源主要有三种：①岩石在风化过程中分离出少量的盐；②海水侵入、倒灌等将盐渗入土中；③工业废水或含盐废弃物，使土体中含盐量增高。

盐渍土中含有大量的盐类是地壳表层发生的地球化学过程的结果。盐渍土中累积的盐分源于多个方面，主要有：降雨、灌溉水、地下水、岩石中盐类的溶解、工业废水的注入、海水的蒸发、海水的渗入、含盐母质土、一些人为经济活动和盐土植物死亡后的有机残体分解等。

由于成因的多样性，盐渍土分布十分广泛，不仅分布在荒漠和半荒漠地区，还常常分布在肥沃的冲积平原，河流流域，人口密集的沿海和灌溉体系中。

4.6.2　盐渍土地基分类

盐渍土的分类方法很多，其分类原则都是按照盐渍土的自身特点进行分类。

(1) 按分布区域分类

① 滨海盐渍土：滨海一带受海水侵袭后，经过蒸发作用，水中盐分聚集于地表或地表下不深的土层中，即形成滨海盐渍土。滨海盐渍土的盐类主要是氯化物，含盐量一般小于5%，盐中 Cl^-/SO_4^{2-} 比值大于内陆盐渍土；$Na^+/Ca^{2+}+Mg^{2+}$ 的比值小于内陆盐渍土。

② 内陆盐渍土：易溶盐类随水流从高处带到洼地，经蒸发作用聚集而成。一般因洼地周围地形坡度大、堆积物颗粒较粗，因此，盐渍化的发展，向洼地中心愈严重。

③ 冲积平原盐渍土：主要由于河床淤积或兴修水利等，使地下水位局部升高，导致局

部地区盐渍化。

（2）按含盐类的性质分类

盐渍土中含盐成分主要为氯盐、硫酸盐和碳酸盐三类。盐渍土所含盐的性质，主要以土中所含阴离子的氯根（Cl^-）、硫酸根（SO_4^{2-}）、碳酸根（CO_3^{2-}）、重碳酸根（HCO_3^-）的含量（每 100g 土中的毫摩尔数）的比值来表示。其分类见表 4-9。

表 4-9　盐渍土按化学成分分类

盐渍土名称	$\dfrac{c(Cl^-)}{2c(SO_4^{2-})}$	$\dfrac{2c(CO_3^{2-})+c(HCO_3^-)}{c(Cl^-)+2c(SO_4^{2-})}$
氯盐渍土	>2.0	—
亚氯盐渍土	>1.0,≤2.0	—
亚硫酸盐渍土	>0.3,≤1.0	—
硫酸盐渍土	≤0.3	—
碱性盐渍土	—	>0.3

（3）按含盐量分类

当土中含盐量超过一定值时，对土的工程性质就有一定的影响，所以按含盐量（%）分类是对按含盐性质分类的补充。其分类见表 4-10。

表 4-10　盐渍土按含盐量分类

盐渍土名称	盐渍土层的平均含盐量/%		
	氯盐渍土及亚氯盐渍土	硫酸盐渍土及亚硫酸盐渍土	碱性盐渍土
弱盐渍土	≥0.3,<1.0	—	—
中盐渍土	≥1.0,<5.0	≥0.3,<2.0	≥0.3,<1.0
强盐渍土	≥5.0,<8.0	≥2.0,<5.0	≥1.0,<2.0
超盐渍土	≥8.0	≥5.0	≥2.0

4.6.3　盐渍土地基的评价

对盐渍土地基的评价，可以考虑从盐渍土地基的盐胀性、溶陷性、腐蚀性等方面进行。

（1）盐胀性评价

盐渍土的盐胀性主要发生在硫酸盐盐渍土，由于硫酸钠结晶时吸收大量水而造成体积膨胀，使土粒间的孔隙增大，土粒松散，形成盐结壳剥离的蓬松层。盐胀性宜根据现场试验测定有效盐胀厚度和总盐胀量确定。

盐胀系数是指单位厚度的盐渍土的盐胀变形量，以小数表示。盐渍土地基的总盐胀量计算值如下：

$$s_{yz} = \sum_{i=1}^{n} \delta_{yzi} h_i \tag{4-21}$$

式中　δ_{yzi}——第 i 层土的盐胀系数；

　　　h_i——第 i 层土的厚度；

　　　n——基础底面以下可能产生盐胀的土层分层层数。

（2）溶陷性评价

盐渍土中所含盐的类型多为硫酸盐、碳酸盐和氯化物，而其中的钾盐、钠盐和镁盐都为可溶盐，这些盐类组成了土颗粒之间胶结物的主要成分，使得土体在干燥状态下具有强度高、压缩性小的特点。但在遇水后，由于土体中可溶性盐类的溶解，土体会在自重或荷载的作用下下沉，这种现象就是盐渍土的溶陷性。盐渍土溶陷变形的速度较一般的湿陷性黄土湿陷变形的速度快，因此对工程等危害更大。

盐渍土的溶陷性可以用溶陷系数作为评价指标，溶陷系数可以用室内压缩试验确定。即在压缩仪中将原试样逐级加到规定压力 P，当压缩稳定后测得试样高度 h_p，在加淡水使试样浸水溶滤后测定试样高度 h_p'，则

$$\delta_{rx} = \frac{h_p - h_p'}{h_0} \tag{4-22}$$

地基总溶陷量

$$s_{rx} = \sum_{i=1}^{n} \delta_{rxi} h_i \tag{4-23}$$

式中 δ_{rxi}——第 i 层土的溶陷系数；

h_i——第 i 层土的厚度。

（3）腐蚀性评价

盐渍土的腐蚀性主要分为化学性腐蚀和物理侵蚀两大类。盐渍土的最主要特征就是土中含有盐类，尤其是易溶盐中含有大量的 Cl^- 和 SO_4^{2-}，使得盐渍土具有明显的腐蚀性，土中的盐类会与建筑物基础和地下设施的建筑材料发生化学反应，从而构成一种严重的化学腐蚀环境而引起破坏作用，影响建筑物的安全性和耐久性；含有一定水分的盐渍土，其所含盐分会在毛细作用下从墙体潮湿的一端进入，从暴露在大气中的另一端蒸发，因此墙体空隙中的盐溶液浓缩后结晶产生膨胀，形成了结晶性腐蚀，造成了建筑材料的破坏。

4.6.4 盐渍土地区施工及防腐措施

在盐渍土地区进行工程建设，首先要注意提高建筑材料本身的防腐能力，从腐蚀机理出发，防腐蚀措施包括：①改善工程结构水环境。干燥或全浸没环境利于防腐，故强化各种避免水环境变化（干湿交替）的措施。②改善建筑结构材料。选用优质水泥，提高最小水泥用量，降低最大水灰比，采用减水剂和密实剂，得到更密实的建筑结构。③保护结构中的钢筋。增大保护层厚度，混凝土中采用阻锈剂，采用树脂包裹钢筋，延缓钢筋锈蚀。④外部防腐蚀措施。在混凝土或砌体表面做防水层和防腐涂层等。

思考题

1. 何谓自重和非自重湿陷性黄土？怎样区分？如何划分地基的湿陷等级？

2. 如何判断地基土是否属于膨胀土？影响膨胀土胀缩变形的主要因素有哪些？采取哪些措施可减轻地基胀缩对工程的不利影响？

3. 何谓红黏土？红黏土地基有何特点？

4. 什么是岩溶和土洞？

测一测

5. 特殊土地基主要包括哪几类？分别具有何种工程特性？

6. 何谓季节性冻土和多年冻土地基？工程上如何评价和处理？

习题

【基础题】某黄土试样原始高度 20mm，加压至 200kPa，下沉稳定后的土样高度为 19.40mm；然后浸水，下沉稳定后的高度为 19.25mm。试判断该土是否为湿陷性黄土。

第 5 章
地基处理

案例导读

　　岛隧工程是港珠澳大桥主体工程中投资规模最大、技术难度最高的一个标段，总长7440.5m，包括5664m沉管隧道、2个面积10万平方米的离岸人工岛及长约700m的桥梁。其中，东、西两座离岸人工岛长度均为625m，最宽处183m，采用中粗砂填筑成岛。人工岛所在区域分布厚度20～30m的软土，钢圆筒围堰围闭后人工岛内回填约20m厚中粗砂。在厚软基及松散回填砂上建设沉管隧道，同时隧道结构作为岛上建筑的支撑，这对人工岛沉降控制提出高标准的要求。其地基处理方案为：采用降水联合堆载预压加固人工岛深厚软土地基，降水同时产生渗透力密实上覆回填砂层。具体实施步骤如下：①钢圆筒围堰围闭；②回填中粗砂至−5.0m；③岛内抽水形成干施工作业条件；④陆上施打塑料排水板；⑤分级堆载至+5.0m；⑥埋设降水井，降水至−16.0m，满载预压4～5个月；⑦停止抽水，开挖基槽，现浇隧道结构。

　　本章将对不同的地基处理方式进行讨论。该部分内容与土力学、工程地质学、钢筋混凝土结构以及建筑施工理论关系密切。地基处理可以改善地基土的工程性质，使其满足工程建设的要求。

学习目标

　　1. 掌握复合地基的作用机理、参数的选用、承载力与变形的计算。

　　2. 熟悉软弱土的特征、软弱地基的特征及常用的地基处理方法。

　　3. 熟悉排水固结法、换填垫层法、强夯法、水泥土搅拌桩法等地基处理的设计计算。

　　4. 了解土工合成材料、托换技术等地基处理方法。

　　5. 了解地基处理的目的、分类和适用范围；了解地基加固的原理。

　　6. 能根据工程地质条件、施工条件、资金情况等因素因地制宜地选择合适的地基处理方案。

5.1　概述

　　本章介绍几种常用地基处理方法的特点及适用范围、作用原理及设计要点等。近年来许多重要的工程和复杂的工业厂房在软弱地基上兴建，工程实践的要求推动了软弱地基处理技术的迅速发展，地基处理的途径愈来愈多，老的方法不断改进完善，新的方法不断涌现。这些尚需我们在今后的理论研究和工程实践中不断总结和发展，以使地基处理技术更好地为国民经济建设服务。

软弱地基系指由强度较低、压缩性较高及其他不良性质的软弱土组成的地基。

软土一般是指在静水或缓慢的流水环境中淤积的天然孔隙比 e 大于1、天然含水量大于液限的以灰色为主的一种软塑至流塑状态的黏性土。一般是以淤泥、淤泥质土为主的天然含水量大、压缩性高、承载力低的饱和黏性土、粉土等。

软土的形成主要有三个控制因素：一是沉积环境；二是物质来源；三是地下水或地表水。软土的成因类型有：①滨海沉积，滨海相、潟湖相、三角洲相等；②湖泊沉积，湖相、三角洲相；③河滩沉积，河漫滩相、牛轭湖相；④沼泽沉积，沼泽相。

5.1.1　软弱地基的特征

软土主要有以下工程性质：①空隙比大、含水量高；②压缩性高；③强度低；④变形量大；⑤压缩稳定所需时间较长；⑥侧向变形较大。

由于软土具有强度低、压缩性较高和透水性较差等特性，因此，在软土地基上修建建筑物，必须重视地基的变形和稳定问题。

5.1.2　地基处理方法确定

（1）地基处理方法分类

地基处理的目的主要是改善地基土的工程性质，包括改善地基土的变形特性和渗透性，提高其抗剪强度和抗液化能力，使其满足工程建设的要求。根据地基处理方法的原理，目前常用的软弱地基处理方法基本上有换填垫层法、强夯法、砂石桩法、灰土挤密桩法、水泥粉煤灰桩法、预压法等，具体见表5-1。

表 5-1　软弱地基处理方法

项目	处理方法	原理及作用	适用范围
换填垫层法	砂石垫层，素土垫层，灰土垫层，工业废渣垫层	以砂石、素土、灰土和矿渣等强度较高的材料，置换地基表层软弱土，提高持力层的承载力，扩散应力，减少沉降量	适用于处理淤泥、淤泥质土、湿陷性黄土、素填土、杂填土地基及暗沟、暗塘等的浅层处理
预压法	天然地基预压，砂井预压，塑料排水带预压，真空预压，降水预压	在地基中增设竖向排水体，加速地基的固结和强度增长，提高地基的稳定性；加速沉降发展，使基础沉降提前完成	适用于处理淤泥、淤泥质土和冲填土等饱和黏性土地基
强夯和强夯置换法	强力夯实（动力固结）	利用强夯的夯击能，在地基中产生强烈的冲击能和动应力，迫使土动力固结密实。强夯置换墩兼具挤密、置换和加快土层固结的作用	适用于碎石土、砂土、低饱和度的粉土、黏性土、湿陷性黄土、杂填土等地基。强夯置换墩可应用于淤泥等黏性软弱土层，但墩底应穿透软土层到达较硬土层
振冲法	振冲置换法，振冲挤密法	采用专门的技术措施，以砂、碎石等置换软弱土地基中部分软弱土，对桩间土进行挤密。与未处理部分土组成复合地基，从而提高地基承载力，减少沉降量	适用于处理砂土、粉土、粉质黏土、素填土和杂填土等地基。不加填料振冲加密适用于处理粉粒含量不大于10%的中砂、粗砂地基
砂石桩法	振动成桩法，锤击成桩法	通过振动成桩或锤击成桩，减少松散砂土的孔隙比，或在黏性土中形成桩土复合地基，从而提高地基承载力，减少沉降量，或部分消除土的液化性	适用于挤密松散砂土、素填土和杂填土等地基

项目	处理方法	原理及作用	适用范围
水泥粉煤灰桩法	长螺旋钻孔灌注成桩,长螺旋钻孔、管内泵压混合料成桩,振动沉管灌注成桩	水泥、粉煤灰及碎石拌和形成混合料,成孔后灌入形成桩体,与桩间土形成复合地基。采用振动沉管成孔时对桩间土具有挤密作用。桩体强度高,相当于刚性桩	适用于黏性土、粉土、黄土、砂土、素填土等地基。对淤泥质土应通过现场试验确定其适用性
夯实水泥土桩法	人工洛阳铲成孔,螺旋钻机成孔,沉管成孔,冲击成孔	采用各种成孔机械成孔,向孔中填入水泥与土混合料夯实形成桩体,构成桩土复合地基。采用沉管和冲击成孔时对桩间土有挤密作用	适用于处理地下水位以上的粉土、素填土、杂填土、黏性土等地基。处理深度不超过10m
水泥土搅拌法	用水泥或其他固化剂、外掺剂进行深层搅拌形成桩体。分干法和湿法	深层搅拌法是利用深层搅拌机,将水泥浆或水泥粉与土在原位拌和,搅拌后形成柱状水泥土体,可提高地基承载力,减少沉降,增加稳定性和防止渗漏,建成防渗帷幕	适用于处理淤泥、淤泥质土、粉土、饱和黄土、素填土、黏性土以及无流动地下水的饱和松散砂土等地基
高压喷射注浆法	单管法,二重管法,三重管法	将带有特殊喷嘴的注浆管,通过钻孔置入处理土层的预定深度,然后将浆液(常用水泥浆)以高压冲切土体,在喷射浆液的同时,以一定速度旋转、提升,即形成水泥土圆柱体;若喷嘴提升而不旋转,则形成墙状凝结体加固后可用以提高地基承载力,减少沉降,防止砂土液化、管涌和基坑隆起,形成防渗帷幕	适用于处理淤泥、淤泥质黏土、黏性土、粉土、黄土、砂土、人工填土等地基。当土中含有较多的大粒径块石、坚硬黏性土、大量植物根茎或有过多的有机质时,应根据现场试验结果确定其适用程度,对既有建筑物可进行托换工程
石灰桩法	人工洛阳铲成孔,螺旋钻机成孔,沉管成孔	人工或机械在土体中成孔,然后灌入生石灰块,经夯压成一根桩体。通过挤密、吸水、反应热、离子交换、胶凝及置换作用,形成复合地基,提高承载力,减少沉降量	适用于处理饱和黏性土、淤泥、淤泥质土、素填土、杂填土等地基
土或灰土挤密桩法	沉管(振动、锤击)成孔,冲击成孔	采用沉管、冲击或爆扩等方法挤土成孔,分层夯填素土或灰土成桩。对桩间土挤密,与地基土组成复合地基,从而提高地基承载力,减少沉降量。部分或全部消除地基土湿陷性	适用于处理地下水位以上的湿陷性黄土、素填土和杂填土等地基
柱锤冲扩法	冲击成孔,填料冲击成孔,复打成孔	采用柱状锤冲击成孔,分层灌入填料,分层夯实成桩,并对桩间土进行挤密,通过挤密和置换提高地基承载力,形成复合地基	适用于处理杂填土、素填土、粉土、黏性土、黄土等地基。对地下水位以下饱和软土层应通过现场试验确定其适用性
单硅法和碱液法	主要用于既有建筑物下地基加固	在沉降不均匀、地基受水浸湿引起湿陷的建(构)筑物下地基中通过压力灌注或溶液自渗方式灌入硅酸钠溶液或氢氧化钠溶液,使土颗粒之间胶结,提高水稳性,消除湿陷性,提高承载力	适用于地下水位以上渗透系数为$0.1\sim2.0$m/d的湿陷性黄土等地基。在自重湿陷性黄土场地,对Ⅱ级湿陷性地基,当采用碱液法时,应通过试验确定其适用性

(2) 确定地基处理方案前应进行的工作

地基处理方法很多,各种处理方法都有其适用范围、局限性和优缺点,没有一种方法是万能的。具体工程情况很复杂,工程地质条件千变万化,各个工程间地基条件差别很大,具体工程对地基的要求也不同,而且机具材料等条件也会因工作部门不同、地区不同而有较大的差别。因此,在选择地基处理方法前,应完成下列工作:

① 搜集详细的岩土工程勘察资料、上部结构及基础设计资料等;

② 根据工程的要求和采用天然地基存在的主要问题,确定地基处理的目的、处理范围和处理后要求达到的各项技术经济指标等;

③ 结合工程情况,了解当地地基处理经验和施工条件,对于有特殊要求的工程,尚应了解其他地区相似场地上同类工程的地基处理经验和使用情况;

④ 调查邻近建筑、地下工程和有关管线等情况；

⑤ 了解建筑场地的环境情况。

（3） 确定地基处理方法的步骤

① 根据结构类型、荷载大小及使用要求，结合地形地貌、地层结构、土质条件、地下水特征、环境情况和相邻近建筑的影响等因素进行综合分析，初步选出几种可供考虑的地基处理方案；

② 对初步选出的各种地基处理方案，分别从加固原理、适用范围、预期处理效果、耗用材料、施工机械、工期要求和对环境的影响等方面进行技术经济分析和对比，选择最佳的地基处理方法；

③ 对已选定的地基处理方法，宜按建筑物地基基础设计等级和场地复杂程度，在有代表性的场地上进行相应的现场试验或试验性施工，并进行必要的测试，以检验设计参数和处理效果。如果达不到设计要求时，应查明原因，修改设计参数或调整地基处理方法。

5.2 复合地基

5.2.1 复合地基的定义与分类

（1） 定义

天然地基在地基处理过程中部分土体得到增强，或被置换，或在天然地基中设置加筋材料，加固区是由基体（天然地基土体）和增强体两部分组成的人工地基。复合地基有两个基本特点：

① 加固区是由基体和增强体两部分组成，是非均质、各向异性的（区别于均质地基）。

② 在荷载作用下，基体和增强体共同直接承担荷载的作用（区别于桩基础）。

（2） 复合地基的分类

① 按增强体方向分类。

a. 竖向增强体复合地基，包括柔性桩、半刚性桩和刚性桩复合地基；

b. 横向增强体复合地基，包括土工合成材料、金属材料格栅等形成的复合地基。

② 按成桩材料分类。

a. 散体材料桩，如砂（砂石）桩、碎石桩、矿渣桩等；

b. 水泥土类桩，如水泥土搅拌桩、旋喷桩等；

c. 混凝土类桩，如 CFG 桩、树根桩、锚杆静压桩等。

③ 按成桩后桩体的强度（或刚度）分类。

a. 柔性桩，如散体材料桩；

b. 半刚性桩，如水泥土类桩；

c. 刚性桩，如混凝土类桩。

半刚性桩中水泥掺入量的大小将直接影响桩体的强度。当掺入量较小时，桩体的特性类似柔性桩；而掺入量较大时，又类似刚性桩。

5.2.2 复合地基作用机理及设计参数

(1) 作用机理

① 挤密作用。砂桩、土桩、石灰桩、碎石桩等在施工过程中，由于振动、挤压、排土等原因，可对桩间土起到一定的密实作用。石灰桩具有吸水、发热和膨胀特性，对桩间土同样起到挤密作用。

② 加速固结作用。碎石桩、砂桩具有良好的透水性，可以加速地基的固结，水泥土类和混凝土类桩在一定程度上也可以加速地基固结。

③ 桩体作用。由于复合地基中桩体的刚度比周围土体大，桩体上产生应力集中现象，大部分荷载将由桩体承担，桩间土上应力相应减少。这就使复合地基承载力较原地基有所提高，沉降量有所减小。随着桩体刚度增加，其桩体作用发挥得更加明显。

④ 垫层和加筋作用。垫层作用主要是指在较厚的软弱土层中，桩体没有打穿该软弱土层，这样，整个复合地基对于没有加固的下卧层起到垫层的作用，经垫层的扩散作用将建筑物传到地基上的附加应力减小，作用于下卧层的附加应力趋于均匀，从而使下卧层的附加应力在允许范围之内，这样就提高了地基的整体抵抗力，减少了沉降。

加筋作用主要是指厚度不大的软弱土层，桩体可穿过整个软弱土层到达其下的硬层上面。此时，桩体在外荷载的作用下就会产生一定的应力集中现象，从而使桩间土承担的压力相应减小，其结果与天然地基相比，复合地基的承载力会提高，压缩量会减小，稳定性会得到加强，沉降速率会加快，还可用来改善土体的抗剪强度，加固后的复合桩土层将可以改善土坡的稳定性，这种加固作用即通常所说的加筋作用。

(2) 设计参数

① 面积置换率。在复合地基中，取一根桩及其所影响的桩周土所组成的单元体作为研究对象。桩体横截面积（A_p）与该桩体所承担的加固面积（A）的比值称为地基面积置换率。

$$m = \frac{A_p}{A} \tag{5-1}$$

此外布桩形式与面积置换率有关。

正方形布置时：

$$m = \frac{\pi d^2}{4l^2} \tag{5-2}$$

等边三角形布置时：

$$m = \frac{\pi d^2}{2\sqrt{3}l^2} \tag{5-3}$$

式中　d——桩体直径，mm；

　　　l——桩间距，mm。

② 桩土应力比。桩土应力比是在某一荷载作用下，单位面积上桩体和土体所受竖向平均应力之比。桩土应力比是复合地基的一个重要设计参数，它关系到复合地基承载力和变形的计算。影响桩土应力比的因素有荷载水平、桩土模量比、复合地基面积置换率、原地基土强度、桩长、固结时间和垫层情况等。桩土应力比的计算公式有多种，这里介绍一种：

假定在刚性基础下，桩体和桩间土的竖向应变相等，于是可得桩土应力比 n 的计算式为：

$$n=\frac{\sigma_\text{p}}{\sigma_\text{s}}=\frac{E_\text{p}}{E_\text{s}} \tag{5-4}$$

式中　σ_p、σ_s——桩和桩间土的竖向应力，kPa；

　　　E_p、E_s——桩身和桩间土的压缩模量，kPa。

③ 复合模量。复合地基加固区是由桩体和桩间土两部分组成的，呈非均质。在复合地基计算中，为了简化计算，将加固区视作一均质的复合土体，那么与原非均质复合土体等价的均质复合土的模量称为复合地基的复合模量。一般复合土体压缩模量 E_sp 可按下式计算：

$$E_\text{sp}=mE_\text{p}+(1-m)E_\text{s} \tag{5-5}$$

5.2.3　复合地基承载力确定

复合地基承载力一般应通过现场复合地基载荷试验确定，初步设计时也可按复合求和法估算。复合求和法是先分别确定桩体的承载力和桩间土的承载力，再根据一定的原则叠加这两部分承载力得到复合地基的承载力。复合求和法的计算公式根据桩的类型不同而有所不同。

① 散体材料桩复合地基可采用以下公式计算：

$$f_\text{spk}=mf_\text{pk}+(1-m)f_\text{sk} \tag{5-6}$$

当 $n\leqslant f_\text{pk}/f_\text{sk}$ 时

$$f_\text{spk}=[1+m(n-1)]f_\text{sk} \tag{5-7}$$

当 $n\geqslant f_\text{pk}/f_\text{sk}$ 时

$$f_\text{spk}=[1+m(n-1)]/n \tag{5-8}$$

式中　f_spk、f_pk、f_sk——复合地基、桩体、桩间土承载力特征值，kPa。

② 对水泥土类桩复合地基可按下式计算：

$$f_\text{spk}=mR_\text{a}/A_\text{p}+\beta(1-m)f_\text{sk} \tag{5-9}$$

式中　R_a——单桩竖向承载力特征值，kPa；

　　　A_p——桩的截面面积，m^2；

　　　β——桩间土承载力折减系数，宜按地区经验取值。

5.2.4　复合地基变形计算

在各类计算复合地基压缩变形的方法中，通常把复合地基的压缩变形分为加固区土层压缩变形量和加固区下卧层压缩变形量两部分。

(1) 加固区土层压缩变形量计算

加固区土层压缩变形量计算方法有三种，即复合模量法、应力修正法和桩身压缩量法。

① 复合模量法。将复合地基加固区中桩体和桩周土两部分视为一复合土体，用复合压缩模量来评价复合土体的压缩性。采用分层总和法计算复合地基加固区压缩变形量 S_l，其计算式为：

$$S_l=\sum_{i=1}^{n}\frac{\Delta p_\text{sp}i}{E_\text{sp}i}H_i \tag{5-10}$$

式中　$\Delta p_\text{sp}i$——第 i 层复合土体上附加应力增量，kPa；

H_i——第 i 层复合土层的厚度，mm；

E_{spi}——第 i 层复合土体的压缩模量，可通过复合压缩模量计算，也可以通过室内压缩试验测定，kPa。

② 应力修正法。在复合地基中，由于桩体的模量比桩间土大，作用在桩间土上的应力小于作用在复合地基上的平均应力。采用应力修正法计算变形量时，根据桩间土分担的荷载（忽略桩体的存在），用分层总和法计算加固区土层的压缩变形量 S_l。

$$S_l = \sum_{i=1}^n \frac{\Delta p_{si}}{E_{spi}} H_i = \mu_s \sum_{i=1}^n \frac{\Delta p_i}{E_{si}} H_i \tag{5-11}$$

式中　μ_s——应力修正系数，$\mu_s = \dfrac{1}{1+m(n-1)}$；

Δp_i——天然地基在荷载作用下第 i 层土上的附加应力增量，kPa；

Δp_{si}——复合地基中第 i 层桩间土中的附加应力增量，kPa。

③ 桩身压缩量法。桩身压缩量法是将计算的桩身压缩量 S_p 与桩端在其下卧层的刺入量 Δ 之和作为加固区土层的压缩变形量 S_l：

$$S_l = \frac{\mu_p p + p_{pl}}{2E_p} l + \Delta \tag{5-12}$$

式中　μ_p——应力集中系数；

l——桩身长度，即加固区厚度 h，mm；

p_{pl}——桩端的端承力，kPa；

p——桩土顶面荷载，kPa。

（2）加固区下卧层的压缩变形量计算

加固区下卧层的压缩变形量通常采用分层总和法计算。因为复合地基加固区的存在，作用于下卧层顶面上的荷载及其下面土体中的附加应力难以精确计算。目前在工程应用上，常采用下述两种方法计算附加应力。

① 应力扩散法。该法假定复合地基顶面的荷载 p 在复合地基加固区内按压力扩散角 θ 传递。对于宽度为 b、长度为 L 的矩形荷载，加固区厚度为 h，则作用在下卧层顶面上的附加应力 p_h 为：

$$p_h = \frac{Lbp}{(b+2h\tan\theta)(L+2\tan\theta)} \tag{5-13}$$

对宽度为 b 的条形荷载，仅考虑宽度方向的扩散，则

$$p_h = \frac{bp}{b+2h\tan\theta} \tag{5-14}$$

② 等效实体法。等效实体法假定加固区为一实体，利用实体底面（下卧层顶面）的应力及实体周围与土的摩擦力 f 和实体顶面荷载 p 的平衡条件来求下卧层顶面上附加应力 p_h。

当荷载面积为 Lb，加固区厚度为 h 时，则下卧层顶面上的附加应力 p_h 为

$$p_h = \frac{Lbp - (2L+2b)hf}{Lb} \tag{5-15}$$

对宽度为 b 的条形荷载

$$p_h = p - \frac{2hf}{b} \tag{5-16}$$

5.3 换填垫层法

建筑工程中，经常直接在地面上或者先将地面下浅部土层挖除，分层填筑工程性能良好的材料而形成一种人工地基，我们称这种地基处理方法为换填垫层法。该法常用于基坑面积宽大和开挖土方量较大的回填土方工程，一般适用于处理浅层软弱土层（淤泥质土、松散素填土、杂填土以及已完成自重固结的冲填土等）与低洼区域的填筑。一般处理深度为2～3m。

换填垫层法广泛用于房屋、厂道和城市街道、堆场、广场、机场、公路等建设工程领域。

换填垫层的目的是提高地基承载力，减小地基沉降或不均匀沉降，加速软土层的排水固结，防止冻胀，消除膨胀土的胀缩性和湿陷性黄土地基的湿陷性，以及降低液化地基的液化沉陷等，建筑工程类型不同，换填垫层的作用也有所不同。

5.3.1 换填垫层法的原理

换填垫层法的垫层按其原理可体现以下几个作用：

① 提高持力层强度，将基底应力扩散，使垫层下软弱地基承受的附加应力减少到安全承载力范围之内，满足地基稳定要求。

② 垫层的承载力较高，可减少地基的沉降量。一般浅层地基的沉降量占总沉降量比例较大。

③ 加速软弱土层的排水固结。砂垫层和砂石垫层等垫层材料透水性强，软弱土层受压后，垫层可作为良好的排水层，使基础下面的孔隙水压力迅速消散，加速垫层下软弱土层的固结和提高其强度，避免地基发生塑性破坏。

④ 防止持力层的冻胀或液化。因为粗颗粒的垫层材料孔隙大，不易产生毛细管现象，因此可以防止寒冷地区土中结冰所造成的冻胀。

5.3.2 垫层的设计要点

根据垫层底面与自然地面的关系，换填垫层的断面形式主要有如下三种情况：

① 先将局部或全部软弱土层、不良土层、不均匀土层挖除，然后在所形成的基坑内回填坚硬的或较粗粒径的材料，并压实形成垫层，称之为换填垫层；

② 不开挖基坑，直接在自然地面以上填筑工程性能良好的材料，并压实形成垫层，通常称这种垫层为填筑垫层；

③ 前两种垫层的综合，即联合垫层。

垫层设计应满足建筑地基的承载力和变形要求。首先，垫层能换除基础下直接承受建筑荷载的软弱土层，代之以能满足承载力要求的垫层；其次，荷载通过垫层的应力扩散，使下卧层顶面受到的压力满足小于或等于下卧层承载能力的条件；最后，基础持力层被低压缩性的垫层替换，能大大减少基础的沉降量。因此，合理确定垫层厚度是垫层设计的主要内容。

（1）垫层厚度的确定

垫层厚度应根据需要置换软弱土层的深度或下卧土层的承载力确定，并符合下卧层验算，按照下式计算：

$$p_z + p_{cz} \leq f_{az} \tag{5-17}$$

式中 p_z ——相应于荷载效应标准组合时，垫层底面处土的附加压力，kPa；

p_{cz} ——垫层底面处土的自重压力，kPa；

f_{az} ——垫层底面处经深度修正后的地基承载力特征值，kN。

垫层的厚度一般不宜小于 0.5m（太薄换填垫层的作用不显著），也不宜大于 3m（太厚施工困难）。

（2）垫层底面宽度的确定

换填垫层底面宽度应满足根底底面应力扩散的要求，一般可按下式确定：

$$b' \geq b + 2z \tan\theta \tag{5-18}$$

式中 b' ——垫层底面宽度，m；

b ——基础底面宽度，m；

θ ——压力扩散角，（°），其取值见表 5-2。

表 5-2 压力扩散角 θ   单位：（°）

换填材料 z/b	中砂、粗砂、砾砂、圆砾、角砾、石屑、卵石、碎石、矿渣	粉质黏土、粉煤灰	灰土
0.25	20	6	28
≥0.5	30	23	

注：1. 当 $z/b < 0.25$ 时，除灰土仍取 $\theta = 28°$ 外，其余材料均取 $\theta = 0°$，必要时，宜由试验确定；

2. 当 $0.25 < z/b < 0.50$ 时，θ 值可内插求得。

【例 5-1】 某四层砖混结构住宅，承重墙下为条形基础，宽 1.2m，埋深为 1.0m，上部建筑物作用于基础的地表上荷载为 120kN/m，基础及基础上土的平均重度为 20.0kN/m³。场地土质条件：第一层粉质黏土，层厚 1.0m，重度为 17.5kN/m³；第二层为淤泥质黏土，层厚 15.0m，重度为 17.8kN/m³，含水量为 65%，承载力特征值为 45kPa；第三层为密实砂砾石层，地下水距地表为 1.0m。试对此垫层进行设计。

【解】（1）确定砂垫层厚度

① 先假设砂垫层厚度为 1.0m，并要求分层碾压夯实，其干密度要求大于 1.620t/m³。

② 试算砂垫层厚度。基础底面的平均压力值为

$$p_k = \frac{120 + 1.2 \times 1.0 \times 20.0}{1.2} = 120 (\text{kPa})$$

③ 砂垫层底面的附加压力为

$$p_z = \frac{b(p_k - p_c)}{b + 2z\tan\theta} = \frac{1.2 \times (120 - 17.5 \times 1.0)}{1.2 + 2 \times 1.0 \times \tan 30°} = 52.2 (\text{kPa})$$

④ 垫层底面处土的自重压力为

$$p_{cz} = 17.5 \times 1.0 + (17.8 - 10.0) \times 1.0 = 25.3 (\text{kPa})$$

⑤ 垫层底面处经深度修正后的地基承载力特征值为

$$f_{az} = f_{ak} + \eta_d \gamma_m (d - 0.5) = 45 + 1.0 \times \frac{17.5 \times 1.0 + 7.8 \times 1.0}{2} \times (2.0 - 0.5) = 64.0 (\text{kPa})$$

$$p_z + p_{cz} = 52.2 + 25.3 = 77.5 (\text{kPa}) > 64 (\text{kPa})$$

以上说明设计的垫层厚度不够，再重新设计垫层厚度为 1.7m，同理可得：

$$p_z + p_{cz} = 38.9 + 30.8 = 69.7 (\text{kPa}) < 72.8 (\text{kPa})$$

说明满足设计要求，故垫层厚度取 1.7m。

（2）确定垫层宽度

$$b' = b + 2z\tan\theta = 1.2 + 2 \times 1.7 \times \tan30° = 3.2(\text{m})$$

取垫层宽度为 3.2m。

5.4   重锤夯实法与强夯法

5.4.1   重锤夯实法

重锤夯实法就是利用重锤自由下落所产生的较大夯击能来夯实浅层地基，使其表面形成一层较为均匀的硬壳层，获得一定厚度的持力层。

（1）施工要点

施工前应试夯，确定有关技术参数，如夯锤的质量、底面直径及落距、最后下沉量及相应的夯击遍数和总下沉量；夯实前槽、坑底面的标高应高出设计标高；夯实时地基土的含水量应控制在最优含水量范围；大面积夯时应按顺序；基底标高不同时应先深后浅；冬季施工，土已冻结时，应将冻土层挖去或通过烧热法将土层融解；结束后，应及时将夯松的表土清除或将浮土在接近 1m 的落距夯实至设计标高。

（2）适用范围

当土层结构松散，不能直接作为天然地基时，如用重夯法进行处理，必须遵循击实原理。也就是说土层的含水量最好在塑限上下值（$w = w_p + 2$），然后试夯决定功能及最大干密度，但重夯法影响深度仅达 1.0～1.2m。对于较干或过湿的土，夯击效果就很差，所以重夯法加固地基是有局限性的，不适用于高层建筑及重要构筑物的地基处理。重夯法由于其夯击能量较小，夯坑深度较浅，主要依赖锤底的压密作用。由于夯坑较浅，锤底土所受侧向压力较小，对于饱和土，夯击时容易产生侧向挤出和隆起现象。由于无法通过压缩产生孔隙水压力并排走水分，难以加固饱和土，甚至可能形成"橡皮土"。

5.4.2   强夯法

强夯法是用质量 10～40t 的锤、采用 10～40m 的落距对土进行强力冲击压实的加固方法。如果在夯坑内回填砂石、钢渣等材料并夯实成墩体，则称强夯置换法，它是强夯法的新发展。

当强夯含水量为一般或较低的黏性土、黄土及杂填土时能迅速克服土中较大的黏阻力及摩擦力，使土层趋于高密实状态，工程上把这种强夯称作动力压实。强夯饱和黏性土，使土中产生许多裂缝，孔压升高，孔隙水渗入裂缝或溢出地面，在振动力作用下土体排水固结，工程上把这种强夯称作动力固结。

5.4.2.1   强夯法的加固机理

从土体本身来说，土的类型（包括饱和土、非饱和土、砂性土、黏性土）以及土的结构（颗粒大小、形状、级配、絮状结构、聚粒结构）、构造（层理等）、密实度、抗剪强度、渗透性、压缩性、强度等均会影响加固效果。从土体外部来说，单点夯击能（锤重、落距）、单位面积夯击能、锤底形状和面积、夯点布置、夯击次数、夯击遍数、两遍夯击之间的间歇时间以及强夯置换的填料、砂井的作用也会影响加固效果。

强夯法加固地基有大量成功的工程实例，国内外学者从不同的角度对其加固机理进行了大量的研究，但是，由于各类地基的性质差别极大，影响强夯的因素也很多，很难建立适应于各类土的强夯加固土的理论。

我们不妨对其共同点做出如下概括，即强夯的基本原理是：土层在巨大的强夯冲击能作用下，产生了很大的应力和冲击波，致使土中孔隙压缩，土体局部液化，夯击点周围一定深度内产生裂隙形成良好的排水通道，使土中的孔隙水（气）顺利溢出，土体迅速固结，从而降低此深度范围内土的压缩性，提高地基承载力。

(1) 饱和土的强夯加固机理

饱和土的强夯加固机理，可以分为三个阶段：

① 加载阶段。夯击的一瞬间，夯锤的冲击使地基土体产生强烈的振动和动应力，在波动的影响带内，动应力和孔隙水压力急剧上升，而动应力往往大于孔隙水压力，使土体产生塑性变形，破坏土的结构。对于砂土，迫使土的颗粒重新排列而密实。对于黏性土，土骨架被迫压缩，同时由于土体中的水和土颗粒两种介质引起不同的振动效应，当两者的动应力差大于土颗粒的吸附能时，土中部分结合水和毛细水从颗粒间析出，形成排水通道，制造动力排水条件。

② 卸载阶段。夯击动能卸去的一瞬间，动应力瞬息即逝，然而土中孔隙水压力仍然保持较高的水平，此时孔隙水压力大于有效应力，故土体中存在较大的负有效应力，引起砂土液化。在黏性土地基中，当最大孔隙水压力大于最小主应力、静止侧压力及土的抗拉强度之和时，土体开裂，渗透性迅速增大，孔隙水压力迅速下降。

③ 动力固结阶段。在卸载之后，土体中仍然保持一定的孔隙水压力，土体就在此压力作用下排水固结。在砂土中，孔隙水压力消散甚快，使砂土进一步密实在黏性土中，在黏性土中，孔隙水压力消散较慢，可能要延续 2~4 周。如果有条件排水固结，土颗粒进一步靠近，重新形成新的水膜和结构连接，土的强度逐渐恢复和提高，达到加固地基的目的。

(2) 非饱和土的加固机理

强夯时在土中形成很大的冲击波（主要是纵波和横波），土体因而受到超过土强度的冲击力。在此冲击力的作用下，土体被破坏，土颗粒相互靠拢，排出孔隙中的气体，颗粒重新排列，土在动荷载作用下被挤密压实，强度提高，压缩性降低。

有资料表明：非饱和土夯击一遍后，夯坑深度可达 0.6~1.0m，夯底形成一层厚度为夯坑直径 1.0~1.5 倍的超压密土层，承载力可比夯前提高 2~3 倍。

(3) 强夯置换的加固机理

利用强夯的冲击力，强行将砂、碎石、石块等挤填到饱和软土层中，置换原饱和软土，形成桩柱或密实砂、石层。与此同时，该密实砂、石层还可作为下卧软弱土的良好排水通道，加速下卧层土的排水固结，从而使地基承载力提高，沉降减小。目前在强夯置换中常有以下三种情况：

① 当地基表层为具有适当厚度的砂垫层、下卧层为高压缩性的淤泥质软土时，采用低能夯，可将表层砂挤入软土层中，形成一根根置换砂桩，这种砂桩的承载力很高。同时，下卧软土也可通过置换砂桩加速固结，强度得以提高。

② 同上，软土地基的表面也常堆填一层一定厚度的碎石料，利用夯锤冲击成孔，再次回填碎石料，夯实成碎石桩。

③ 在厚 3~5m 的淤泥质软土层上面抛填石块，利用抛石自重和夯锤冲击力使石块座到

硬土层上，淤泥大部分被挤走，少量留在石缝中，形成强夯置换的块石层。利用石块之间相互接触，提高地基承载力。类似于垫层中的"抛石挤淤"法，下卧层的软土也得以快速固结，提高了下卧层的强度。

5.4.2.2　强夯法的基本特性和适用范围

用强夯法加固地基后，地基的压缩性可降低到原来的 $1/10\sim1/2$，而强度可提高 $200\%\sim500\%$（有的文献介绍，黏土可提高 $100\%\sim300\%$，粉质砂土可提高 400%，砂和泥炭土可提高 $200\%\sim400\%$）。

强夯法与一般的机械夯实等比较还有以下特点：

① 平均每一次的夯击能量比普通夯击能大得多。

② 以往的夯实方法，能量不大，仅使地表夯实紧密，但能量不能向深处传递，仅限于表层加固。强夯法能按预计效果进行控制施工，可根据地基的加固要求来确定夯击点及夯击方式，依此按需要加固的深度进行改良，使地基深层得到加固。

③ 在施工中，可以分几遍夯击，达到必要的夯击能量。

④ 地基经过强夯加固后，能消除不均匀沉降现象，这是任何天然地基所达不到的。

强夯法最适宜的施工条件：

① 处理深度最好不超过 15m（特殊情况除外）；

② 对于饱和软土，地表面应铺一层较厚的砾石、砂土等优质填料；

③ 地下水位离地表面 $2\sim3m$ 为宜；

④ 夯击对象最好由粗颗粒土组成；

⑤ 施工现场离既有建筑物有足够的安全距离（一般大于 10m），否则不宜施工。

强夯法适用于处理碎石土、砂土、低饱和度的粉土与黏性土、湿陷性黄土、素填土和杂填土地基。强夯置换法适用于高饱和度的粉土与软塑-流塑的黏性土等对地基变形控制要求不严的工程。但是强夯法不得用于不允许对工程周围建筑物和设备有振动影响的场地地基加固，必须使用时，应采取防振、隔振措施。强夯置换法在设计前必须通过现场试验确定其适用性和处理效果。

5.4.2.3　强夯法的设计

强夯法的主要设计参数包括：有效加固深度、夯击能、夯击次数、夯击遍数、间隔时间、夯击点布置和处理范围等。

（1）设计的基本程序

① 查明场地的工程地质条件、工程规模大小及重要性；

② 确定加固目的与加固要求，初步计算夯击能量、夯击遍数、夯点间距、加固深度等施工参数；

③ 根据确定的参数，制订施工计划和施工说明；

④ 施工前试夯，现场确定加固效果，确定是否修改。

（2）强夯参数的选择

① 有效加固深度。强夯法的有效加固深度是指起夯面以下，经强夯加固后，土的物理力学指标已达到或超过设计值的深度。其既是选择地基处理方法的重要依据，又是反映处理效果的重要参数。有效加固深度可按下式估算：

$$H=\alpha\sqrt{Wh/10} \tag{5-19}$$

式中　H——有效加固深度，m；

　　　W——夯锤重量，kN；

　　　h——落距，m；

　　　α——折减系数，黏土取 0.5，砂性土取 0.7，黄土取 0.34～0.5。

② 单位夯击能。锤重与落距的乘积称为夯击能。强夯的单位夯击能（指单位面积上所施加的夯击能）应根据地基土类别、结构类型、荷载大小和需处理深度等综合考虑，并通过现场试夯确定。一般，粗颗粒土可取 1000～3000kN·m/m²；细颗粒土取 1500～4000kN·m/m²。

最佳夯击能是指强夯时，当地基中出现的孔隙水压力达到上覆土层自重压力时对应的夯击能。

a. 由最大孔隙水压力增量与夯击次数的关系曲线确定：当孔隙水压力的增量随夯击次数的增加而趋于稳定时所对应的夯击能。

b. 由夯沉量与夯击次数关系曲线确定：当夯沉量与夯击次数关系曲线趋于稳定，接近常数，且同时满足以下条件时，可取相应夯击次数为最佳夯击次数：

最后两击的平均夯沉量不大于 50mm，当单击夯击能量较大时不大于 100mm；

夯坑周围地面不应发生过大的隆起；

不因夯坑过深而发生起锤困难。

③ 夯击点布置及间距。夯击点布置是否合理与夯实效果和施工费用有直接关系。夯击点布置根据基础的形式和加固要求而定，对大面积地基一般采用等边三角形、等腰三角形或正方形，对条形基础夯击点可成行布置，对独立柱基础可按柱网设置采取单点或成组布置，在基础下面必须布置夯击点。

根据国内经验，第一遍夯击点间距可取夯锤直径的 2.5～3.5 倍，对于处理深度较深或单击夯击能较大的工程，第一遍夯击点的间距应适当增大。第二遍夯击点位于第一遍夯击点之间。以后各遍夯击点间距可与第一遍相同，也可恰当减小。

④ 单点夯击击数。单点夯击击数指单个夯击点一次连续夯击的次数，对整个场地完成全部夯击点的夯击称为一遍，单点的夯击遍数加满夯的夯击遍数为整个场地的夯击遍数。

单点夯击击数应按现场试夯得到的夯击击数和夯沉量关系曲线确定，且应同时满足：

a. 最后两击的平均夯沉量，当单击夯击能小于 4000kN·m 时为 50mm，当单击夯击能为 4000～6000kN·m 时为 100mm，当单击夯击能大于 6000kN·m 时为 200mm；

b. 夯坑周围地面不应发生过大的隆起；

c. 不因夯坑过深而发生起锤困难，各夯击点之夯击数一般为 3～10。

⑤ 夯击遍数。整个强夯场地中同一编号的夯击点，夯完后算作一遍。一般来说，由粗颗粒土组成的渗透性强的地基，夯击遍数可少些。反之，由细颗粒土组成的渗透性低的地基，夯击遍数要求多些。根据我国工程实践，对于大多数工程，采用夯击遍数为 2～3 遍，最后再以低能量满夯两遍，一般均能取得较好的夯击效果。

⑥ 间歇时间。间歇时间是指两遍夯击之间的时间间隔，取决于土中孔隙水压力的消散时间。当缺少实验资料时，可根据地基土的渗透性确定，对于渗透性较差的黏性土地基，间隔时间不应少于 3～4 周；对于渗透性好的地基可连续夯击。

⑦ 处理范围。强夯处理范围应大于建筑物基础范围，每边超出基础外缘的宽度宜为基底下设计处理深度的 1/2～2/3，并不宜小于 3m。

5.5　排水固结法

我国东南沿海和内陆广泛分布着海相、湖相以及河相沉积的软弱黏性土层。这种土的特点是含水量大、压缩性高、强度低、透水性差且不少情况埋藏深厚。由于其压缩性高、透水性差，在建筑物荷载作用下会产生相当大的沉降和沉降差，而且沉降的延续时间很长，有可能影响建筑物的正常使用。另外，由于其强度低，地基承载力和稳定性往往不能满足工程要求。因此，这种地基通常需要采取处理措施，排水固结法就是处理软黏土地基的有效方法之一。

该法是对天然地基，或先在地基中设置砂井、塑料排水带等竖向排水井，然后利用建筑物本身重量分组逐渐加载，或是在建筑物建造以前，在场地先行加载预压，使土体中的孔隙水排出，逐渐固结，地基发生沉降，同时强度逐步提高的方法。

按照使用目的，排水固结法可以解决以下两个问题。

① 沉降问题。使地基的沉降在加载预压期间大部分或基本完成，使建筑物在使用期间不致产生不利的沉降和沉降差。

② 稳定问题。加速地基土的抗剪强度的增长，从而提高地基的承载力和稳定性。

对沉降要求较高的建筑物，如冷藏库、机场跑道等，常采用超载预压法处理地基。待预压期间的沉降达到设计要求后，移去预压荷载再建造建筑物。对于主要应用排水固结法来加速地基土强度的增长、缩短工期的工程，如路堤、土坝等，则可利用其本身的重量分级逐渐施加，使地基土强度的提高适应上部荷载的增加，最后达到设计荷载。

工程上广泛使用的、行之有效的增加固结压力的方法有堆载法、真空预压法，此外还有降低地下水位法、电渗法及几种方法兼用的联合法等。

5.5.1　加固机理与应用条件

(1) 加固机理

排水固结法基本原理是软土地基在附加荷载的作用下，逐渐排出孔隙水，使孔隙比减小，产生固结变形。在这个过程中，随着土体超静孔隙水压力的逐渐消散，土的有效应力增加，地基抗剪强度相应增加，并使沉降提前完成或提高沉降速率。

排水固结法是由排水系统和加压系统两部分共同组合而成的。

① 排水系统。设置排水系统主要在于改变地基原有的排水边界条件，增加孔隙水排出的通路，缩短排水距离。该系统是由竖向排水井和水平排水垫层构成的。当软土层较薄，或土的渗透性较好而施工期较长时，可仅在地面铺设一定厚度的排水垫层，然后加载，土层中的孔隙水竖向流入垫层而排出。当工程上遇到深厚的、透水性很差的软黏土层时，可在地基中设置砂井或塑料排水带等竖向排水井，地面连以排水砂垫层，构成排水系统。

② 加压系统。施加起固结作用的荷载，使土中孔隙水产生压差而渗流，使土固结。其材料有固体（土石料等）、液体（水等）、真空负压力荷载等。

只有排水系统而没有加压系统，孔隙中的水没有压力差，水不会自然排出，地基也就得不到加固。如果只施加固结压力，不缩短土层的排水距离，则不能在预压期间尽快地完成设计所要求的沉降量，土的强度不能及时提高，各级加载也就不能顺利进行。所以上述两个系统，在设计时总是联系起来考虑的。

（2）应用条件

地基土层的排水固结效果和它的排水边界条件有关。当土层的厚度相对于荷载的宽度（或直径）来说比较小时，土层中的孔隙水向上下面透水层排出而使土层发生固结，这称为竖向排水固结。根据固结理论，黏性土固结所需的时间和排水距离的平方成正比，即土层越厚，固结延续的时间越长。为了加速土层的固结，最有效的方法是增加土层的排水途径，缩短排水距离。砂井、塑料排水带等竖向排水井就是为此目的而设置的。这时土层中的孔隙水主要从水平向通过砂井排出，部分从竖向排出。砂井缩短了排水距离，因而大大加速了地基的固结速率（或沉降速率），这一点无论从理论上还是工程实践上都得到了证实。

必须指出，排水固结法的应用条件，除了要有砂井（袋装砂井或塑料排水带）的施工机械和材料外，还必须要满足预压荷载、预压时间、适用的土类等条件。预压荷载是个关键问题，因为施加预压荷载后才能引起地基土的排水固结。然而施加一个与建筑物相等的荷载，这并非轻而易举的事，少则几千吨，大则数万吨，许多工程因无条件施加预压荷载而不宜采用砂井预压处理地基，这时就必须采用真空预压法、降低地下水位法或电渗法。

作为综合处理的手段，排水固结法可和其他地基加固方法结合起来使用。

5.5.2　堆载预压法设计与计算

在建造建筑物以前，通过临时堆填土石等方法对地基加载预压，达到预先完成部分或大部分地基沉降，地基土固结提高地基承载力的目的。

临时的预压堆载一般等于建筑物的荷载，但为了减少由于次固结而产生的沉降，预压荷载也可大于建筑物荷载，称为超载预压。

为了加速堆载预压地基固结，常可与砂井法或塑料排水带法等同时应用。如黏土层较薄，透水性较好，也可单独采用堆载预压法。

堆载预压法处理地基的设计应包括以下内容：

① 选择竖向排水体，确定其断面尺寸、间距、排列方式和深度；

② 确定预压区范围、预压荷载大小、荷载分级、加载速率和预压时间；

③ 计算地基土的固结度、强度增长、抗滑稳定性和变形。

5.5.2.1　砂井排水固结的设计计算

常用的竖向排水体有普通砂井、袋装砂井和塑料排水板，三者的作用机理相同，均可采用普通砂井的设计方法。

（1）砂井设计

砂井设计内容包括砂井的直径、间距、长度、布置方式、范围、砂料选择和砂垫层厚度等。

① 砂井的直径和间距。砂井直径和间距主要取决于土的固结性质和施工期限的要求。"细而密"比"粗而稀"效果好（也就是说砂井直径可细到不影响施工质量，间距密到不破坏土体结构而又经济合理即可）。砂井直径一般为 300～500mm，袋装砂井直径为 70～120mm。工程上常用的井距，一般为砂井直径的 6～8 倍，袋装砂井井距一般为砂井直径的 15～30 倍。塑料排水板已标准化，一般相当于直径 60～70mm。砂井的间距可按井径比选用，井径比（n）按下式确定：

$$n=d_e/d_w \tag{5-20}$$

式中　d_e——砂井有效排水范围等效圆直径，mm；

　　　d_w——砂井直径，mm。

普通砂井的间距可按 $n=6\sim8$ 选用，塑料排水板和袋装砂井的间距可按 $n=15\sim22$ 选用。

② 砂井长度。砂井的长度应根据建筑物对地基的稳定性、变形要求和工期确定。当压缩土层不厚、底部有透水层时，砂井应尽可能贯穿压缩土层；当压缩土层较厚，但间有砂层或砂透镜体时，砂井应尽可能打至砂层或透镜体；当压缩土层很厚，其中又无透水层时，可按地基的稳定性及建筑物变形要求处理的深度来决定。按稳定性控制的工程，如路堤、土坝、岸坡、堆料场等，砂井深度应通过稳定分析确定，砂井长度应超过最危险滑弧面的深度 2.0m。从沉降考虑，砂井宜穿透主要的压缩土层。

③ 砂井的布置方式和范围。砂井多采用正方形和正三角形布置，以正三角形排列较为紧凑和有效。砂井的布置范围应稍大于建筑物基础范围，扩大的范围可由基础轮廓线向外增大 $2\sim4$m。

④ 砂料的选择。宜选用中粗砂，其含泥量不能超过 3%。

⑤ 砂垫层的厚度。砂井顶部铺设砂垫层，可使砂井排水有良好的通道，将水排到工程场地以外。砂垫层厚度不应小于 0.5m；水下施工时，砂垫层厚度一般为 1.0m 左右。为节省砂料，也可采用连通砂井的纵横砂沟代替整片砂垫层，砂沟的高度一般为 $0.5\sim1.0$m，砂沟宽度取砂井直径的 2 倍。

（2）地基固结度计算

固结度计算是排水固结法设计中的一个重要内容。通过固结度计算，可推算出地基强度的增长，从而确定适应地基强度增长的加荷计划。如果已知各级荷载下不同时间的固结度，就可推算出各个时间的沉降量。固结度与砂井布置、排水边界条件、固结时间和地基固结系数等有关，计算之前，首先要确定这些参数。

竖向平均固结度 U_z 可按下式计算

$$U_z = 1 - \frac{8}{\pi^2}\exp\left(-\frac{\pi^2}{4}T_v\right) \tag{5-21}$$

式中　T_v——竖向固结时间因素，$T_v = \dfrac{C_v t}{H^2}$；

　　　C_v——竖向固结系数，cm^2/s。

如果考虑逐级加荷，则时间 t 从加荷历时的一半起算，如为双面排水，H 取土层厚度的一半。

（3）预压荷载

预压荷载的大小应根据设计要求确定。对于沉降有严格限制的建筑，应采用超载预压处理，超载量大小应根据预压时间内要求完成的变形量通过计算确定，并宜使预压荷载下受压土层各点的有效竖向应力大于建筑物荷载引起的相应点的附加应力。

预压荷载顶面的范围应大于或等于建筑物基础外缘限定的范围。

加载速率应根据地基土的强度确定。当天然地基土的强度满足预压荷载下地基的稳定性要求时，可一次性加载，否则应分级加载，待前期预压荷载下地基土的强度增长满足下一级荷载下地基的稳定性要求时方可加载。

5.5.2.2　地基土强度增长计算

在预压荷载作用下，地基土产生排水固结，抗剪强度逐渐增长。但荷载的施加必须与地基土抗剪强度的增长相适应，若加荷过大过急，则地基土得不到充分固结，并可能导致地基破坏。对正常固结饱和黏性土地基，某点 t 时刻的抗剪强度可按下式计算：

$$\tau_{ft} = \tau_{f0} + \Delta\sigma_z U_t \varphi_{cu} \tag{5-22}$$

式中　τ_{f0}——地基土的天然抗剪强度，kPa；

　　　$\Delta\sigma_z$——预压荷载引起的该点的附加竖向应力，kPa；

　　　U_t——该点土的固结度；

　　　φ_{cu}——三轴固结不排水压缩试验求得的土的内摩擦角，(°)。

5.5.2.3　沉降计算

预压荷载作用下地基的最终沉降量可按下式计算

$$s_f = \xi \sum_{i=1}^{n} \frac{e_{0i} - e_{1i}}{1 + e_{0i}} h_i \tag{5-23}$$

式中　e_{0i}——第 i 层中点土自重应力所对应的孔隙比，由室内固结试验 e-p 曲线查得；

　　　e_{1i}——第 i 层中点土自重应力与附加应力之和所对应的孔隙比，由室内固结试验 e-p 曲线查得；

　　　h_i——第 i 层土层厚度，m；

　　　ξ——经验系数，对正常固结饱和黏性土地基可取 $\xi=1.1\sim1.4$，荷载较大、地基土较软弱时取较大值，否则取较小值。

【例 5-2】　有一饱和软黏土层，厚度 $H=8\mathrm{m}$，压缩模量 $E_s=1.8\mathrm{MPa}$，地下水位与饱和软黏土层顶面相齐。先准备分层铺设 1m 砂垫层（重度为 $18\mathrm{kN/m^3}$），施工塑料排水板至饱和软黏土层底面。然后采用 80kPa 大面积真空预压 3 个月，固结度达到 80%（沉降修正系数取 1.0，附加应力不随深度变化）。计算地基最终固结沉降量及软黏土层的残余沉降。

【解】　（1）排水固结沉降计算

固结度 U_t 的定义：在时间 t 内固结下沉量 s_t 与最终固结下沉量 s 之比。根据《建筑地基基础设计规范》沉降计算公式计算。

附加压力值 p_0 为：

$$p_0 = 80\mathrm{kPa}（真空预压）+ rh（砂垫层）= 98(\mathrm{kPa})$$

附加应力不随深度变化，则附加应力系数 $\alpha=1$。

压缩层深度 $H=8\mathrm{m}$，压缩模量为 1.8MPa。

沉降修正系数 $\psi_s=1.0$。

如果不考虑次固结，最终固结下沉量 $s=98\times8\div1800=43.56(\mathrm{cm})$。

（2）软黏土层的残留沉降量

$43.56\times(1-0.8)=8.71(\mathrm{cm})$。

5.5.3　真空预压法及其设计与计算

真空预压法是在需要加固的软黏土地基内设置砂井，然后在地面铺设砂垫层，其上覆盖不透气的密封膜，使之与大气隔绝，通过埋设于砂垫层中的吸水管道，用真空装置抽气，将膜内空气排出，因而在膜内产生一个负压，促使孔隙水从砂井排出，达到固结的目的。

真空预压法适用于一般软黏土地基，但在黏土层与透水层相间的地基，抽真空时地下水会大量流入，不可能得到规定的负压，故不宜采用此法。

（1）真空预压法的特点

① 不需要大量堆载，可省去加载和卸载工序，节省大量原材料、能源和运输能力，缩短预压时间。

② 真空法所产生的负压使地基土的孔隙水加速排出，可缩短固结时间。同时，由于孔隙水排出，渗流速度增大，地下水位降低，由渗流力和降低水位引起的附加应力也随之增大，提高了加固效果，且负压可通过管路送到任何场地，适应性强。

③ 孔隙渗流水的流向及渗流力引起的附加应力均指向被加固土体，土体在加固过程中的侧向变形很小，真空预压可一次加足，地基不会发生剪切破坏而引起地基失稳，可有效缩短总的排水固结时间。

④ 适用于超软黏性土以及边坡、码头等地基稳定性要求较高的工程地基加固，土愈软，加固效果愈明显。

⑤ 所用设备和施工工艺比较简单，不需大量的大型设备，便于大面积使用。

⑥ 无噪声、无振动、无污染，可做到文明施工。

（2）加固机理

真空预压在抽气前，薄膜内外均承受一个大气压 P_a 的作用，抽气后薄膜内外形成一个压力差（称为真空度），首先使砂垫层，其次使砂井中的气压降至 P_v，使薄膜紧贴砂垫层。土体与砂垫层和砂井间存在压差，从而发生渗流，使孔隙水沿着砂井或塑料排水板上升而流入砂垫层内，被排出塑料薄膜外。地下水在上升的同时，形成塑料排水板附近的真空负压，使土体内的孔隙水压形成压差，促使土中的孔隙水压力不断下降，地基有效应力不断增加，从而使土体固结。土体和砂井间的压差，开始时为 P_a-P_v，随着抽气时间的增长，压差逐渐变小，最终趋向于零，此时渗流停止，土体固结完成。所以真空预压过程，实质为将大气压差作为预压荷载，使土体逐渐排水固结的过程。

（3）真空预压法的设计

① 膜内真空度。根据国内些工程的经验，当采用合理的施工工艺和设备，膜内真空度一般可维持在 600mmHg（1mmHg＝133.3224Pa）以上，相当于 80kPa 的真空压力，此值可作为最低膜内设计真空度。

② 加固区要求达到的平均固结度。一般可采用 80% 的固结度。如工期许可，也可采用更大一些的固结度作为设计要求达到的固结度。

③ 竖向排水体。竖向排水体的设计参照砂井设计。

④ 预压面积及分块大小。不得小于基础外缘所包围的面积，一般真空的边缘应比建筑物基础外缘超出不小于 3m；每块预压的面积应尽可能大，加固面积与周边长度之比越大，气密性就越好，真空度就越高。

真空预压的关键在于要有良好的气密性，使预压区与大气隔绝。真空预压法一般可能取得相当于 78～92kPa 的等效荷载堆载预压法的效果。

5.6 砂石桩法

砂桩和碎石桩统称砂石桩，是指用振动、冲击或水冲等方式在软弱地基中成孔后，再将砂或砂卵石（或砾石、碎石）挤压入土孔中，形成大直径的砂或砂卵石（碎石）所构成的密实桩体，它是处理软弱地基的一种常用的方法。这种方法经济、简单且有效。

5.6.1 砂石桩的作用机理

(1) 松散砂土中的作用

由于成桩方法不同，在松散砂土中成桩时对周围砂层产生挤密作用同时也产生振密作用。采用冲击法或振动法往砂土中下沉桩管和一次拔管成桩时，由于桩管下沉对周围砂土产生很大的横向挤压力，桩管就将地基中同体积的砂挤向周围的砂层，使其孔隙比减小，密度增大，这就是挤密作用。有效挤密范围可达 3～4 倍桩直径。当采用振动法往砂土中下沉桩管和逐步拔出桩管成桩时，下沉桩管对周围砂层产生挤密作用，拔起桩管对周围砂层产生振密作用，有效振密范围可达 6 倍桩直径左右。振密作用比挤密作用更显著，其主要特点是砂石桩周围一定距离内地面发生较大的下沉。

(2) 软弱黏性土中的作用

密实的砂石桩在软弱黏性土中取代了同体积的软弱黏性土，即起置换作用并形成"复合地基"，使承载力有所提高，地基沉降减小。此外，砂石桩在软弱黏性土地基中可以像砂井一样起排水作用，从而加快地基的固结沉降。

5.6.2 砂石桩的设计要点

(1) 处理宽度

挤密地基的宽度应超出基础的宽度，每边放宽不应少于 1～3 排；砂石桩用于防止砂层液化时，每边放宽不宜小于处理深度的 1/2，并且不应小于 5m。当可液化层上覆盖有厚度大于 3m 的非液化层时，每边放宽不宜小于液化层厚度的 1/2，并且不应小于 3m。

(2) 桩直径

根据土质类别、成孔机具设备条件和工程情况等而定，一般为 30cm，最大 50～80cm，对饱和黏性土地基宜选用较大的直径。

(3) 桩位布置和桩距

桩的平面布置宜采用等边三角形或正方形。桩距应通过现场试验确定，但不宜大于砂石桩直径的 4 倍。

(4) 垫层

在砂石桩顶面应铺设 30～50cm 厚的砂或砂砾石（碎石）垫层，满布于基底并予以压实，以起扩散应力和排水作用。

(5) 砂石桩桩长

砂石桩桩长可根据工程要求和工程地质条件通过计算确定，一般不宜小于 4m。当松软土层厚度不大时，砂石桩宜穿过松软土层；当松软土层厚度较大时，砂石桩桩长应不小于最危险滑动面以下 2m 的深度；对按变形控制的工程，砂石桩桩长应满足处理后地基变形不超过建筑物的地基变形容许值，并满足软弱下卧层承载力的要求。

5.7 灰土挤密桩法和土挤密桩法

5.7.1 概述

灰土挤密桩法和土挤密桩法是利用打入钢套管（或振动沉管、炸药爆破）在地基中成孔，通过"挤"压作用，使地基土得到加"密"，然后在孔中分层填入素土（或灰土）后夯实而成土桩（或灰土桩）。它们属于柔性桩，与桩间土共同组成复合地基。

灰土挤密桩法和土挤密桩法与其他地基处理方法相比，有如下主要特征：

① 横向挤密，但可同样达到所要求加密处理后的最大干密度的指标；

② 与土垫层相比，不需开挖回填，因而节约了开挖和回填土方的工作量，比换填法缩短工期约一半；

③ 由于不受开挖和回填的限制，一般处理深度可达 12～15m；

④ 由于填入桩孔的材料均属就地取材，因而比其他处理湿陷性黄土和人工填土的方法造价低。

灰土挤密桩法和土挤密桩法适用于处理地下水位以上的湿陷性黄土、素填土和杂填土等地基，可处理地基的深度为 5～15m。当以消除地基土的湿陷性为主要目的时，宜选用土挤密桩法。当以提高地基土的承载力或增强其水稳性为主要目的时，宜选用灰土挤密桩法。当地基土的含水量大于 24％、饱和度大于 65％时，不宜选用灰土挤密桩法或土挤密桩法。

5.7.2　加固机理

（1）土的侧向挤密作用

土（或灰土）桩挤压成孔时，桩孔位置原有土体被强制侧向挤压，使桩周一定范围内的土层密实度提高。其挤密影响半径通常为 $(1.5～2.0)d$（d 为桩直径）。相邻桩孔间挤密效果试验表明，在相邻桩孔挤密区交界处挤密效果相互叠加，桩间土中心部位的密实度增大，且桩间土的密度变得均匀，桩距越近，叠加效果越显著。合理的相邻桩孔中心距为 2～3 倍桩孔直径。

土的天然含水量和干密度对挤密效果影响较大，当含水量接近最优含水量时，土呈塑性状态，挤密效果最佳。当含水量偏低，土呈坚硬状态时，有效挤密范围变小。当含水量过高时，挤压引起超孔隙水压力，土体难以挤密，且孔壁附近土的强度因受扰动而降低，拔管时容易出现缩颈等情况。

土的天然干密度越大，有效挤密范围越大；反之，则有效挤密范围较小，挤密效果较差。土质均匀，有效挤密范围大；土质不均匀，则有效挤密范围小。

土体的天然孔隙比对挤密效果有较大影响，当 $e＝0.90～1.20$ 时，挤密效果好；当 $e＜0.80$ 时，一般情况下土的湿陷性已消除，没有必要采用挤密地基，故应持慎重态度。

（2）灰土性质作用

灰土桩是用石灰和土按一定体积比例（2：8 或 3：7）拌和，并在桩孔内夯实加密后形成的桩。这种材料在化学性能上具有气硬性和水硬性，由于石灰内带正电荷钙离子与带负电荷黏土颗粒相互吸附，形成胶体凝聚，并随灰土龄期增长，土体固化作用提高，土体强度增加。在力学性能上，它可达到挤密地基效果，提高地基承载力，消除湿陷性，沉降均匀，沉降量减小。

（3）桩体作用

在灰土桩挤密地基中，由于灰土桩的变形模量远大于桩间土的变形模量（灰土的变形模量为 $E_0＝29～36MPa$，相当于夯实素土的 2～10 倍），荷载向桩上产生应力集中，从而降低了基础底面以下一定深度内土中的应力，消除了持力层内产生大量压缩变形和湿陷变形的不利因素。此外，由于灰土桩对桩间土能起侧向约束作用，限制土的侧向移动，桩间土只产生竖向压密，使压力与沉降始终呈线性关系。

土桩挤密地基由桩间挤密土和分层填夯的素土桩组成，土桩桩体和桩间土均为被机械挤密的重塑土，两者均属同类土料。因而，土桩挤密地基可视为厚度较大的素土垫层。

5.7.3 设计计算

(1) 处理范围

灰土挤密桩和土挤密桩处理地基的面积，应大于基础或建筑物底层平面的面积，并应符合下列规定：

① 当采用局部处理时，超出基础底面的宽度。对非自重湿陷性黄土、素填土和杂填土等地基，每边不应小于基底宽度的 0.25 倍，并不应小于 0.50m；对自重湿陷性黄土地基，每边不应小于基底宽度的 0.75 倍，并不应小于 1.00m。

② 当采用整片处理时，超出建筑物外墙基础底面外缘的宽度，每边不宜小于处理土层厚度的 1/2，并不应小于 2m。

(2) 处理深度

灰土挤密桩和土挤密桩处理地基的深度，应根据建筑场地的土质情况、工程要求和成孔及夯实设备等因素综合确定。对湿陷性黄土地基，应符合现行国家标准《湿陷性黄土地区建筑标准》的有关规定。

(3) 桩径

设计时如桩径过小，则桩数增加，并增大打桩和回填的工作量；如桩径过大，则桩间土挤密不够，致使消除湿陷程度不够理想，且对成孔机械要求也高。桩孔直径宜为 $300 \sim 450\mathrm{mm}$，并可根据所选用的成孔设备或成孔方法确定。

(4) 桩距

土（或灰土）桩的挤密效果与桩距有关。而桩距的确定又与土的原始干密度和孔隙比有关。桩距一般应通过试验或计算确定。设计桩距的目的在于使桩间土挤密后达到一定平均密实度（指平均压实系数 $\overline{\eta}_\mathrm{c}$ 和土干密度 ρ_d 的指标），不低于设计要求标准。一般规定桩间土的最小干密度不得小于 $1.5\mathrm{t/m^3}$，桩间土的平均压实系数 $\overline{\eta}_\mathrm{c}=0.90 \sim 0.93$。

桩孔宜按等边三角形布置，桩孔之间的中心距离，可为桩孔直径的 $2.0 \sim 2.5$ 倍，也可按下式估算：

$$s = 0.95d \sqrt{\frac{\overline{\eta}_\mathrm{c}\rho_\mathrm{dmax}}{\overline{\eta}_\mathrm{c}\rho_\mathrm{dmax} - \overline{\rho}_\mathrm{d}}} \tag{5-24}$$

式中　s——桩孔之间的中心距离，m；

　　　d——桩孔直径，m；

　　ρ_dmax——桩间土的最大干密度，$\mathrm{t/m^3}$；

　　$\overline{\rho}_\mathrm{d}$——地基处理前土的平均干密度，$\mathrm{t/m^3}$；

　　$\overline{\eta}_\mathrm{c}$——桩间土经成孔挤密后的平均挤密系数，对重要工程不宜小于 0.93，对一般工程不应小于 0.90。

桩间土的平均挤密系数 $\overline{\eta}_\mathrm{c}$，应按下式计算：

$$\overline{\eta}_\mathrm{c} = \frac{\overline{\rho}_\mathrm{d1}}{\rho_\mathrm{dmax}} \tag{5-25}$$

式中　$\overline{\rho}_\mathrm{d1}$——在成孔挤密深度内，桩间土的平均干密度，平均试样数不应少于 6 组。

第5章

桩孔的数量可按下式估算：

$$n = \frac{A}{A_e}$$ (5-26)

式中 n——桩孔的数量；

A——拟处理地基的面积，m^2；

A_e——1 根土或灰土挤密桩所承担的处理地基面积，m^2。

$$A_e = \frac{\pi d_e^2}{4}$$ (5-27)

式中 d_e——一根桩分担的处理地基面积的等效圆直径，m。

桩孔按等边三角形布置：$d_e = 1.05s$。

处理填土地基时，鉴于其干密度值变动较大，一般不宜按式(5-24)计算桩孔间距，可根据挤密前地基土的承载力特征值 f_{sk} 和挤密后处理地基要求达到的承载力特征值 f_{spk}，利用下式计算桩孔间距：

$$s = 0.95d \sqrt{\frac{f_{pk} - f_{sk}}{f_{spk} - f_{sk}}}$$ (5-28)

式中 f_{pk}——灰土桩体的承载力特征值，宜取 $f_{pk} = 500kPa$。

(5) 填料和压实系数

桩孔内的填料，应根据工程要求或地基处理的目的确定，并应用压实系数 $\bar{\lambda}_c$ 控制夯实质量。

当桩孔内用灰土或素土分层回填、分层夯实时，桩体内的平均压实系数 $\bar{\lambda}_c$ 值，均不应小于 0.96。

消石灰与土的体积配合比，宜为 2∶8 或 3∶7。

桩顶标高以上应设置 300～500mm 厚的 2∶8 灰土垫层，其压实系数不应小于 0.95。

(6) 承载力

灰土挤密桩和土挤密桩复合地基承载力特征值，应通过现场单桩或多桩复合地基载荷试验确定。初步设计当无试验资料时，可按当地经验确定，但对灰土挤密桩复合地基的承载力特征值，不宜大于处理前的 2 倍，并不宜大于 250kPa；对土挤密桩复合地基的承载力特征值，不宜大于处理前的 1.4 倍，并不宜大于 180kPa。

灰土挤密桩和土挤密桩复合地基的变形计算，应符合现行国家标准《建筑地基基础设计规范》（GB 50007）的有关规定，其中复合土层的压缩模量，可采用载荷试验的变形模量代替。

5.8 水泥土搅拌桩法

水泥土搅拌桩是一种加固处理饱和黏性土和粉土等地基的方法。它是利用水泥材料作为固化剂的主剂，通过特制的深层搅拌机械，在地基深处就地将软土和水泥浆或粉体强制搅拌，通过水泥和软土之间所产生的一系列物理化学反应过程，使软土硬结成具有整体性、水稳定性和一定强度的良好复合地基，从而提高地基的承载能力，减少地基沉降量和增加土质边坡的稳定性，以满足工程建设的不同需求。

5.8.1　加固机理

水泥土搅拌桩加固地基的基本原理是利用水泥加固土的物理化学反应过程。与凝结速度较快的混凝土的硬化不同，水泥加固土中由于水泥的掺入量仅占被加固土的 7%～20%，所以水泥的水解和水化反应完全是在具有一定活性介质即土的围绕下进行的，因此硬化速度缓慢且作用复杂，强度增长过程比混凝土缓慢。

当水泥的各种水化物生成后，有的自身继续硬化，形成水泥骨架；有的与周围有活性的黏土颗粒发生反应。如水化生成的氢氧化钙中的钙离子与表面带有钠或钾离子的硅酸胶体（由土中含量最多的二氧化硅遇水形成）微粒进行当量吸附交换，使较小的土颗粒形成较大的土团粒，从而使土体强度提高。同时水泥水化生成的凝胶粒子的比表面积约比原水泥颗粒大 1000 倍，因而产生很大的表面能，有强烈的吸附活性，能使较大的土团粒进一步结合起来，形成水泥土的团粒结构，并封闭各土之间的空隙，形成坚固的联结，宏观上看水泥土的强度大大提高。当水化反应中的钙离子数量超过离子交换的需要量后，则在碱性环境中，能使组成黏性土矿物的二氧化硅及三氧化二铝的一部分或大部分与之进行化学反应，并逐渐生成不溶于水的稳定的结晶化合物，在水中和空气中逐渐硬化，增大了水泥土的强度。而且由于其结构比较致密，水分不易侵入，水泥土具有足够的水稳定性。另外，水化物中游离的氢氧化钙能吸收水和空气中的二氧化碳，通过碳化反应生成不溶于水的碳酸钙，亦可小幅增加水泥土的强度，只是增长速度较慢。

从水泥加固土的原理不难看出，水泥和土之间的强制搅拌越充分，土块被粉碎得越小，水泥掺入土中越均匀，则水泥土结构强度的离散性就越小，水泥土搅拌桩整体强度就越高。

5.8.2　水泥土搅拌桩法的特点及适用范围

水泥土搅拌桩最适宜于加固各种成因的饱和软黏土。国内目前采用此法加固的土质有淤泥、淤泥质土、黏土和亚黏土等，一般认为对含有高岭土、蒙脱石等黏土矿物的土质加固效果较好。近年来，水泥土搅拌桩在黄土、杂填土、粉细砂层中也逐步开始应用。适用的工程对象有：工业与民用建筑地基、公路路基处理、火电厂冷却塔地基、防止码头岸壁滑动、深基坑开挖时边坡支挡、减少软土中地下构筑物的沉降、水利工程河堤防渗及形成地下防渗墙以阻止渗流等。

水泥土搅拌桩加固地基具有施工速度快、效益好、技术性能可靠、工艺合理、对环境无污染、施工噪声小等优点。有资料显示，同一建筑物用水泥土搅拌桩处理地基比用混凝土灌注桩约节省造价 20%，比预制静压桩约节省造价 40%。喷入土体中的粉体或浆液与原位土搅拌成桩，不需取土，桩位也不拱起，避免了大量挖土、弃土及运输，加固过程中不会造成软土侧向挤出，大大减轻了对周围已有建筑物的影响。

5.8.3　水泥土搅拌桩法的设计要点

(1) 桩长和桩径

竖向承载搅拌桩的长度应根据上部结构对承载力和变形的要求确定，并宜穿透软弱土层到达承载力相对较高的土层；为提高抗滑稳定性而设置的搅拌桩，其桩长应超过危险滑弧以下 2m。水泥土搅拌桩的桩径不应小于 500mm。

（2）布桩形式

布桩形式可根据上部结构特点以及对地基承载力和变形的要求，采用柱状、壁状、格栅状或块状等不同形式。桩可只在基础平面范围内布置，独立基础下的桩数不宜少于 3 根。柱状加固可采用正方形、等边三角形等布桩形式。

（3）单桩竖向承载力特征值

承受垂直荷载的搅拌桩，一般应使土对桩身提供的支承力与由桩身水泥土材料所能提供的承载力相近，并使后者大于前者最为经济。搅拌单桩的设计主要是确定桩长和选择水泥掺入比。在桩的设计时一般分为三种情况：

① 根据加固场地的土质条件和施工机械等因素设计搅拌桩打设深度时，应先确定桩长，根据桩长计算单桩容许承载力，然后确定桩身强度，并根据水泥土室内强度试验资料，选择合适的水泥掺入比。

② 当搅拌加固的深度不受限制时，可根据试验资料先确定水泥掺入比，确定桩身强度，计算单桩承载力，然后求出桩长。

③ 直接根据上部结构对地基的要求，先确定单桩承载力，就能求得桩长和桩身强度，然后计算出水泥掺入比。

按照搅拌桩的规范要求，单桩竖向承载力特征值 R_a 应通过现场单桩载荷试验确定，也可按下面两个公式计算，取其中较小值。

$$R_a = u_p \sum_{i=1}^{n} q_{si} l_i + \alpha q_p A_p \tag{5-29}$$

$$R_a = \eta f_{cu} A_p \tag{5-30}$$

式中　R_a——单桩竖向承载力特征值，kN；

f_{cu}——与搅拌桩桩身水泥土配比相同的室内加固土试块在标准养护条件下 90d 龄期的立方体抗压强度平均值，kPa；

η——桩身强度折减系数，干法可取 0.20~0.30，湿法可取 0.25~0.33；

u_p——桩的周长，m；

A_p——桩的截面面积，m²；

n——桩长范围内所划分的土层数；

q_{si}——桩周第 i 层土的侧阻力特征值，对淤泥可取 4~7kPa，对淤泥质土可取 6~12kPa，对软塑状态的黏性土可取 10~15kPa，对可塑状态的黏性土可取 12~18kPa，kPa；

l_i——桩长范围内第 i 层土的厚度，m；

q_p——桩端地基土未经修正的承载力特征值，kPa；

α——桩端天然地基土的承载力折减系数，可取 0.4~0.6，承载力高时取低值。

目前国内搅拌桩规范中的计算公式没有考虑到室内试块强度较高，而现场桩身强度很低的矛盾。因此，根据搅拌桩现场取出的水泥土芯样无侧限强度，再除以一个取样扰动折减系数来计算单桩承载力：

$$q_u = q_u A_p / \xi \tag{5-31}$$

式中　q_u——钻孔取芯的芯样水泥土（ϕ70mm×100mm）无侧限抗压强度，kPa；

ξ——钻孔取芯扰动引起水泥土芯样无侧限强度降低的折减系数。

以上三个公式中，单桩竖向承载力取最小值。

（4）水泥土搅拌桩复合地基承载力特征值

水泥土桩的承载力性状与刚性桩相似，设计时可仅在上部基础范围内布桩。由于搅拌桩桩身强度较刚性桩低，在垂直荷载作用下有一定的压缩变形。在压缩变形的同时，其周围的软土也能分担一部分荷载。因此，当桩间距较大时，水泥土搅拌桩可与周围的软土组成柔性桩复合地基。搅拌桩复合地基承载力特征值应由现场复合地基载荷试验确定，也可由式(5-9) 估算，式中的 β 为桩间土承载力折减系数，当桩端土未经修正的承载力特征值大于桩周土的承载力特征值的平均值时，可取 0.1～0.4，差值大时取低值。当桩端土未经修正的承载力特征值小于或等于桩周土的承载力特征值的平均值时，可取 0.5～0.9，差值大时取高值。

在设计时，可根据要求达到的复合地基承载力特征值，按式(5-9) 求得面积置换率。

5.9 高压喷射注浆法

高压喷射注浆法又称旋喷法，它是利用钻机把带有特殊喷嘴的注浆管钻进土层的预定位置后，用高压脉冲泵（工作压力在 20MPa 以上），将水泥浆液通过钻杆下端的喷射装置，向四周以高速水平喷入土体，借助液体的冲击力切削土层，使喷流射程内土体遭受破坏。与此同时，钻杆一面以一定的速度（20r/min）旋转，一面低速（15～30cm/min）徐徐提升，使土体与水泥浆充分搅拌混合，胶结硬化后即在地基中形成直径比较均匀、具有一定强度（0.5～8.0MPa）的圆柱体，从而使地基得到加固。

5.9.1 分类及形式

① 单管法。用一根单管喷射高压水泥浆液作为喷射流，由于高压浆液射流在土中衰减大，破碎土的射程较短，成桩直径较小，一般为 0.3～0.8m。

② 二重管法。用同轴双通道二重注浆管复合喷射流，成桩直径为 1.0m 左右。

③ 三重管法。用同轴三重注浆管复合喷射高压水流和压缩空气，并注入水泥浆液。高压水射流使地基中一部分土粒随着水、气排出地面，高压浆流随之填充空隙。成桩直径较大，一般为 1.0～2.0m，但成桩强度较低（0.9～1.2MPa）。

成桩形式分旋喷注浆、定喷注浆和摆喷注浆三种，加固形状可分为立柱、壁状和块状等。

5.9.2 特点及适用范围

高压喷射注浆法具有以下特点：

① 提高地基的抗剪强度，改善土的变形性质，使地基在上部结构荷载作用下，不产生破坏和较大沉降。

② 利用小直径钻孔旋喷成比孔大 8～10 倍的大直径固结体；可通过调节喷嘴的旋喷速度、提升速度、喷射压力和喷浆量旋喷成各种形状桩体；可制成垂直桩、斜桩或连续墙，并获得需要的强度。

③ 用于已有建筑物地基加固而不扰动附近土体，施工噪声低，振动小。

④ 用于任何软弱土层，可控制加固范围。

⑤ 设备较简单、轻便，机械化程度高，全套设备紧凑，体积小，机动性强，占地少，能在狭窄场地施工。

⑥ 施工简便，操作容易，管理方便，速度快，效率高，用途广泛，成本低。

高压喷射注浆适用于淤泥、淤泥质土、黏性土、粉土、砂土、湿陷性黄土、人工填土及碎石土等的地基加固；可用于既有建筑和新建建筑的地基处理，深基坑侧壁挡土或挡水，基坑底部加固防止管涌与隆起，坝的加固与防水帷幕等工程。但含有较多大粒块石、坚硬黏性土、大量植物根茎或含过多有机质的土及地下水流过大、喷射浆液无法在注浆管周围凝聚的情况不宜采用。

5.9.3　设计要点

(1) 加固体强度和范围

高压喷射注浆形成的加固体强度和范围，应通过现场试验确定。当无现场试验资料时，可参照相似土质条件的工程经验估计。

(2) 旋喷桩复合地基承载力

竖向承载旋喷桩复合地基承载力特征值应通过现场复合地基载荷试验确定。初步设计时，也可按式(5-9)估算，式中 β 可根据试验或类似土质条件的工程经验确定，当无试验资料或经验时，可取 $0\sim0.5$，承载力较低时取低值。其单桩竖向承载力特征值可通过现场单桩载荷试验确定。

(3) 桩的平面布置

竖向承载旋喷桩的平面布置可根据上部结构和基础特点确定。独立基础下的桩数一般不应少于 4 根。

(4) 褥垫层设置

竖向承载旋喷桩复合地基宜在基础和桩顶之间设置褥垫层，褥垫层厚度可取 $200\sim300\text{mm}$，其材料可选用中砂、粗砂、级配砂石等，最大粒径不宜大于 30mm。

5.10　土工合成材料加固法

5.10.1　概述

土工合成材料是一种新型的岩土工程材料。它以人工合成的聚合物，如塑料、化纤、合成橡胶等为原料，制成各种类型的产品，置于土体内部、土坡、人工填土的垫层、路堤等位置，发挥加强或保护土体的作用，已广泛应用于水利、公路、铁路、港口、建筑等工程的各个领域。土工合成材料可分为土工织物、土工膜、特种土工合成材料和复合型土工合成材料等类型。

5.10.2　特点及应用范围

土工合成材料的特点是：质地柔软，质量轻，整体连续性好；施工方便，抗拉强度高，没有显著的方向性，各向强度基本一致；弹性、耐磨性、耐腐蚀性、耐久性和抗微生物侵蚀性好，不易霉烂和虫蚀。土工纤维具有毛细作用，内部有大小不等的网眼，有较好的渗透性和良好的疏导作用，水可竖向、横向排出。材料为工厂制品，材质易保证，施工方便，造价较低，与砂垫层相比可节省大量砂石材料，节省费用 1/3 左右。土工合成材料用于加固软弱土地基或边坡，可提高土体强度，承载力增大 $3\sim4$ 倍，显著地减少沉降，提高地基稳定性。

但土工合成材料抗紫外线（老化）能力较低，如果埋在土中，不受紫外线照射，则不受其影响，可使用 40 年以上。

土工合成材料适用于加固软弱土地基，以加速土的固结，提高土体强度；用于公路、铁路路基作加强层，防止路基翻浆、下沉；用于堤岸边坡，可使结构坡角加大，又能充分压实；用于挡土墙后的加固，可代替砂井。此外，还可用于河道和海港岸坡的防冲，水库、渠道的防渗，以及土石坝、灰坝、尾矿坝与闸基的反滤层和排水层，可取代砂石级配良好的反滤层，节约投资、缩短工期，保证安全使用。

5.10.3　作用原理

土工合成材料在岩土工程中的主要作用有排水、反滤、隔离和加筋等。

（1）排水作用

土工合成材料具有良好的三维透水特性，这种透水特性可使水经过它的平面迅速沿水平方向排走，构成水平排水层。它还可与其他材料（如粗粒料、排水管、塑料排水板等）共同构成排水系统或深层排水井。土工合成材料所形成的排水层，其排水作用的效果取决于在相应的受力条件下的导水性的大小（导水性为水平向渗透系数和厚度的乘积），及其所需排水量和所接触土层的土质条件。

（2）反滤作用

多数渗水性土工合成材料在单向渗流的情况下，发生细粒逐渐向渗滤层移动，自然形成一个反滤带和一层骨架网阻止细的颗粒被滤过，防止土粒的继续流失，最后趋向平衡，使土工合成材料与其相接触的部分土层共同形成一个完整的反滤体系，有效地起到反滤作用，防止土粒流失，使土体保持稳定。

（3）隔离作用

土工合成材料可设置在两种不同土或材料，或者土与其他材料之间，将它们相互隔离，避免混杂产生不良效果，并可依靠其优良特性以适应受力、变形和各种环境变化的影响而不破损。当用于受力的结构体中，则有助于保证结构的状态和设计功能。当用于材料的储存堆放场地，可以避免材料损失和劣化，对于废料还有助于防止污染。但用作隔离的土工合成材料，其渗透性应大于所隔离土的渗透性。当承受动荷载作用时，土工纤维应有足够的耐磨性和抗拉强度。

（4）加筋作用

利用土工合成材料的高强度和韧性等力学性能，与其上填土间有较大的摩擦力，可分散荷载、扩散应力，将作用于土层上的力均匀地分布传递于地基，从而起到加筋（加强）作用，有利于阻止填土的侧向位移和沉降，减少地基的不均匀变形和沉陷，防止浅层地基的极限破坏，并避免局部基础的破损，同时增大土体的刚度模量，提高地基的承载力和稳定性，或作为筋材构成加筋土以及各种土工结构。

5.11　托换技术

根据实际工程对托换要求的不同，从原理上将托换技术分为补救性托换、预防性托换、侧向托换和维持性托换等基本类型。

已有建筑物的原有基础不符合要求，需要增加该基础的深度或宽度的托换，称为补救性托换。

由于邻近要修筑较深的新建建筑物基础，需将已有建筑物的基础加深或扩大的，称为预防性托换；在平行于已有建筑物的基础旁，修筑比较深的板桩墙、树根桩或地下连续墙等，称为侧向托换。

有时在建筑物基础下，设计时预先设置好顶升的措施，以适应预估地基沉降的需要，称为维持性托换。目前国内在软黏土地基上建造油罐时，常在环形基础中预留以后埋设千斤顶的净空，即属于这种托换形式。

5.11.1　桩式托换

桩式托换为采用桩进行基础托换方法的总称。它是在基础结构的下部或两侧设置各类桩（包括静压桩、锚杆静压桩、预试桩、打入桩、灌注桩、灰土桩和树根桩等），在桩上搁置托梁或承台系统，或直接与基础锚固，来支承被托换的墙或柱基。本节仅介绍前三种桩式托换。

（1）静压桩托换

静压桩托换的做法是在墙基或柱基下开挖竖坑和横坑，在基础底部放开口钢管短桩，其上安放钢垫板，在其上设置行程较大的 15～30t 油压千斤顶，千斤顶上接测力计及数字显示器的传感器，上垫钢板顶住基础底板作为反力支点，分节将开口短钢管压入。钢管一般截成 1.0m 长的短段，直径 300～450mm（亦可采用截面为 200mm×200mm 的预制混凝土桩），壁厚 10mm，接头用钢套箍或焊接。当钢管顶入土中时，每隔一定时间可根据土质情况，用取土工具将管内土取出。如遇个别孤石，可用锤击破碎，不应使用爆破方法。如为松软土地基，亦可用封闭的钢管桩尖，端部做成 60°圆锥角。桩经交替顶进、清孔和接高后，直至桩尖达到设计要求持力层深度为止。当清孔后即可在桩管中灌注混凝土；如管中有水，可在管中填入一个砂浆塞加以封闭，待硬化后将管中积水抽干，再向管内灌注混凝土并捣固密实。最后将桩与基础底板或梁浇筑成整体，以承受建（构）筑物荷载。

本法施工设备简单，操作方便，质量可靠，费用较低，适于松软土地基、上部基础能提供反力支点条件的情况。

（2）锚杆静压桩托换

该方法通过在基础上埋设锚杆固定压桩架，以建筑物所能发挥的自重荷载作为压桩反力，用千斤顶将桩段从基础中预留或开凿出的压桩孔内逐段压入土中，再将桩与基础连接在一起，从而达到提高地基承载力、控制沉降的目的。

（3）预试桩托换

预试桩的设计思路是对顶承静压桩（压入桩）在施工中存在的一些问题而加以改进，即阻止在压入桩施工中，当撤出千斤顶时压入桩的回弹。解决方法是在撤出千斤顶之前，在被顶压的顶与基础地面之间加进去一个楔紧的工字钢柱。

5.11.2　灌浆托换

灌浆托换是利用气压或液压将各种无机或有机化学浆液注入土中，使地基土固化，起到提高地基土的强度、消除湿陷性或防渗堵漏作用的一种加固方法。在各类土木工程中进行灌浆处理已有百余年历史。

灌浆材料有粒状浆材如水泥浆、黏土浆等，以及化学浆材如硅酸钠、氢氧化钠、环氧树脂、丙烯酰胺等。灌浆托换属于原位处理，施工较为简便，能快速硬化，加固体强度高，一般情况下可以实现不停产加固。但是，灌浆托换因浆材价格多数较高，通常仅限于浅层加固处理，加固深度常为 3~5m。当加固深度超过 5m 时，往往是不经济的，应与其他托换方法进行技术经济比较后，再决定是否采用。

建筑工程中用于基础托换的灌浆法主要有硅化加固法、水泥硅化法、碱液加固法。

(1) 硅化加固法

硅化加固法始于 1887 年，是一种比较古老的灌浆工艺。它是利用带有孔眼的注浆管将硅酸钠（$Na_2O \cdot nSiO_2$）溶液与氯化钙（$CaCl_2$）溶液分别轮换注入土中，使土体固化的一种化学加固方法。

(2) 水泥硅化法

水泥硅化法是将水玻璃与水泥分别配成两种浆液，按照一定比例用两台泵或一台双缸独立分开的泵将两种浆液同时注入土中。这种浆液不仅具备水泥浆的优点，还兼有某些化学浆液的优点，例如凝结时间快、可灌性高等，可以准确控制凝结时间。

(3) 碱液加固法

已有的化学加固方法都是将化学溶液灌入土中后，由溶液本身析出胶凝物质将分散的土颗粒胶结而使土得到加固，例如上述硅化加固法及其他高分子有机溶液加固都是这种原理。但是，碱液（即氢氧化钠溶液）加固的原理不同于上述方法，它本身并不能析出任何胶凝物质，而只是使土颗粒表面活化，然后在接触处彼此胶结成整体，从而提高土的强度。

测一测

思考题

1. 何谓"软土""软弱地基"？
2. 试述地基处理的目的和方法分类。
3. 阐述复合地基中桩土应力分布特点及桩土荷载分担的影响因素。
4. 排水固结法中的排水系统有哪些类型？
5. 对比真空预压法与堆载预压法的原理。
6. 叙述强夯法的适用范围以及对于不同土性的加固机理。
7. 叙述碎石桩和砂桩对黏性土、砂土加固的机理。
8. 阐述石灰桩对桩间土的加固作用。
9. 阐述影响水泥土搅拌桩的强度因素。
10. 在水泥土搅拌桩中可掺入哪些外加剂？这些外加剂的作用是什么？
11. 阐述高压射流破坏土体形成水泥土加固体的机理。
12. 阐述土工合成材料的几种主要功能以及这些作用主要表现在何种类的工程中。

习题

1.【基础题】如图 5-1 所示某条形基础埋深

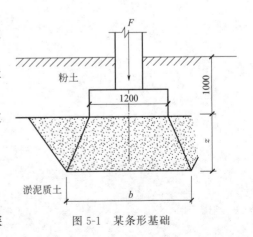

图 5-1　某条形基础

1m、宽度 1.2m。地基条件：粉土，$\gamma_1 = 19\text{kN/m}^3$，厚度 1m；淤泥质土，$\gamma_2 = 18\text{kN/m}^3$，$w = 65\%$，$f_{ak} = 60\text{kPa}$，厚度为 10m。上部结构传来荷载 $F_k = 120\text{kN/m}$，已知砂垫层应力扩散角 $\theta = 35°$，$\eta_b = 0$，$\eta_d = 1.0$。求砂垫层厚度 z 与宽度 b。

2.【基础题】某场地采用预压排水固结加固软土地基，软土厚 6m，软土层面和层底均为砂层，经一年时间，固结度达 50%，试问经 3 年时间，地基土固结度能达多少？

3.【基础题】振冲法复合地基，填料为砂土，桩径 0.8m，等边三角形布桩，桩距 2.0m，现场平板载荷试验复合地基承载力特征值为 200kPa，桩间土承载力特征值 150kPa，试估算桩土应力比。

4.【提高题】某软土地基采用砂井预压法加固地基，其土层分布：地面下 15m 为高压缩性软土，往下为粉砂层，地下水位在地面下 1.5m。软土重度 $\gamma = 18.5\text{kN/m}^3$，孔隙比 $e_1 = 1.10$，压缩系数 $a = 0.58\text{MPa}^{-1}$，垂直向渗透系数 $K_v = 2.5 \times 10^{-8}\text{cm/s}$，水平向渗透系数 $K_h = 7.5 \times 10^{-8}\text{cm/s}$，预压荷载为 120kPa，预压 4 个月。砂井直径 33cm，井距 3.0m，等边三角形布井，砂井打至粉砂层顶面，试用太沙基单向固结理论和高木俊介法计算经预压后地基的固结度。

5.【提高题】某建筑物建在较深的细砂土地基上，细砂的天然干密度 $\rho_d = 1.45\text{g/cm}^3$，土粒相对密度 $G_s = 2.65$，最大干密度为 1.74g/cm^3，最小干密度为 1.3g/cm^3。拟采用锤击沉管砂桩加密加固地基，砂桩直径 $d = 600\text{mm}$，采用正三角形布置，为了消除地基土的液化可能，要求加固以后细砂的相对密度 $D_r \geqslant 70\%$。

(1) 为了消除地基土的液化可能，松砂地基挤加密后比较合适的孔隙比 e_1 应为多少？

(2) 要求松砂地基挤加密后的孔隙比 $e_1 = 0.6$，则砂桩的中心距为多少？

6.【提高题】有一个大型基础，基础尺寸为 11.7m×16.89m，地基土为淤泥质土，桩间天然地基土的承载力特征值 $f_{B,k} = 80\text{kPa}$，桩间土承载力折减系数 $\beta = 1$，用粉喷搅拌桩施工，桩身材料无侧限抗压强度平均值 $f_{cu,k} = 900\text{kPa}$，强度折减系数 $\eta = 0.5$，采用 $d = 0.5\text{m}$ 的单管搅拌桩，设计要求复合地基承载力特征值 $f_{sp,k} = 200\text{kPa}$。

(1) 求置换率 m；

(2) 求应布桩数 n；

(3) 求当采用正方形布置时的桩间距；

(4) 求当采用等边三角形布置时的桩间距。

参考文献

[1] 李章政，马煜，等．土力学与基础工程 [M]．武汉：武汉理工大学出版社，2020.

[2] 刘娜，何文安，等．土力学与地基基础 [M]．北京：北京大学出版社，2020.

[3] 王晓鹏．基础工程 [M]．2 版．北京：中国电力出版社，2010.

[4] 魏进，王晓谋，等．基础工程 [M]．北京：人民交通出版社，2021.

[5] 都焱，王劲松，等．土力学与地基基础 [M]．北京：清华大学出版社，2016.

[6] 杨慧，高晓燕，等．基础工程 [M]．北京：北京理工大学出版社，2019.

[7] 《工程地质手册》编委会．工程地质手册 [M]．北京：中国建筑工业出版社，2018.

[8] 刘金砺，高文生，等．建筑桩基技术规范应用手册 [M]．北京：中国建筑工业出版社，2010.

[9] 党发宁，肖耀廷，方建银．关于桩基础桩顶荷载效应的计算及分析 [J]．土木工程学报，2015，48（S2）：153-157.

[10] 肖成安．岩溶地区地基处理关键技术研究 [D]．广州：华南理工大学，2013.

[11] 刘星，王睿，张建民．液化地基中群桩基础地震响应分析 [J]．岩土工程学报，2015，37（12）：2326-2331..

[12] 建筑地基基础设计规范：GB 50007—2011 [S]．北京：中国建筑工业出版社，2011.

[13] 建筑桩基技术规范：JGJ 94—2008 [S]．北京：中国建筑工业出版社，2008.

[14] 建筑地基处理技术规范：JGJ 79—2012 [S]．北京：中国建筑工业出版社，2012.

[15] 建筑基桩检测技术规范：JGJ 106—2014 [S]．北京：中国建筑工业出版社，2014.

[16] 湿陷性黄土地区建筑标准：GB 50025—2018 [S]．北京：中国建筑工业出版社，2018.

[17] 膨胀土地区建筑技术规范：GB 50112—2013 [S]．北京：中国建筑工业出版社，2013.

[18] 建筑结构荷载规范：GB 50009—2012 [S]．北京：中国建筑工业出版社，2012.

[19] 建筑边坡工程技术规范：GB 50330—2014 [S]．北京：中国建筑工业出版社，2014.

[20] 岩土工程勘察规范（2009 年版）：GB 50021—2001 [S]．北京：中国建筑工业出版社，2009.

[21] 土工试验方法标准：GB/T 50123—2019 [S]．北京：中国计划出版社，2019.

[22] 混凝土结构设计规范（2015 年版）：GB 50010—2010 [S]．北京：中国建筑工业出版社，2015.

[23] 建筑抗震设计规范：GB 50011—2010 [S]．北京：中国建筑工业出版社，2010.

[24] 盐渍土地区建筑技术规范：GB/T 50942—2014 [S]．北京：中国计划出版社，2014.

[25] 建筑地基检测技术规范：JGJ 340—2015 [S]．北京：中国建筑工业出版社，2015.

[26] 土工合成材料应用技术规范：GB/T 50290—2014 [S]．北京：中国计划出版社，2014.

[27] 李建宇，王征亮，林佑高，等．饱和回填砂及深厚软土地基同步加固技术在港珠澳大桥人工岛中的应用 [J]．中国港湾建设，2019，39（11）：52-57.